国家示范性高等职业院校建设规划教材

水电厂机电运行

主　编　龚在礼　陈　芳
副主编　杨和平　张丽娟
主　审　童文勇

黄河水利出版社
·郑州·

内 容 提 要

本书是国家示范性高等职业院校建设规划教材，是为满足国家示范性高等职业院校四川电力职业技术学院重点建设项目水电站动力设备与管理专业建设的需要，根据教育部水电站动力设备与管理专业及专业群人才培养方案和水电厂机电运行课程标准编写而成的。本书是按照行动导向、项目化教学的新的教育理念编写的教材，主要内容包括：机电运行的组织与监视，机电运行的巡视与维护，机电运行的操作与调整，机电运行的事故分析与处理，以及拓展知识等。

本书可作为高等职业院校、高等专科学校、成人高等学校的水电站动力设备与管理、发电厂及电力系统等专业的教材，也可作为相关专业技术人员的参考书。

图书在版编目（CIP）数据

水电厂机电运行/龚在礼，陈芳主编．—郑州：黄河水利出版社，2014.5 （2020.8 重印）

国家示范性高等职业院校建设规划教材

ISBN 978-7-5509-0778-2

Ⅰ．①水… Ⅱ．①龚… ②陈… Ⅲ．①水力发电站-机电设备-运行-高等职业教育-教材 Ⅳ．①TV734

中国版本图书馆 CIP 数据核字（2014）第 079423 号

组稿编辑：王路平 电话：0371-66022212 E-mail：hhslwlp@163.com

出 版 社：黄河水利出版社 网址：www.yrcp.com

地址：河南省郑州市顺河路黄委会综合楼 14 层 邮政编码：450003

发行单位：黄河水利出版社

发行部电话：0371-66026940、66020550、66028024、66022620（传真）

E-mail：hhslcbs@126.com

承印单位：河南新华印刷集团有限公司

开本：787 mm×1 092 mm 1/16

印张：19

字数：440 千字 印数：1 001—1 300

版次：2014 年 5 月第 1 版 印次：2020 年 8 月第 2 次印刷

定价：45.00 元

前 言

本书是根据《教育部关于全面提高高等职业教育教学质量的若干意见》(教高〔2006〕16 号)、《教育部关于推进高等职业教育改革创新引领职业教育科学发展的若干意见》(教职成〔2011〕12 号)等文件精神,在全国水利水电高职教研会指导下,用中央财政安排的“支持高等职业学校专业建设”项目经费组织编写的教材。

本教材以学生能力培养为主线,以工作任务为载体,融“教、学、练、做”为一体,适合开展项目化教学,体现实用性、实践性和创新性的特色,是一套紧密联系生产实际的高职高专教育精品规划教材。

水电厂机电运行是高等职业技术院校水电站动力设备与管理专业、发电厂及电力系统专业的以实训为主的课程。本书以水电厂机电运行岗位所需的技能、技术为逻辑起点,以技能形成规律、认知学习规律为线索,梳理出满足岗位需求的最基本、最重要的技能和相关知识,编写而成。通过实践和学习,学生可获得工作所需的职业能力,基本达到“零距离”上岗的要求。

本书主要包括机电运行的组织与监视,机电运行的巡视与维护,机电运行的操作与调整,机电运行的事故分析与处理,拓展知识等几部分内容。

本书由四川电力职业技术学院承担编写工作,编写人员及编写分工如下:前言、使用说明、项目 2、拓展知识由龚在礼编写,项目 1 由杨和平编写,项目 3 由张丽娟编写,项目 4 由湖南水利水电职业技术学院陈芳编写。全书由龚在礼、陈芳担任主编,由龚在礼负责全书统稿;由杨和平、张丽娟担任副主编;由福建水利电力职业技术学院童文勇担任主审。

本书在编写过程中得到了青峰岭电厂的大力支持,同时参阅了有关文献,特向他们致以衷心的感谢!

由于编写时间紧,理论和实践经验不足,错误和遗漏在所难免,恳请广大读者对本书提出宝贵意见。

编 者

2014 年 1 月

使用说明

本书是一本以实训为主的教材，内容由水电厂机电运行中的若干典型工作任务组成，每一任务包括教学目标、任务描述、任务准备、任务实操、相关知识和教学评价六个板块，其中任务实操和相关知识是两个核心板块，它们自成体系又相互联系，便于理论与实践一体教学，具有创新性和可操作性。

使用本书时，建议各校在第五学期以专周的形式，在学校与实习电厂之间按"教、学、练、做"交替的形式组织教学；或在第六学期以顶岗实习的形式，在实习电厂中采用"教、学、练、做"一体的形式组织教学；也可第五学期和第六学期各完成一部分内容。"练"主要在仿真课件上进行，"做"主要在真实设备上进行，"教、学、练、做"总学时应不少于160学时。

任务实操板块编写了与实习电厂设备一致的运行中的典型工作任务，具体操作步骤在任务实操表中列出，巡视点、作业点均以加粗和下划线的形式突出显示。学生先在实习电厂熟悉设备，找到任务实操表中各设备的巡视点、作业点；然后在对应的仿真课件上操作与练习，仿真课件上的巡视点、作业点与任务实操表是一一对应的；待熟练以后，再在电厂真实设备上进行操作。若仿真课件与贵校实习电厂的设备不符，可先组织教师制作与贵校实习电厂设备一致的课件(可参阅本书的课件制作方法)，然后按上述方法组织操作与练习。任务实操板块应控制在110学时左右。

相关知识板块中包含与机电运行的组织与监视、巡视与维护、操作与调整和事故分析与处理等工作任务紧密相关的知识，如设备结构、作用、原理、布置情况、连接关系及行业的相关规程规范等通用性内容，主要供学生自学用，但重要的或较难的部分应当由老师根据学生已有知识的掌握情况，有针对性地选讲。相关知识板块中与实习电厂设备有关的标准化作业卡，可根据贵校实习电厂设备，组织教师编写，或指导学生共同编写。相关知识板块应控制在50学时左右。

编　者

2014年2月

目 录

项目1　机电运行的组织与监视

【教学内容及目标】

通过对中央控制室上位机显示器画面的监视，随时掌握水电厂机电设备的运行状态及运行参数的变化情况，保证各运行参数在允许范围内变化。

【教学环境与工具】

准备好水电厂中央控制室、多媒体教室等，同时准备好运行日志、值班日志及相关记录簿、记录笔、录音电话、操作票、工作票等。

任务1.1　机电运行的组织与制度

【教学目标】

1. 技能目标

能在水电厂值班员的指导下，熟悉水电厂运行的任务、值班单位，运用“两票”、“三制”等基本制度。

2. 知识目标

知道水电厂的运行值班单位、调度机构的设置及各自的职责，熟悉“两票”、“三制”的基本内容。

【任务描述】

在水电厂运行人员的指导下，通过运行值班，逐步熟悉值班日志、运行日志、值班记录簿及标准化作业卡，熟悉操作票、第一种工作票、第二种工作票、应急抢修单和机械工作票等技术文本的格式、作用及适用范围。

【任务准备】

1. 知识准备

(1)机电运行的主要任务有哪些？“四勤”指的是什么？

(2)目前，我国的电网调度机构有哪五级？各级调度的管理权限如何？

(3)现场控制运行的电厂，其值班单位一般由几人组成？每值班单位设有哪些职务？

(4)电网调度指挥系统由哪些机构组成？各自的职责是什么？

(5)运行值班人员应怎样对待值班调度员的操作命令？

(6)何为交接班制度？交接班有哪些具体内容？

(7)何为巡视检查制度？巡视检查的基本方法有哪几种？分别能发现设备的哪些缺陷？

(8)何为设备定期试验与切换制度？机电设备为何要进行定期切换？

(9)何为操作票制度？为何要使用操作票？

(10)何为工作票制度？工作票的作用是什么？

(11)第一种工作票的使用范围是什么？填写的主要项目有哪些？

(12)事故抢修是指哪一类工作？

(13)为使运行人员有充分时间审查工作票所列安全措施是否正确完备、是否符合现场条件,第一种工作票应在工作前什么时间交给运行人员？

(14)第二种工作票与第一种工作票的最大区别是什么？

(15)在工作票的使用过程中,与运行人员紧密相关的环节有哪些？

(16)“两票”和“三制”分别指的是什么？

2. 工具准备

值班日志,运行日志,值班记录簿、记录笔,标准化作业卡,操作票及工作票。

【任务实操】

(1)在文件柜中找出值班日志、运行日志、各种值班记录簿、标准化作业卡,说出它们的作用。

(2)在文件柜中找出操作票、第一种工作票、第二种工作票、应急抢修单和机械工作票,说出它们的作用。

【相关知识】

1.1.1 机电运行的组织

1.1.1.1 机电运行的主要任务

水电厂机电运行的主要任务是“确保安全、经济、可靠、优质发电”。即在水电厂电能的生产过程中,运行值班人员对水力发电设备进行监视、巡视、操作和调节,使发电设备正常运行,并对设备运行状态进行分析;在故障或事故情况时,迅速进行处理,保证水力发电厂和电力系统安全、稳定、优质、经济运行。

1. 保证电力生产安全

由于电能不能大量储存,电力生产必须连续,发电、供电、用电同时完成,这就决定了发电、供电必须有极高的可靠性和连续性。随着电网大机组不断增多和电网规模的不断扩大,发电、供电的可靠性就显得愈来愈重要。如果一个大型水力发电厂发生事故,可能引起大面积停电,甚至造成整个电网瓦解。所以,运行值班人员一定要把安全生产放在第一位,保证电力生产的安全。

2. 保证电力生产经济

在保证电力生产安全可靠运行的前提下,应千方百计地搞好电力生产的经济运行。

为了确保经济运行,必须加强技术管理,提高技术水平,采用经济的运行方式,合理分配负荷,提高设备检修质量,缩短检修时间,消除设备缺陷,提高设备健康水平和完好率,做到经济、优化运行。要千方百计减少水能损耗,检查并及时消除漏水、漏油现象,要提高厂用机械及其电动机运行的经济性,降低厂用电率。

为了确保安全经济发电,运行人员必须做到"四勤":

(1)勤联系。在负荷增加或减少时,要加强联系,以便相互协调,共同配合,做好调整负荷工作。

(2)勤调整。涉及电能质量和有关设备运行的参数,必须随时调整到规定允许值范围内,以保证运行的经济性及稳定性。

(3)勤分析。就是对运行的设备状态随时进行分析、预测和总结,以便采取更科学的对策和做到更完善的管理。

(4)勤检查。为了及时消除设备的隐患与故障,运行人员必须根据运行规程的规定,定时、定责、定岗地巡视检查运行(含备用)设备,若发现设备缺陷,及时消除。

3. 保证电能产品质量

衡量电能质量的主要指标是频率和电压。我国电力系统的额定频率是50 Hz。正常运行时,系统频率有一定的允许偏差,大容量系统允许频率偏差为±0.2 Hz,中小容量系统允许频率偏差为±0.5 Hz。当系统负荷超过或低于电站出力时,系统频率要相应地降低或升高。电压值也允许在额定值附近有一定偏差,偏差值一般在±10%以内。因频率和电压偏差超过允许值会造成严重后果,运行人员要随时注意发电机频率和电压的表计指示值,当偏差超过允许值时,应及时调节水轮机导水叶开度以调节频率,调节水轮发电机励磁电流值以调整电压,使频率和电压不超过允许值,以确保电能质量。

4. 其他相关工作任务

运行人员还应做好与运行有关的其他工作任务,如抄录或监视运行参数,调整运行参数至允许范围内,填写运行日志,保管备件、工具、安全用具、图纸、资料、测量仪表等。

1.1.1.2 电力系统运行的组织机构

在电力系统中,设有各级运行组织和值班人员,分别担负系统中各部分的运行工作。

1. 电网调度机构

各级电网均设有电网调度机构。电网调度机构是电网运行的组织、指挥、指导和协调机构,负责电网的运行。各级调度机构分别由本级电网管理部门直接领导,它既是生产运行单位,又是电网管理部门的职能机构,代表本级电网管理部门在电网运行中行使调度权。

电网调度机构(或称电网管理机构)是随电网的发展逐步健全的。目前,我国的电网调度机构采用五级调度管理模式,即国调、网调、省调、地调和县调。

(1)国调。它是国家电力调度通信中心的简称,它直接调度管理各跨省电网和各省级独立电网,并对跨大区域联络线及相应变电站和起联网作用的大型发电厂实施运行和操作管理。

(2)网调。它是跨省电网电力集团公司设立的调度局的简称,它负责区域性电网内各省间电网的联络线及大容量水、火电骨干电厂的直接调度管理。

(3)省调。它是各省、自治区电力公司设立的电网中心调度所的简称,它负责本省电网的运行管理,直接调度并入省网的大中型水、火电厂和220 kV级以上的网络。

(4)地调。它是省辖市及供电公司设立的调度所的简称,它负责供电公司供电范围内的网络和大中城市主要供电负荷的管理,兼管地方电厂及企业自备电厂的并网运行。

(5)县调。它负责本县城乡供配电网络及负荷的调度管理。

2. 水电厂运行组织机构

目前,水电厂有现场控制值班及远方集中控制值班两种方式。两种运行值班方式普遍采用8 h或6 h轮换值班制,实行四值三倒或五值四倒。水电厂运行值班的每一值称为运行值班单位。

现场控制运行值班每值设有值长、值班工程师、运行正班、运行副班,由4~6人组成一个运行值班单位。

无人值班(少人值守)的水电厂,远方集中控制中心值班每值由值长、运行正班、运行副班组成;无人值班电厂现场不设值守人员,少人值守电厂在现场设有一名或两名值守人员。

3. 电网调度指挥系统

由于电力系统是一个有机的整体,系统中任何一个主要设备运行工况的改变都会影响整个电力系统。因此,电力系统必须建立统一的调度指挥系统。电网调度指挥系统由发电厂、变电站运行值班单位(含变电站控制中心)、电网各级调度机构等组成。

我国《电网调度管理条例》规定,调度机构调度管辖范围内的发电厂、变电站的运行值班单位,必须服从该调度机构的调度,下级调度机构必须服从上级调度机构的调度。

调度机构的调度员在其值班时间内是系统运行工作技术上的领导人,负责系统内的运行操作和事故处理,直接对下属调度机构的调度员、发电厂的值长、变电站的值班长发布调度命令。

电厂的运行值长在其值班时间内是全厂运行工作技术上的领导人,负责接受上级调度的命令,指挥全厂的运行操作、事故处理和调度技术管理,直接对下属值班工程师、运行值班人员发布调度命令。

变电站的值班长在其值班时间内,负责接受上级的调度命令,指挥全变电站的正常运行和事故处理。

4. 运行人员对待调度员的操作命令的方式

(1)运行人员应认真执行调度员下达的操作命令。

(2)运行人员如对操作命令有疑问或发现与现场情况不符,应向发令人提出。

(3)运行人员发现所下操作命令会直接威胁人身或设备安全时,应拒绝执行,同时将拒绝执行命令的理由以及改正命令的建议,向发令人及本单位的领导报告,并记入值班记录。

1.1.2 机电运行的基本制度

水力发电厂根据生产的需要和长期运行的经验,制定了一系列符合现场实际的机电运行管理制度。机电运行管理制度是为了加强责任制、维持正常的生产秩序、保证安全生产、提高运行水平而制定的。各级运行值班人员必须熟悉和遵守本单位的各种运行管理制度。

1.1.2.1 交接班制度

运行值班人员在交班和接班时应遵照的有关规定和要求的制度称为交接班制度。

1. 交接班条件及注意事项

(1)运行人员应根据轮值表进行值班,未经领导同意不得擅自改变。运行人员不允许连续值班两次。

(2)交班前,值长应组织全体运行人员进行本班工作小结,提前检查各项记录是否及时登记,并将交接班事项填写在运行日志上。

(3)若接班人员因故未到,交班人员应坚守岗位,并汇报值长,待接班人员或分场指派人员前来接班并正式办好交接手续后方可离岗。

(4)在进行重大操作、出现异常运行以及事故时,不得进行交接班。接班人员可在交班值长、班长的统一领导下协助上一班进行工作,待重大操作或事故处理告一段落后,由双方值长决定交接班。

(5)交班人员发现接班人员精神异常或酗酒时,不应交班,并将情况汇报有关领导。

2. 交接班的具体内容及要求

(1)交班前各值班人员应对本岗位所辖设备全面检查一次,并将各运行参数控制在规定的范围内。

(2)交班人员应记录值班期间发现及消除缺陷的情况并交待清楚。

(3)交班前公用工具、钥匙、材料等清点齐全,各种记录本、台账应完整无损,现场卫生应打扫干净。

(4)交班人员应详细交待本班次内的系统运行方式、异常运行的操作情况以及上级指示和注意事项。接班人员也应主动向交班人员详细了解上述情况,并核对模拟图及有关报表、表计。

(5)交接班应做到"口头清、书面清、现场清"。

(6)接班人员提前20 min进入现场,并做好以下工作:①详细阅读交接班记录簿及有关台账,了解上一值设备运行情况;②听取交班人员对运行情况的陈述,核对有关记录;③按照接班检查要求巡视现场,检查并核对设备缺陷及检修情况,清点有关台账和材料;④及时向交班人员提出巡检中发现的问题,并汇报值长,由双方做好有关记录和说明。

(7)接班前5 min由值长召开班前会,听取检查情况汇报,布置本班主要工作、事故预想及注意事项。

(8)必须整点交接班,集控室内由值长统一发令。

(9)双方交接清楚后,应在交接班本上签字。接班人员签名后,运行工作的全部责任由接班人员负责。

(10)正式交班后,交班值长应根据情况召开班后会,总结当天工作。

1.1.2.2 巡回检查制度

运行值班人员在值班期间,对有关电气、机械设备及系统定时、定点、定专责进行全面检查的制度,称为巡回检查制度。

巡回检查是保证设备安全运行、及时发现和处理设备缺陷及隐患的有效手段。每个运行值班人员应按各自的岗位职责,认真、按时执行巡回检查制度。巡回检查分为交班检查、日常巡回检查和定期巡回检查。

1. 巡回检查要求

(1)值班人员必须认真按时地巡视设备。

(2)值班人员必须按规定的设备巡视路线巡视,以防漏巡设备。

(3)巡回检查时应带好必要的工具,如手套、手电、电笔等。

(4)巡回检查时必须遵守有关安全规定。不要触及带电、高压、转动等危险部位,防止危及人身和设备安全。

(5)检查中若发现异常情况,应及时处理、汇报,若不能处理,应填写缺陷单,并及时通知有关部门处理。

(6)检查中若发生异常情况,应立即返回自己的岗位处理事故。

(7)巡回检查前后,均应汇报值长,并做好有关记录。

2. 巡回检查的有关规定

(1)每班值班期间,对全部设备检查次数应不少于三次,即交、接班各一次,班间相对高峰负荷时一次。

(2)对于天气突变、设备存在缺陷及运行设备失去备用等各种特殊情况,应临时安排特殊检查或增加巡视次数,并做好事故预想。

(3)对于检修后设备以及新投入运行的设备,应加强巡视。

(4)事故处理后应对设备、系统进行全面巡视。

3. 巡视检查的基本方法

(1)以运行人员的眼观、耳听、鼻嗅、手触等感觉为主要检查手段,判断运行中设备的缺陷及隐患。

a. 眼观检查法。眼观检查法就是用眼睛来检查看得见的设备部分,通过设备外观的变化来发现异常情况。通过眼观可以发现的异常现象综合如下:①破裂、断股断线;②变形(膨胀、收缩、弯曲、位移);③松动;④漏油、漏水、漏气、渗油;⑤腐蚀污秽;⑥闪络痕迹;⑦磨损;⑧变色(烧焦、硅胶变色、油变黑);⑨冒烟,接头发热(试温蜡片溶化);⑩产生火花等。

b. 耳听判断法。发电厂一、二次电磁式设备(如变压器、互感器、接触器等)正常运行时,在通过交流电后,其绕组铁芯会发出均匀有规律的、一定响度的"嗡、嗡"声。这些声音是运行设备所特有的,也可以说是设备处于运行状态的一种特征。如果仔细听这种声音,并熟悉、掌握声音特点,就能通过它的高低节奏、音色的变化、音量的强弱及是否伴有杂音等,来判断设备是否运行正常。运行值班人员应该熟悉、掌握声音的特点,当设备出现故障时,一般会伴有杂音,甚至有"噼、啪"的放电声,可以通过正常时和异常时音律、音量的变化来判断设备故障的发生和性质。

c. 鼻嗅判断法。电气设备的绝缘材料一旦过热会产生一种异味,这种异味对正常巡查人员来说是可以嗅别出来的。如果值班人员嗅到设备过热或绝缘材料被烧焦产生的气味,应立即进行深入检查,看有没有冒烟的地方,有没有变色,听一听有没有放电的声音等,直到查找出原因。嗅气味是发现电气设备某些异常和缺陷比较灵敏的一种方法。

d. 手触试检查法。手触试检查法是判断设备的部分缺陷和故障的一种必需的方法,但用手触试检查带电设备是绝对禁止的。运行中的变压器、消弧线圈的中性点接地装置,必须视为带电设备,在没有可靠的安全措施时,禁止用手触试。对外壳不带电且外壳接地很好的设备及其附件等,检查其温度或温差需要用手触试时,应保持安全距离。对于二次设备(如继电器等)发热、振动等,也可用手触试检查。

(2)使用工具和仪表,进一步探明故障的性质。用仪器进行检测的优点是灵敏、准确、可靠。检测技术发展较快,测试仪器种类较多。使用这些测试仪器时,应认真阅读说明书,掌握测试要领和安全注意事项。

目前,在发电厂使用较多的是用仪器对电气设备的温度进行检测。常用的测温方法有:

①在设备已发热部位贴示温蜡片,黄、绿、红三种示温蜡片的熔点分别为 60 ℃、70 ℃、80 ℃。

②在设备上涂示温漆或涂料。

③使用红外线测温仪进行检测。

前两种方法的优点是简便易行,但也存在一些缺点。它们的主要缺点是:不能和周围温度作比较;蜡片贴的时间长了易脱落;涂料和漆可长期使用,但受阳光照射会引起变色,变色不易分辨清楚;不能发现设备发热初期的微热以及温差等。

红外线测温仪是一种利用高灵敏的热敏感应辐射元件检测由被测物发射出来的红外线而进行测温的仪器,能正确地测出运行设备的发热部位及发热程度。

4. 测温后的分析与判断

实际上测温的目的是在运行设备发热部位尚未达到其最高允许温度(见表 1-1)之前,尽快发现发热的状态,以便采取相应的措施。为此,当经过测量得到设备的实际温度后,必须了解设备在测温时所带负荷的情况,与该设备历年的温度记录资料及同等条件下同类设备温度比较,并与各类电气设备的最高允许温度比较(见表 1-2),然后进行综合分析,做出判断,确定处理意见。

表 1-1 电气设备的最高允许温度

被测设备及部位		最高允许温度(℃)	被测设备及部位		最高允许温度(℃)
油浸变压器	接线端子	75	互感器	接线端子	75
	本体	90		本体	90
断路器	接线端子	75	母线接头处	硬铜线	75
	机械机构部分	110		硬铝线	70
隔离开关	接头处	65	电容器	接线端子	75
	接线端子	75		本体	70

表1-2　设备经测温后的判断

设备发热程度	判断
几乎没有温升,各相几乎没有温差	正常
有少许温升,且各相有一些温差	注意
温度超过最高允许温度,或即使温度未超过最高允许温度,但各相温差极大	危险

经判断属于“注意”范围的设备,应加强巡视检查,并在定期检修时安排处理;属于“危险”范围的设备,应立即报告调度和领导,进行停电处理。

必须注意,巡视检查时,思想必须高度集中。对气候异常或刚投入运行的设备或跳闸后又投入运行的设备,应重点检查。

1.1.2.3　设备定期试验与切换制度

发电厂按规定对设备进行定期试验与切换运行的制度称为设备的定期试验与切换制度。

通过对设备定期进行试验与切换,以保证备用设备的完好性,确保在运行设备故障时备用设备能正确投入工作,提高运行的可靠性。

设备定期试验与切换的要求如下:

(1)运行各班应按规定的时间、内容和要求,认真做好设备的定期试验、切换、加油、测绝缘等工作。值长在接班前应查阅设备定期工作项目,在班前会上进行布置,并督促实施。

(2)当遇机组开停机或事故处理等特殊情况,不能按时完成有关定期工作时,应向值长申明理由并获同意后,在交接班记录簿内记录说明,以便下一班补做。

(3)经试验、切换发现缺陷时,应及时通知有关检修人员处理,并填写缺陷通知单。若一时不能解决的,经生产副厂长或总工程师同意,可作为事故或紧急备用。

(4)当电气测量备用辅助电动机绝缘不合格时,应按运行规程进行处理。

(5)各种试验、切换操作均应按岗位职责做好操作和监护,试验前应做好相应的安全措施和事故预想。

(6)当定期试验与切换过程中发生异常或事故时,应按运行规程进行处理。

(7)运行人员应将本班定期工作的执行情况、发现问题及未执行原因及时登记在《定期试验切换记录簿》内,并做好交接班记录。

电气设备的定期试验与切换应按现场规定执行。

以上介绍的交接班制度、巡回检查制度和设备的定期试验与切换制度就是人们常说的“三制”。此外,还有运行分析制度、设备缺陷管理制度、运行管理制度、运行维护制度等,读者可参阅相关规程规范,在此不再赘述。

1.1.2.4　操作票制度

凡是影响机组生产(包括无功)或改变电力系统运行方式的倒闸操作及机组的开、停机等较为复杂的操作项目,必须填写操作票,这就是操作票制度。

机电运行人员要完成一个操作任务一般都需要进行十几项甚至几十项的操作,对于这种复杂的操作,仅靠记忆是办不到的,也是不允许的,因为稍有疏忽、失误,就会造成人身、设备事故或严重停电事故。填写操作票是安全正确进行倒闸操作的根据,它把经过深思熟虑制定的操作项目记录下来,从而根据操作票上填写的内容依次进行有条不紊的操作。操作票是防止误操作的主要措施之一。

操作票的作用、操作票的填写等内容,将在本书后续有关部分详细叙述。

变电站(发电厂)倒闸操作票的格式详见附录1。

1.1.2.5 工作票制度

正常情况下(事故情况除外),凡在水力发电厂生产现场进行检修、试验和安装等工作,都应先填写工作票后执行,这就是工作票制度。

1. 工作票的作用

工作票是批准在水电厂生产现场设备上工作的书面命令,也是明确安全职责,严格执行安全组织措施,向工作人员进行安全交底,履行工作许可手续与工作间断、工作转移和工作终结手续,同时实施安全技术措施等的书面依据。因此,在电气设备上工作时,必须按要求填写工作票。

2. 工作票的种类及使用范围

根据工作性质的不同,在生产设备上工作时应填用工作票。其中,工作票又分为电气工作票和机械工作票。

电气工作票有下列6种:变电站(发电厂)第一种工作票,电力电缆第一种工作票,变电站(发电厂)第二种工作票,电力电缆第二种工作票,变电站(发电厂)带电作业工作票,事故应急抢修单。

水力发电厂常用的有变电站(发电厂)第一种工作票、变电站(发电厂)第二种工作票、事故应急抢修单和水力发电厂机械工作票。

1)第一种工作票的使用范围

(1)凡在高压电气设备上工作,需要将高压电气设备全部停电或部分停电者。

(2)凡在高压室内的二次回路和照明等回路上工作,需要将高压设备停电或做安全措施者。

(3)高压电力电缆需停电的工作。

(4)其他工作需要将高压设备停电或做安全措施者。

2)第二种工作票的使用范围

(1)控制盘、低压配电盘、配电箱、电源干线上的工作。

(2)二次系统和照明等回路上的工作,无需将高压设备停电或做安全措施者。

(3)转动中的发电机、同期调相机的励磁回路或高压电动机转子电阻回路上的工作。

(4)非运行人员用绝缘棒对电压互感器定相或用钳形电流表测量高压回路的电流。

(5)大于设备不停电的安全距离的相关场所和带电设备外壳上的工作以及无可能触及带电设备导电部分的工作。

(6)高压电力电缆不需停电的工作。

第二种工作票与第一种工作票的最大区别是不需将高压设备停电或装设遮栏。

变电站(发电厂)第一种工作票格式见附录2,第二种工作票格式见附录3。

3)填用事故应急抢修单的规定

在事故抢修情况下应使用事故应急抢修单。事故抢修是指设备在运行中发生了故障或严重缺陷,需要紧急抢修,而工作量不大,所需时间不长,在短时间能恢复运行的工作。此种工作可不使用工作票,但在抢修前必须做好安全措施,并得到值班员的许可。如果设备损坏比较严重,或是由于等待备品、备件等原因,短时间不能恢复、需转入事故检修的,则仍应补填工作票,并履行正常的工作许可手续。

事故应急抢修单格式见附录4。

4)机械工作票的使用范围

在水轮发电机组、水工建筑物、水力机械及其辅助设备、设施上进行检修、试验或安装,需要将生产设备、系统停止运行或退出备用,或需要断开电源,隔断与运行设备的油、气、水系统的工作,或需要运行人员在运行方式、操作调整上采取保障人身、设备运行安全措施的工作,需要填写机械工作票。

水力机械工作票格式见附录5。

3. 执行工作票的程序

1)签发工作票

在水力发电厂生产现场的工作,使用工作票必须由工作票签发人根据所要进行的工作性质,根据停电申请,填写工作票中有关内容,并签名以示对所填写内容负责。

2)送交现场

已填写并签发的工作票应及时送交现场,第一种工作票应在工作前一日交给运行值班负责人员,临时工作的工作票可在工作开始前直接交给运行值班员。第二种工作票应在进行工作的当天预先交给值班员,主要目的是使运行值班员有充分时间审查工作票所列安全措施是否正确完备,是否符合现场条件等。

若距离较远或因故更换新工作票,不能在工作前一日将工作票送到现场,工作票签发人可根据自己填好的工作票用电话全文传给运行值班员,传达必须清楚。运行值班员根据传达做好记录,并复诵校对。

3)审核把关

已送交运行值班员的工作票,应由运行值班员认真审核,检查工作票中的各项内容,如计划工作时间、工作内容、停电范围等是否与停电申请内容相符,现场设备的安全措施是否完备,与现场条件是否相符等。对工作票中所列内容即使有很小的疑问也必须向签发人问清楚,必要时应要求重新签发工作票。为了不影响按时间开工且留给运行值班员的审核把关时间,除要求工作票应提前送交外,也要求运行值班员在收到已签发的工作票后及时审核,以便于及时发现问题并纠正。审核无误后应填写收到工作票的时间,审核人签名。

4)布置安全措施

运行值班员根据审核合格的工作票中所提要求,填写安全措施操作票,并在得到调度许可将停电设备转入检修状态的命令后执行。应从设备开始停电时间对设备停电后时间开始考核。因此,运行值班员在接到调度命令后应迅速、正确地布置现场安全措施,以免影响开工时间。

5)许可工作

运行值班人员在完成了工作现场的安全措施以后,应会同工作负责人一起到现场再次检查所做的安全措施,对具体的设备指明实际的隔离措施,证明检修设备确无电压,向工作负责人指明带电设备的位置和工作过程中的注意事项,并与工作负责人在工作票上分别签字以明确责任。完成上述手续后工作人员方可开始工作。

6)开工会

工作负责人在与工作许可人办理了许可手续后,即向全体工作班人员交待工作内容、人员分工、带电部位和现场安全措施,进行危险点告知,并履行确认手续。

7)工作间断、转移和终结

工作间断时,工作班人员应从工作现场撤出,所有安全措施保持不动,工作票仍由工作负责人执存,间断后继续工作,无需通过工作许可人。每日收工时,应清扫工作地点,开放已封闭的通路,并将工作票交回运行值班人员。次日复工时,应得到工作许可人的许可,取回工作票,工作负责人应重新检查安全措施是否符合工作票的要求,并召开现场班会后,方可工作。

8)收工会

收工会就是工作一个阶段的小结。工作负责人向工作人员了解工作进展情况,其主要内容为工作进度、检修工作中发现的缺陷及处理情况,还遗留哪些问题,有无出现不安全情况以及下一步工作如何进行等。工作班人员应主动向工作负责人汇报:①对所布置的工作任务是否已经按时保质完成;②消除缺陷项目和自检情况;③有关设备的试验报告;④检修中临时短接线或拆开的线头有无恢复,工器具是否完好,是否已全部收回等情况。收工会后检修人员将现场清扫干净。

9)工作终结

全部工作完毕后,工作班应清扫、整理现场。工作负责人应先做周密的检查,待全体工作人员撤离工作地点后,再向运行值班人员交待所修项目、发现的问题、试验结果和存在的问题等,并详细填写检修记录,向运行值班人员递交检修试验资料,并与运行值班人员共同对设备状态、现场清洁卫生工作以及有无遗留物体等进行检查。验收后,双方在工作票上签字即表示工作终结,此时检修人员工作即告完成。

10)工作票终结

运行值班人员拆除工作地点的全部接地线(由调度管辖的由调度发令拆除)和临时安全措施,并经盖章后工作票方告终结。

工作票流程图如下:填写工作票→签发工作票→接受工作票→布置安全措施→工作许可→工作开工→工作监护→工作间断→工作终结→工作票终结。

在执行工作票的程序中,与运行人员相关的环节主要有审核把关,布置安全措施,许可工作,工作间断、转移和终结,工作票终结等。

以上介绍的操作票、工作票就是人们常说的“两票”。

1.1.2.6 值班日志和运行日志

1.值班日志

为了使值班人员及时掌握设备的运行情况,了解设备运行的历史及积累资料,值班控制室一般设有交接班记录本、倒闸操作登记本、工作票登记本、设备变更记录本、设备绝缘登记本、继电保护和自动装置定值变更本、配电盘记事本、断路器事故遮断登记本、设备缺陷登记本、熔断器更换登记本、变压器分接头位置登记本、消弧线圈分接头位置登记本等。这些统称为值班日志。

2. 运行日志

运行日志的记录是值班工作的动态文字反映,是整个运行工作中的一个重要内容。它能帮助值班人员掌握电气设备的运行参数,进行运行分析,发现设备的隐患,及时调整负荷和更换运行方式,从而保证生产任务的完成和降低消耗指标。运行值班人员应学会记录运行日志,计算有关的参数。

运行日志中的主要参数有以下几项:

(1)电量(kW·h)。包括发电量、厂用量、受电量(当发电厂与系统并列运行时发电厂从系统接收的电量)、送出电量等。

(2)电力(kW)。主要有发电电力、受电电力、送出电力、厂用电力、最大负荷和最小负荷等。

(3)主要设备的电流、温度和各母线的电压等。

【教学评价】

学生在文件柜中找出规定的文件,正确一件计2分,说出其作用计8分。最后将所有得分相加,得到该生的总得分。

任务1.2 机电运行的监视

【教学目标】

1. 技能目标

能在水电厂值班员的监护下,对水轮机、水轮发电机、变压器、开关站等设备的运行状况进行监视;能抄录设备的运行参数,填写值班日志、运行日志及各种值班记录。

2. 知识目标

熟悉水轮机、发电机、变压器、开关站的运行参数及运行方式;知道在上位机上监视水轮机、水轮发电机、变压器、开关站的基本内容与方法,监视保护与自动装置的事故信号、故障信号及状态信号;知道监视与巡视的基本关系等。

【任务描述】

在水电厂运行人员的指导下,通过监盘来练习运行数据的抄录和值班日志、运行日志及其他值班记录的填写。

【任务准备】

1. 知识准备

(1)水电厂运行监视的主要内容有哪些?

(2)发电机运行参数监视的主要项目有哪些?
(3)发电机允许短时过负荷是如何规定的?
(4)发电机各主要部分温度、温升允许值是多少?
(5)发电机各部位振动允许值是多少?
(6)水轮机运行参数监视的主要项目有哪些?
(7)引起机组振动的原因主要有哪些方面?
(8)主接线运行参数监视的主要项目有哪些?
(9)不平衡电流对发电机有何影响?
(10)机组事故监视、故障监视及状态监视的主要内容有哪些?
(11)变压器监视的主要内容有哪些?
(12)开关站监视的主要内容有哪些?

2. 工具准备

值班日志,运行日志,值班记录簿,记录笔,标准化作业卡。

【任务实操】

根据图1-1或上位机显示器画面,抄录水轮发电机组运行参数并填入表1-3中,抄录时要认真仔细,不得有误;也可通过打印机打印机组各运行参数。

表1-3 水轮发电机组运行参数记录表

参数名称	参数值	参数名称	参数值
视在功率		定子A相电流	
有功功率		定子B相电流	
无功功率		定子C相电流	
功率因数		转子电压	
机组频率		转子电流	
定子A相电压		推力轴承轴瓦温度1	
定子B相电压		推力轴承轴瓦温度2	
定子C相电压		推力轴承轴瓦温度3	
定子线圈温度		推力轴承轴瓦温度4	
上导轴承油温		下导轴承油温	
机组蜗壳进口压力		机组水头	
导叶开度		制动压力	
冷却水压力		转轮上腔压力	
尾水管压力		油压装置油压	
水导轴承瓦温1		水导轴承瓦温2	

【相关知识】

1.2.1 监视的主要内容与要求

1.2.1.1 监视的主要内容

运行监视(或监盘)是发电厂、变电站运行值班人员的日常工作之一,通过对上位机或中央控制室控制屏上各种表计、指示灯和信号光字牌的监视,可随时掌握发电厂、变电站一、二次设备的运行状态及电网的潮流分布情况。运行监视必须由具备副值班员及以上资格的人员担任,随时记录设备运行变化情况,并根据运行情况按照有关规定要求做出相应的处置,同时按要求向调度进行汇报。

运行监视主要包括以下内容:

(1)监视电气主接线上各设备运行是否正常,有无报警信号,各断路器、隔离开关、接地刀闸位置指示是否正常。

(2)监视与电网相联系的一次系统潮流分布是否正常,频率、电压是否正常。

(3)监视直流系统运行是否正常,有无报警信号。

(4)监视保护及自动装置(安控装置)运行是否正常。

(5)监视发电机组及其辅助设备相关数据和状态信息是否正常。

(6)监视励磁调节装置各数据、状态显示是否正常。

(7)监视主变及厂高变温度、主变冷却系统运行是否正常。

(8)监视厂用电系统有关设备参数、状态是否正常。

(9)监视本厂微机网络的运行情况。

(10)查看日报表中各整点时段的参数,完成各类报表的制作及打印输出。

(11)填写运行管理信息。

1.2.1.2 监视的要求

1. 电流、功率的监视

(1)三相电流应平衡,电流表指针无卡涩。

(2)电流不超过允许值。

(3)母线的进出线电流应平衡。

(4)功率表指示数值应与电流表指示数值相对应。

2. 电压的监视

(1)三相电压应平衡并满足电压曲线的要求。

(2)并列运行的母线电压应相差不大,不超过 ±2.5%。

(3)电压表指示应稳定,无波动。

3. 电能计量装置的监视

(1)每日按照规定的时间抄录厂、站内安装的各种关口表(安装运行在发电企业上网、跨区联络线、省网联络线及省内下网等关口电能计量装置中的电能表)、馈线电能表的读数,并进行电量核算。

(2)对于双侧电源线路,运行中线路的潮流方向随时可能发生变化,抄录电能表读数时,要注意输入、输出两个方向的电量均要抄录。

(3)定期核算母线电量不平衡率(变电所里变压器低压侧进入母线电量和母线各路出线电量和之差),若发现母线电量不平衡率超过规定值(一般为±1%～±2%),应查明原因。

(4)当计量回路出现异常时,应记录时间,以便根据负荷情况补算电量。

4.发电厂及变电站微机监控系统运行状况的判断

(1)如果发现某一间隔的所有遥测数据不更新,或者日负荷报表中某一间隔的所有报表数据一直都未改动过,应检查网络通信是否正常、支持程序是否正常、采集装置运行指示是否正常,判断出该间隔的异常原因并进行相应处理。

(2)如果发现监控系统中所用遥测数据均不再更新,通信状态显示正常,可能是程序死机,应按照规定的顺序,退出监控程序并重新登陆。

1.2.2 在上位机显示器上对设备的运行监视

为保证安全优质地生产电能,对运行中的水轮发电机组及辅助设备、主接线等必须认真负责地进行监视,即使是备用机组,也应该像运行中的机组一样认真地监视,一旦发现设备有缺陷和异常情况,要及时汇报,迅速处理。

在计算机监控的水电站中,在中央控制室的上位机显示器上,运行人员可通过画面切换,对设备进行状态监视、事故监视及故障监视。对于常规控制电厂,运行人员应严格监视控制屏上的表计、指示灯的变动情况,并每隔1 h对机组及电气设备的主要参数进行记录。无论是计算机监控还是常规控制的水电厂,都必须定时到现场进行巡视检查。

1.2.2.1 发电机运行参数的监视

发电机运行参数包括视在功率、有功功率、无功功率、功率因数、机组频率、定子三相电压、定子三相电流、转子电压、转子电流、推力轴承瓦温度、上导轴承油温、下导轴承油温、定子线圈温度等,均可在计算机监视器“机组运行监视”画面上监视,如图1-1所示。

1.有功功率监视

发电机的有功功率是发电机发电能力的重要指标,额定有功功率是指发电机长期安全运行的最大允许输出功率。

2.无功功率监视

发电机的无功功率是发电机的重要指标,它的大小会影响系统电压的升高或降低,也会造成励磁电流的增大或减小。

3.视在功率监视

发电机的视在功率是发电机的重要指标,发电机长期安全运行的最大允许输出功率也可用额定视在功率表示。

4.功率因数 $\cos\varphi$ 监视

发电机的功率因数 $\cos\varphi$ 额定值为0.8,一般在不超过0.95的情况下可正常运行。配有自动励磁装置的发电机,必要时可在功率因数等于1($\cos\varphi=1$)的情况下运行,但一般不允许进相运行。当功率因数低于0.8时,监视定子电流和励磁电流应不超过额定值。发电机无功功率的多少,由励磁电流决定,并考虑发电机的稳定运行。

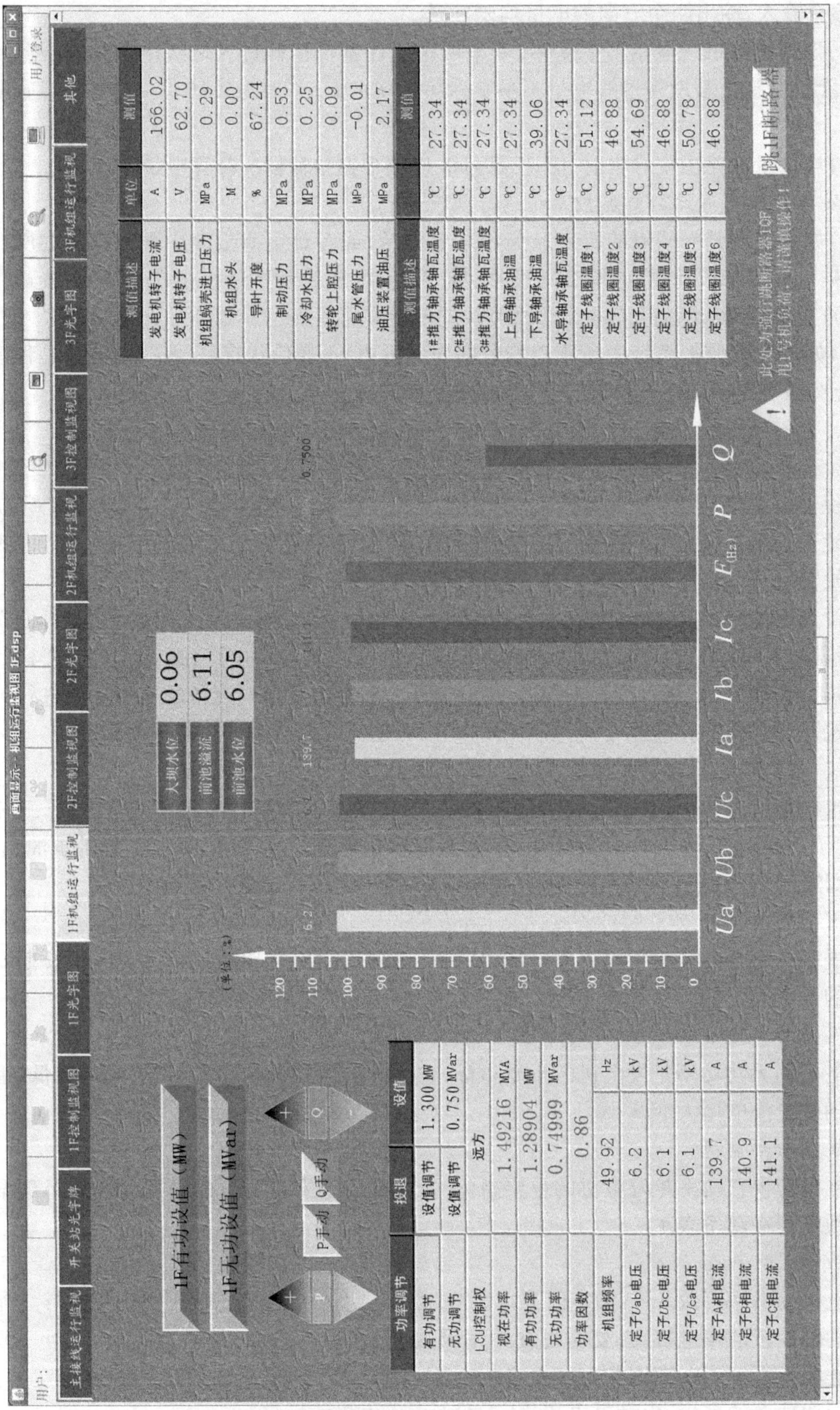

图1-1 “机组运行监视”画面

5. 机组频率监视

电压频率也是供电质量的重要指标之一。我国规定电压额定频率为 50 Hz,允许偏差为 ±(0.2 ~0.5) Hz。当系统频率在(50 ±0.5)Hz 范围内变动时,发电机可长期按额定容量运行。在机组频率升高或降低时,必须严密监视发动机的定子电压、励磁电压或励磁电流、定子、转子铁芯和绕组的温度等参数。

6. 定子三相电压监视

发电机在额定转速和额定出力不变的条件下,电压允许在额定电压的 ±5% 范围内运行,最高不大于额定电压的 110% 。但此时,励磁电流应不超过额定值。最低电压应根据系统稳定运行的要求确定,一般应不低于额定电压的 90% ,此时定子电流应不超过额定值。

7. 定子三相电流监视

发电机定子电流应不超出额定值,三相不平衡电流应不超过电流的 20% ,任意相电流应不超过额定值,并遵守如表 1-4 所示短时过负荷电流允许值的规定。

表 1-4 水轮发电机短时过负荷电流允许值

定子绕组过负荷电流(A) / 额定电流(A)	1.1	1.12	1.15	1.25	1.5
过负荷时间(min)	60	30	15	5	2

8. 转子电压监视

发电机转子电压即励磁电压,它是表明励磁系统是否正常运行的参数之一。

9. 转子电流监视

发电机转子电流即励磁电流,它是表明发电机励磁绕组是否有励磁电流、励磁电流正常与否的重要参数。

10. 发电机轴承的监视

发电机轴承的监视主要有推力轴承轴瓦温度监视(可选择对称的几块瓦进行监视),上导轴承油温监视,下导轴承油温监视。

1)温度监视

轴承在工作中与轴颈(镜板)发生相对运动,产生摩擦发生热量,润滑油起润滑与冷却作用。在运行中轴承温度过高,会使润滑油黏度下降、油质劣化,导致油膜厚度减薄,润滑条件恶化,严重时引起瓦衬熔化。因此,运行人员务必加强轴承瓦温和油温的监视。

运行中轴承温度通常在 60 ℃以下,信号(故障)温度一般为 60 ℃,事故温度为 70 ℃,作用于停机。一般规定油温不得高于 55 ℃。

2)油位监视

油位正确是保证轴承安全运行的重要条件之一。油位过高,会引起轴承甩油;油位过低,会因油量不足而使轴承过热,甚至使瓦衬熔化(烧瓦)。轴承油位应在标准油位线 ±10 mm范围内运行。油位监视可通过“机组光字”画面观察,如图 1-2 所示。

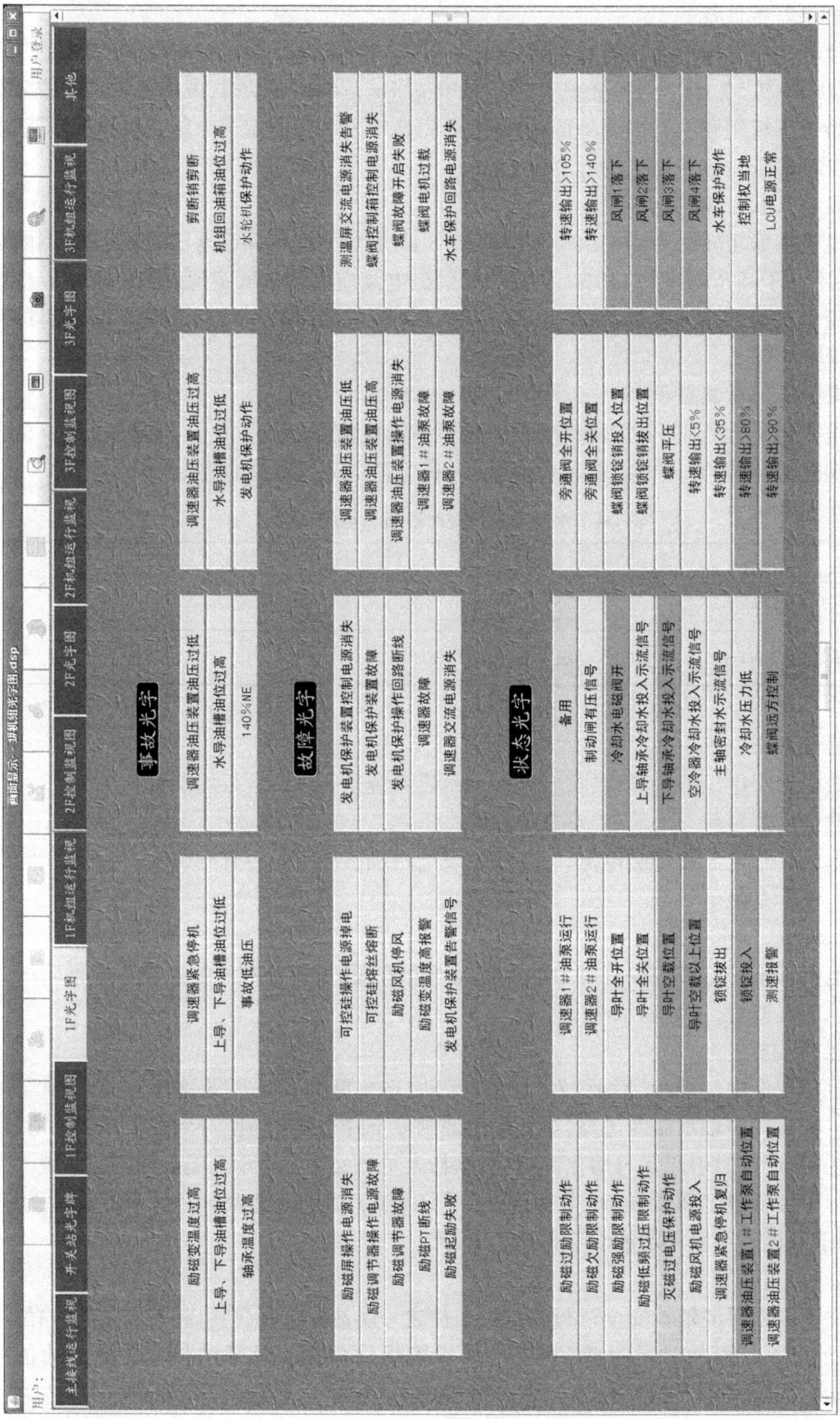
画面显示 - 1#机组光字图.dsp
用户：
主接线运行监视
开关站光字牌
1F控制监视图
1F光字图
1F机组运行监视
2F控制监视图
2F光字图
2F机组运行监视
3F控制监视图
3F光字图
3F机组运行监视
其他
用户登录
事故光字
励磁变温度过高
上导、下导油槽油位过高
轴承温度过高
调速器紧急停机
上导、下导油槽油位过低
事故低油压
调速器油压装置油压过低
水导油槽油位过高
140%NE
调速器油压装置油压过高
水导油槽油位过低
发电机保护动作
剪断销剪断
机组回油箱油位过高
水轮机保护动作
故障光字
励磁屏操作电源消失
励磁调节器操作电源故障
励磁调节器故障
励磁PT断线
励磁起励失败
可控硅操作电源掉电
可控硅熔丝熔断
励磁风机停风
励磁变温度高报警
发电机保护装置告警信号
发电机保护装置控制电源消失
发电机保护装置故障
发电机保护操作回路断线
调速器故障
调速器交流电源消失
调速器油压装置油压低
调速器油压装置油压高
调速器油压装置操作电源消失
调速器1#油泵故障
调速器2#油泵故障
测温屏交流电源消失告警
蝶阀控制箱控制电源消失
蝶阀故障开启失败
蝶阀电机过载
水车保护回路电源消失
状态光字
励磁过励限制动作
励磁欠励限制动作
励磁强励限制动作
励磁低频过压限制动作
灭磁过电压保护动作
励磁风机电源投入
调速器紧急停机复归
调速器油压装置1#工作泵自动位置
调速器油压装置2#工作泵自动位置
调速器1#油泵运行
调速器2#油泵运行
导叶全开位置
导叶全关位置
导叶空载位置
导叶空载以上位置
锁锭拔出
锁锭投入
测温报警
备用
制动闸有压信号
冷却水电磁阀开
上导轴承冷却水投入示流信号
下导轴承冷却水投入示流信号
空冷器冷却水投入示流信号
主轴密封水示流信号
冷却水压力低
蝶阀远方控制
旁通阀全开位置
旁通阀全关位置
蝶阀锁锭销投入位置
蝶阀锁锭销拔出位置
蝶阀平压
转速输出<5%
转速输出<35%
转速输出>80%
转速输出>90%
转速输出>105%
转速输出>140%
风闸1落下
风闸2落下
风闸3落下
风闸4落下
水车保护动作
控制权当地
LCU电源正常

图 1-2 “机组光字”画面

11. 发电机温度监视

1) 定子绕组与铁芯温度监视

带负荷的发电机,因铜损和铁损产生热量,使定子温度升高。当温度超过绝缘材料允许值时,绝缘材料特性老化,绝缘强度降低,严重时将绝缘击穿,发生短路导致烧坏发电机。

在通常情况下,发电机转子铁芯和绕组的温度要比定子铁芯的温度低一些,定子铁芯的温度又要比定子绕组的温度低。考虑监测的方便,主要监视发电机定子绕组的温度,而定子绕组外部的绝缘材料影响了绕组内铜导线的散热,使绕组绝缘材料内、外层的温差约有20 ℃,再加上测量的分散性,故测得的温度可能会低于实际最高温度。为此,对发电机的温度监视应严格按规程规定的温度限额控制。发电机重要部分的温度、温升见表1-5。

表1-5 发电机重要部分的温度、温升

部件名称	测量方法	冷却空气温度40 ℃	
		允许温度(℃)	允许温升(℃)
定子绕组	埋入式检温计法	105	65
定子铁芯	埋入式检温计法	105	65
转了绕组	电阻法	130	90

发电机绕组温度最好控制在60~80 ℃,最高温度不得超过105 ℃。定时切换测温装置,并做好记录。要特别注意在同一环境温度、同一负荷条件下发电机温度的反常变化情况。

2) 发电机风温监视

当发电机运行中电压与电流保持不变时,发电机绕组与铁芯温度取决于冷却介质的温度与温升。因此,除监视发电机绕组和铁芯温度外,还需认真监视发电机出口风温。为避免发电机结露,最低进风温度不低于5 ℃。为防止发电机过热,最高进风温度应低于40 ℃,一般在20~30 ℃较为合适。

12. 机组振动监视

机组在运行中发生的振动与摆度,可用传感器监视,或定期用百分表测量。机组各部位的振动允许值应不超过表1-6的规定。各部摆度应不大于设计规定,无规定时,一般不超过轴瓦的间隙值。

表1-6 水轮发电机组各部位振动允许值(GB 8564—88) (单位:mm)

项目		额定转速(r/min)			
		<100	100~250	250~375	375~750
立式机组	带推力轴承支架的垂直振动	0.10	0.08	0.07	0.06
	带导轴承支架的水平振动	0.14	0.12	0.10	0.07
	定子铁芯部分机座水平振动	0.04	0.03	0.02	0.02
卧式机组各部轴承垂直振动		0.14	0.12	0.10	0.07

说明:振动值是指机组在各种正常运行工况下的测量值。

运行中若发现机组异常振动,可先试行调整水轮机开度,避开可能的汽蚀振动区;若机组内部有金属摩擦和撞击声,应立即停机进行检查,查明原因,进行排除。

1.2.2.2 水轮机运行参数的监视

水轮机运行参数主要有机组蜗壳进口压力、机组水头、导叶开度、制动压力、冷却水压力、转轮上腔压力、尾水管压力、油压装置油压、水导轴承轴瓦温度等,可通过"机组运行监视"画面观察,如图1-1所示。

此外,主轴密封要求密封不过热,漏水量小。导水机构要求剪断销无剪断,连杆、拐臂间无杂物,导叶套筒处不漏水,顶盖排水畅通,水轮机室无大量积水,接力器动作正常。冷却水水压指示正常,水流畅通,示流器指示正常。轴承冷却水温度应在5~40 ℃,机组的总冷却水压力正常,推力、上导、下导、水导冷却水水压正常,各示流继电器指示正常,各管路阀门不漏水。发电机的空气冷却器不漏水,无大量结露,发电机的风洞内无异常气味和声响。对于机旁屏及制动柜,要求各动力设备的空气开关在合闸位置,水车盘电源刀闸在合闸位置,各熔断器保险完好无损;机组保护屏无掉牌;各压板投、切位置正确;各继电器工作良好,整定值无变化;测温装置工作良好,指示正确。上述要求可通过巡视来判断是否满足要求。

主轴密封水水压正常,对液压式端面密封,运行时依靠水压使U形橡胶密封环端面紧贴转环进行密封,密封的注水压力为0.05~0.1 MPa。对于石棉盘根主轴密封,在运行中要求稍有漏水,以润滑冷却摩擦面,但是不能成线漏水,以避免水进入水导轴承。

1.2.2.3 主接线运行监视

主接线运行监视的参数主要有:出线电压、出线频率等,主变有功、主变无功、主变电流、主变温度等,发电机出口电压、发电机出口频率、发电机出口有功、发电机出口无功、发电机出口电流、发电机出口功率、励磁电压、励磁电流等,可通过"主接线运行监视"画面观察,如图1-3所示。

1.2.3 设备的故障与状态监视

1.2.3.1 机组的故障与状态监视

1. 机组事故光字

机组事故光字主要包括:励磁变温度过高,调速器紧急停机,调速器油压装置油压过低,调速器油压装置油压过高,剪断销剪断,上导、下导油槽油位过高,上导、下导油槽油位过低,水导油槽油位过高,水导油槽油位过低,机组回油箱油位过高,轴承温度过高,事故低油压,140% NE,发电机保护动作,水轮机保护动作。可通过"机组光字"画面观察,如图1-2所示。

2. 机组故障光字

机组故障光字主要包括:励磁屏操作电源消失,励磁风机停风,发电机保护装置控制电源消失,发电机保护装置故障,调速器油压装置油压低,调速器1#油泵故障等,如图1-2所示。

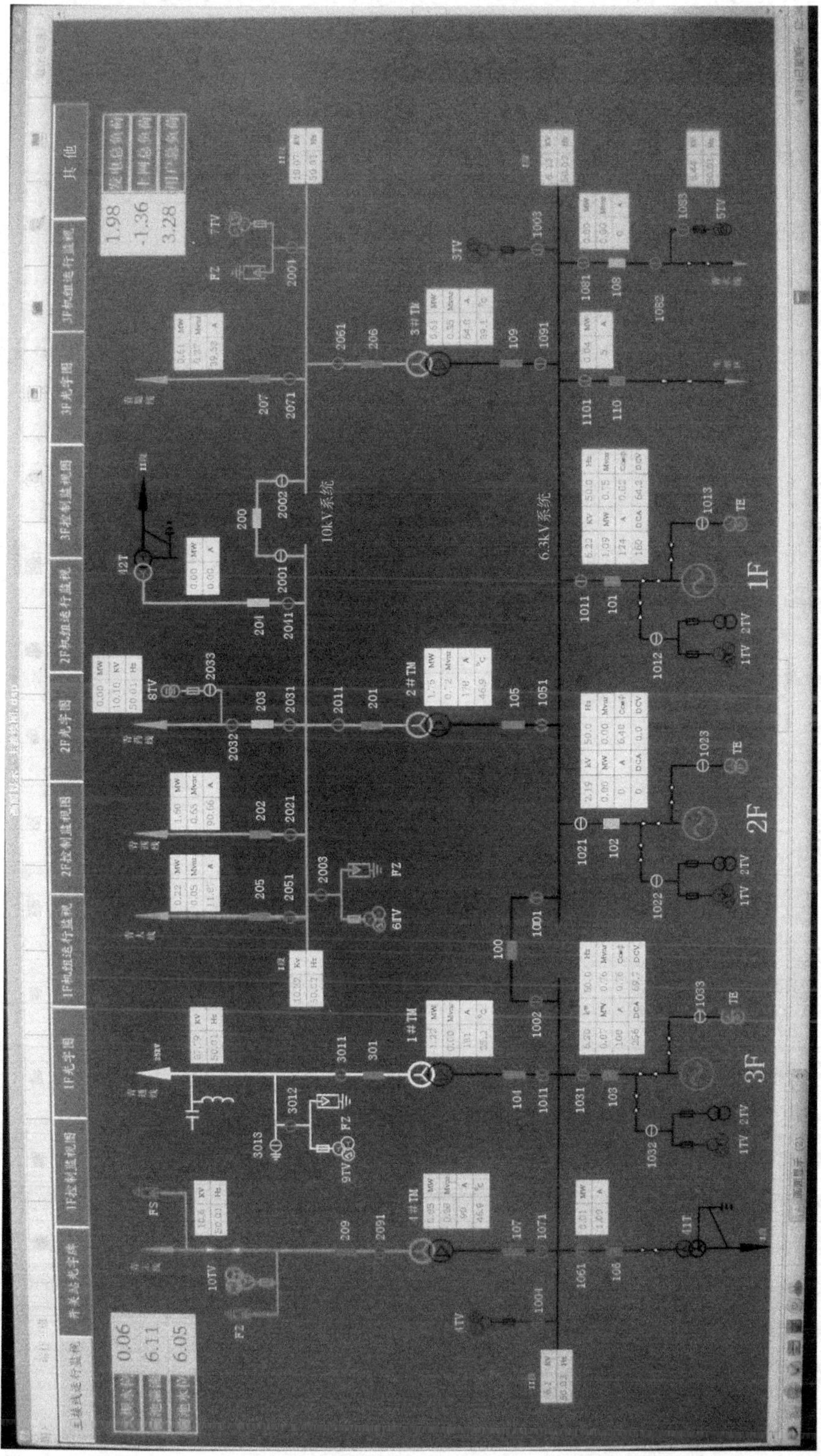

图1-3 “主接线运行监视”画面

3. 机组状态光字

机组状态光字主要包括：励磁过励限制动作，励磁强励限制动作，调速器 1#油泵运行，导叶全开位置，锁锭拔出，冷却水电磁阀开，转速输出 <5%，风闸 1 落下，风闸 2 落下，风闸 3 落下，风闸 4 落下等，如图 1-3 所示。

1.2.3.2 变压器及开关站的故障与状态监视

变压器与开关站光字主要包括线路保护，主变保护，厂用变保护几部分。线路保护光字有线路保护动作，线路过负荷，线路直流电源消失，线路装置异常信号，线路告警信号，母联保护动作，母联过负荷，保护直流电源消失等；主变保护光字有主变保护动作，主变重瓦斯保护动作，主变轻瓦斯保护动作，主变超温跳闸，主变过负荷，主变控制回路断线，主变保护控制回路断线，主变高压保护直流消失，主变保护装置告警等；厂用变保护光字有厂用变保护动作，厂用变直流电源消失，厂用变备用投入，厂用变保护备自投动作，厂用变保护备自投告警等。可通过“开关站光字”画面观察，如图 1-4 所示。

【教学评价】

根据学员填写的运行参数记录填写表 1-3，每填写正确一个记 2 分，并将得分填写在水轮发电机组运行参数抄录评价表即表 1-7 中，计算出总分。

表 1-7　水轮发电机组运行参数抄录评价表

参数名称	满分	得分	参数名称	满分	得分
视在功率			定子 A 相电流		
有功功率			定子 B 相电流		
无功功率			定子 C 相电流		
功率因数			转子电压		
机组频率			转子电流		
定子 A 相电压			推力轴承轴瓦温度 1		
定子 B 相电压			推力轴承轴瓦温度 2		
定子 C 相电压			推力轴承轴瓦温度 3		
定子线圈温度			推力轴承轴瓦温度 4		
上导轴承油温			下导轴承油温		
机组蜗壳进口压力			机组水头		
导叶开度			制动压力		
冷却水压力			转轮上腔压力		
尾水管压力			油压装置油压		
水导轴承瓦温 1			水导轴承瓦温 2		
相关知识 1			相关知识 2		
总分					

注：百分制得分 =（评价表得分/评价表总分）×100。

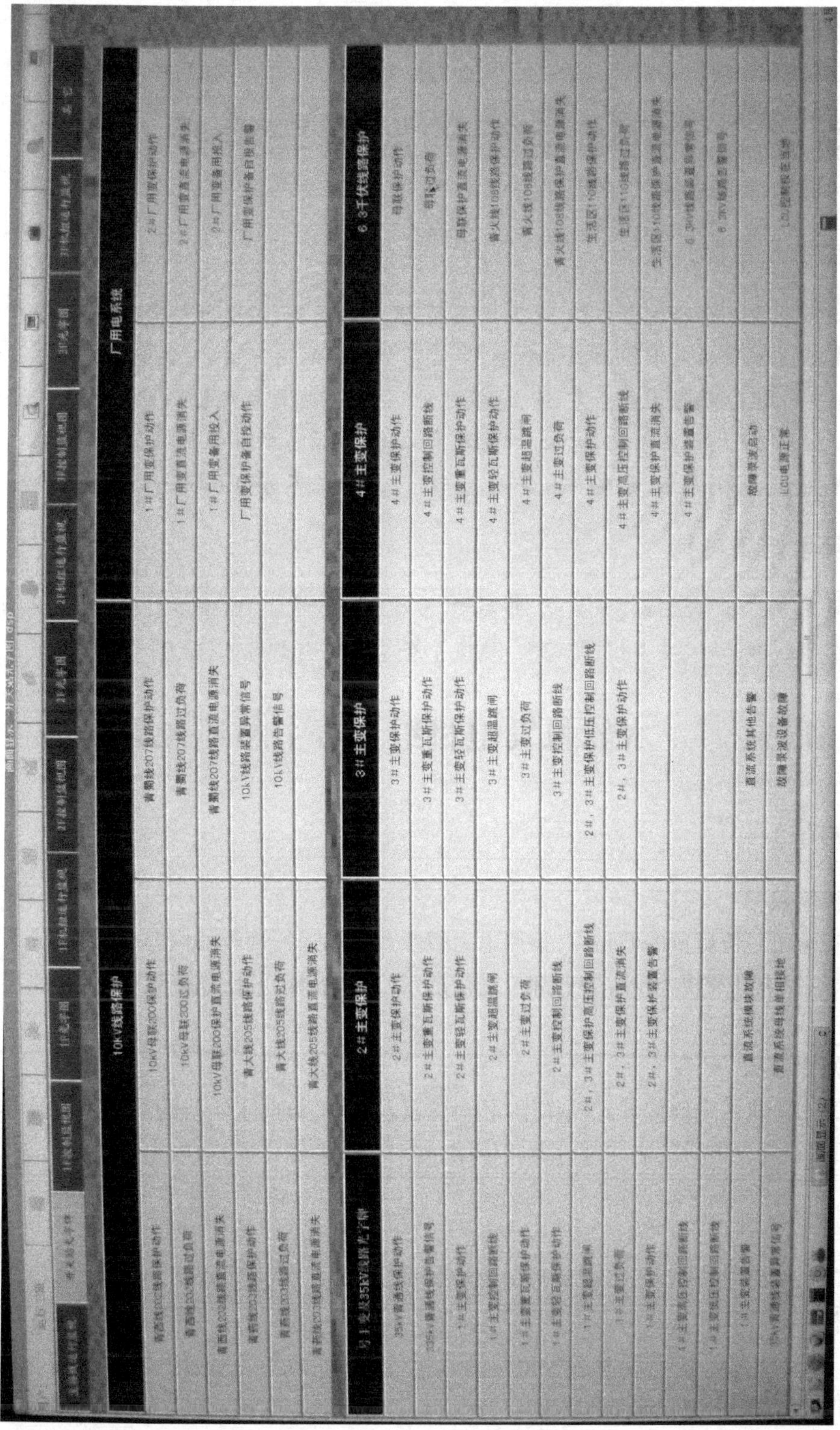

图1-4　"开关站光字"画面

项目2　机电运行的巡视与维护

【教学内容及目标】

通过对水电厂水轮发电机组、电力变压器、开关站设备、调速器与励磁系统、保护装置与微机监控系统等机电设备的巡视检查,定时掌握设备的运行情况,发现设备的异常和缺陷,预防事故发生,确保设备正常、安全、经济地运行,掌握设备巡检的基本技能。通过巡视检查,进一步熟悉设备结构、原理、性能及安装地点、设备的相互连接关系等知识,同时培养规则意识、安全意识,养成与人合作、遵章守纪、一丝不苟的习惯。

【教学环境与工具】

水电厂主厂房、升压站、开关站、开关室、多媒体教室等,同时准备好标准化巡视卡、手电筒、测温仪、望远镜、安全帽、绝缘靴、绝缘手套等巡视检查用工、器具。

任务2.1　水轮机发电机组运行中的巡视与维护

【教学目标】

1. 技能目标

能在水电厂值班员的监护下,按照电力行业及现场运行规程的内容及要求,依次对水轮机、水轮发电机及相关设备的各部位进行巡视检查;发现问题,作好记录,并向值长作口头汇报。

2. 知识目标

熟悉水轮机的主要部件及其作用、相对位置及工作原理,水轮机的工作参数及其运行范围;熟悉水轮发电机的主要部件及其作用、相对位置及工作原理,发电机的运行方式。

【任务描述】

得值长令,学生以副值班员的身份,在水电厂运行人员的监护下,按照水轮机及水轮发电机标准化巡视实操表的巡视内容、巡视点及要求(或标准),采用眼观、耳闻、鼻嗅及手摸等方法,依次对水轮机、水轮发电机及其相关的油水气管路、阀门、压力表等进行巡视检查,并将巡视结果记录在实操表中。

【任务准备】

1. 知识准备

(1)水轮机有哪几种型式?常用的有哪几种?你实习的水电厂采用哪一种水轮机?有何特点?

(2)立式混流式水轮机的导水机构由哪些部件组成?其中导叶传动机构有什么作用,由哪些部件组成?导叶传动机构中的安全装置有何作用?接力器有何作用,基本部件有哪些?

(3)立式混流式水轮机的水导轴承有何作用?有哪几种类型,各有何特点?有哪几种冷却方式,各有何特点?运行中常见的故障和事故是什么?如何监视、巡视?

(4)主轴密封有哪几种类型,目前常用哪几种?通入的清洁润滑水与被密封水压之间怎样配合,有何好处?你实习的电厂采用哪一种主轴密封,有何特点?

(5)水轮机补气装置有哪几种类型,有何作用?

(6)水轮机工作参数中与运行有关的参数有哪几个?如何利用高水头使水电厂多发电?

(7)影响发电机温度的因素有哪些?如何测量它们的温度?你实习的水电厂是如何测量的?

(8)推力轴承有何作用,有哪几种类型,有哪几种冷却方式?你实习的水电厂采用哪一种,有何特点?如何监视、巡视?

(9)导轴承有何作用,有哪几种类型,有哪几种冷却方式?你实习的电厂采用哪一种,有何特点?如何监视、巡视?

(10)集电环和电刷装置有何作用?它们是如何构成的?常见故障有哪些?巡视时要观察哪些内容?

(11)立式水轮发电机的制动装置有何作用?在什么位置?开停机时要注意什么?

(12)水轮发电机组的冷却系统有何作用?哪些地方须有冷却系统?举例说明。运行中如何监视或巡视?

(13)水轮发电机组的润滑系统有何作用?哪些地方须有润滑系统?举例说明。运行中如何监视或巡视?

(14)发电机的运行方式有哪几种?如何调整才能使发电机的运行参数在允许范围内?

(15)水轮机正常运行时巡视项目主要有哪些?

(16)发电机正常运行时巡视项目主要有哪些?

(17)水轮发电机组正常运行时维护项目主要有哪些?

(18)引起机组振动的原因主要有哪些方面?如何测量机组的振动?振动值可在上位机显示器上监视吗?

(19)熟悉一台水轮机或水轮发电机的标准巡视卡。

2. 工具准备

所需工具如表2-1所示。

表 2-1　所需工具

序号	工具材料名称	数量	用途
1	巡视检查记录本	一本	巡检记录
2	红外测温仪	一只	测量温度
3	安全帽	一顶	保证人体绝缘
4	巡视手电筒	一只	局部巡检
5	长柄改刀	一支	测量异音及振动

【任务实操】

水轮机室标准化巡视实操表如表 2-2 所示。水轮发电机标准化巡视实操表如表 2-3 所示。学员 2 人为一组，正确地戴好安全帽，扣好袖口，盘好头发，携带手电筒、测温仪、巡视实操表等进入发电机层、水轮机层。在运行人员的监护下，依次对发电机、水轮机进行巡视，对合格项，在巡视结果栏打“√”，对有缺陷或异常项，在巡视结果栏用文字详细说明。巡视中要正确使用巡视方法，不漏项，不绕行。巡视完成后，向值长汇报巡视结果。

表 2-2　水轮机室标准化巡视实操表

巡视步骤	巡视内容	巡视点及标准(或要求)	巡视结果
1	机组总冷却水阀门、管路	在机组运行时，**总冷却水阀门 1201** 开启，**电动阀**开启，1202 关闭；**阀门**无渗漏水和冷凝水；**管路接头**无渗漏水和冷凝水	
2	冷却水压力变送器、阀门	**冷却水压力变送器**外观完好，无渗漏水现象；**表阀**全开，**表计**压力正常(压力 0.25～0.3 MPa)	
3	水轮机仪表屏	**仪表屏压力变送器**外观完好，无渗漏水现象，**表阀**全开；**钢管压力**正常(压力 0.28～0.3 MPa)，**蜗壳压力**正常(压力 0.28～0.3 MPa)，**转轮上腔压力**<**主轴密封压力**	
4	水导瓦温度仪	**水导瓦温度表**外观完好无异常，**瓦温指示**<50 ℃，**工作引线**完好，无断裂损坏	
5	水轮机的整体外观	**水轮机机壳**清洁完好，油漆无脱落，**紧固螺栓**无松动；**水导油槽**无漏油和甩油现象，**地面**清洁	
6	水轮机运行特征	水轮机运转**声音**正常，无异常的**振动**和**摆度**	
7	水导进水压及进排水管	**水导压力表**外观完好，**进水压**正常(压力 0.2～0.25 MPa)，水流畅通，**表阀**全开，**管接头**和**阀门**无漏水	
8	主轴密封润滑水水压及进水管	**主轴密封润滑水压力表**外观完好，**水压**正常(压力 0.05～0.2 MPa)，水流畅通；**表阀**全开，**管接头**和**阀门**无漏水	

续表 2-2

巡视步骤	巡视内容	巡视点及标准(或要求)	巡视结果
9	水导油槽、油色、油位	水导油槽翻油正常;水导冷却水管无漏水和过多凝结水现象;测温头接线完好;油槽油色清亮透明,无混浊乳化、变色现象;油位计的油位指示在上下限范围内	
10	顶盖	顶盖水位无异常升高,排水孔无堵塞,自流排水畅通;主轴密封无异常漏水现象,双连臂、导叶臂、半圆销(有的机组没有)、剪断销等无拔起,导筒无漏水,剪断销信号器接线完好;顶盖上无妨碍运转之物;控制环转动顺畅,无抬起现象	
11	导叶开度仪	机组 LCU 屏上,导叶开度仪外观完好,水轮机室机电转换部分接线紧固;螺丝无松动现象	
12	尾水管,尾水管、蜗壳进入孔	尾水管无剧烈振动,尾水管进入孔无漏水(运行中不可见)、蜗壳进入孔无漏水	
13	真空破坏阀	真空破坏阀动作正常,无漏水	

表 2-3　水轮发电机标准化巡视实操表

巡视步骤	巡视内容	巡视点及标准(或要求)	巡视结果
1	发电机整体外观	发电机机壳清洁完好,油漆无脱落,紧固螺栓无松动,发电机盖板平整完好,封闭严密,进风口无堵塞	
2	发电机运行特征	发电机运转声音平稳、均匀,无异常增大,无尖锐刺耳声响,无异味,无异常振动;发电机保护屏上无保护告警,信号指示正确	
3	励磁引入电缆	励磁引入电缆绝缘完好无损,端头绑扎带无松动脱落,端头牢固固定在支持架上,端头与碳刷架连接处无松动、发热变色现象,用红外测温仪测量刷辫与碳刷连接处温度,不大于 120 ℃	
4	碳刷架	碳刷架固定环与支持绝缘柱无油污、积尘	
5	碳刷	碳刷不短于全长的 2/3(刷体后端面磨入刷握 10 mm),刷下边距铜辫最少 10 mm;转子滑环碳刷无剧烈火花,碳刷在刷握中无摆动、卡住现象,无发热变黑和断线现象	
6	转子滑环	转子滑环表面光洁圆滑	
7	推力进水压及进排水管	推力进水压正常(压力 0.15 ~ 0.2 MPa),水流畅通,管接头和阀门无漏水	

续表 2-3

巡视步骤	巡视内容	巡视点及标准(或要求)	巡视结果
8	推力油槽进排油管	**推力油槽**无漏油、甩油现象,**管接头**和**阀门**无漏油	
9	推力油槽油色、油位	**油色**清亮透明,无混浊乳化、变色现象,**油位**在上下限范围内	
10	推力轴承温度	在机组监控显示器上查看,**推力轴承温度**<60 ℃	
11	定子温度	在机组监控显示器上查看,**定子线圈**及**定子铁芯**的温度最高不超过 105 ℃	
12	下导轴承温度	在机组监控显示器上查看,**下导轴承温度**<50 ℃	
13	下导油槽进排油管	**下导油槽**无漏油、甩油现象,**管接头**和**阀门**无漏油	
14	下导油槽油色、油位	**下导油槽油色**清亮透明,无混浊乳化、变色现象,**油位**在上下限范围内	
15	发电机引出线	**发电机引出线连接处**无过热、变色现象;**瓷瓶**清洁无异物,无破裂、放电痕迹以及渗漏油现象,**支持构件**牢固,无破损锈蚀和变形、变位现象	
16	发电机中性点	**中性点连接处**无过热、变色现象;**瓷瓶**清洁无异物,无破裂、放电痕迹以及渗漏油现象,**支持构件**牢固,无破损锈蚀和变形、变位现象	
17	发电机出口风温	用温度测试仪测试,**风温指示**在正常范围内(风温最高≤70 ℃)	
18	风洞	**风洞内**无焦臭味、火花、异物、异音和异常振动	

【相关知识】

2.1.1 水轮发电机组的基本结构

水轮发电机组是水电站中最重要的设备,水轮机把水能转换为旋转的机械能,水轮发电机再把机械能转换为电能。

2.1.1.1 水轮机的主要部件及工作参数

1. 水轮机的主要部件

水轮机按布置形式可分为立式和卧式。

水轮机按水流作用和结构特征,又可分为冲击式和反击式两大类。

(1)冲击式水轮机。冲击式水轮机是利用高速水流来冲击部分转轮做功的。转轮进口处和出口处的压力等于大气压力,没有压力能。因此,这种水轮机是利用水流的动能来工作的,水流的动能通过水流冲击转轮转换为主轴旋转的机械能。根据水流的冲击特性及不同的转轮结构,冲击式水轮机可分为水斗式、斜击式和双击式。

冲击式水轮机适用于较高水头。如水斗式水轮机,它的特点是水流量不大,以高速水流喷射转轮使之旋转。其应用水头可为80~800 m。我国湖南省大庸县崇山水电站的水头有614 m,目前国内冲击式水轮机的水头已达到1 200 m。奥地利的雷依塞克水电站应用水头更高,为1 770 m。

(2)反击式水轮机。反击式水轮机是同时利用水流的压力能和动能进行工作的,以压力能为主、动能为辅。水流流经转轮叶片,水流的方向和大小都发生变化,叶片正反面形成压差,推动转轮旋转,把水流的压力能转换为旋转机械能。根据水流通过转轮区域内方向的不同,反击式水轮机分为混流式、轴流式、贯流式和斜流式。

反击式水轮机在我国应用较为普遍。其中,混流式水轮机应用水头为5~700 m,中等流量和中等水头的大、中、小型水电站都可采用;轴流式水轮机应用水头为2~80 m,一般应用于低水头、大流量的水电站,可分为轴流定桨式和轴流转桨式;贯流式水轮机应用水头为0.5~16 m,根据其布置形式的不同,有灯泡式、轴伸式、竖井式,多在平原低水头电站和沿海地区的潮汐电站中使用。

水轮机结构复杂,部件众多,其中埋设部件如蜗壳、座环、基础环等,在运行中少有涉及,这里不作介绍,下面只介绍立式混流式水轮机中与运行密切相关的主要部件。

1)水轮机的导水机构

混流式水轮机的导水机构位于蜗壳座环的内圈,它由顶盖、底环、导叶、导叶臂、连杆、控制环和接力器等部件组成。运行时,导水机构大部分可见,是巡视检查的重点部位之一,常见问题是剪断销剪断,连接销拔起等。

顶盖放置在座环的上环上,底环放置在座环的下环上,它们均用螺栓连接。在顶盖与底环之间的过流通道中放置导叶。在顶盖、底环与主轴同心的圆周上,均匀布置着与导叶相等的轴孔。导叶下轴颈直接安装在底环的对应孔中。顶盖轴孔中装有套筒,导叶上轴颈穿过对应套筒轴孔与布置在顶盖上面的导叶臂相连接。当调速器控制的接力器活塞动作时,通过控制环、连杆、导叶臂等传动机构传动,使导叶改变开度,达到调节流量的目的。

(1)导叶及其轴承。

导叶由导叶体和导叶轴两部分组成。导叶体的断面形状为翼形。为减轻导叶重量,常做成中空心导叶,导叶轴的轴颈通常比连接处的导叶体厚度大,在连接处采取均匀圆滑过渡形状,以避免应力集中。

对于高水头多泥沙电站,为防止导叶上、下端面与顶盖、底环间隙处的磨蚀,常采用偏心大轴颈导叶。在上、下端面附近,比导叶厚度大得多的大轴颈全部偏置于靠近底环一边的高压水流侧。使靠近转轮一边的低压水流侧导叶型线平滑,减少了低压侧水流的脱流和旋涡;大轴颈减少了沿导叶弦长方向端面间隙的长度,减轻了端面间隙磨蚀总量;大轴颈又使轴颈附近沿端面间隙漏水的路程增加,使漏水速度和漏水量有所下降。

导叶轴承常采用三支点轴颈结构,对应上、中轴承的轴套装在套筒内,套筒则安装在顶盖预留的轴孔中,下轴套直接安装在底环轴孔内。

上、中轴套使用同一个套筒的称为整体套筒,如图2-1所示。分别使用套筒的称为分段套筒,如图 2-2 所示。分段套筒要求顶盖上、中轴孔同轴精度较高,可在大型机组上使用。轴套材料现广泛采用具有自润滑性能的工程塑料,如聚甲醛、尼龙 1010、聚四氟乙烯等,制成弹性钢背尼龙复合瓦,运行中不需加润滑油脂,并改善了轴承受力性能。

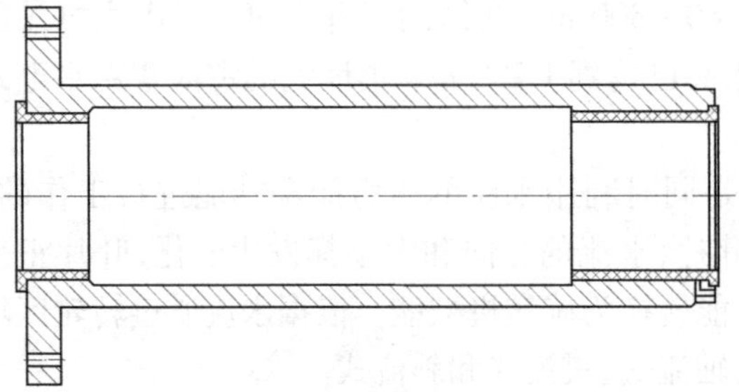

图 2-1　整体套筒

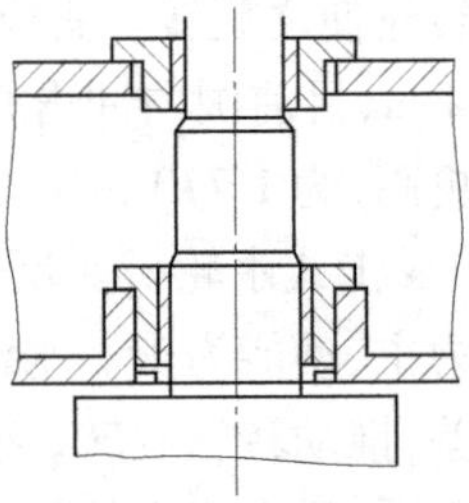

图 2-2　分段套筒

为防止导叶轴颈漏水,影响轴套润滑,在中轴套设置轴颈密封,装有“L”型橡胶密封圈,在轴套和套筒开孔排水,形成内外压差,靠水压贴紧封水。为防止泥沙进入下轴套,在下轴套上端设置“O”型橡胶圈密封。

高水头机组,为防止导叶上浮力超过导叶自重,保证导叶上端间隙,需加止推装置。在导叶臂上开槽,止推压板卡在槽中,止推压板用螺栓固定在导叶套筒法兰上。

(2)导叶传动机构及其安全装置。

导叶传动机构由导叶臂、连杆和控制环组成,用于传递接力器操作力矩,使导叶转动,调节水轮机流量。该机构常用型式有叉头式和耳柄式。

在叉头式传动机构中,叉头式连杆通过销轴,分别与控制环和连接板成铰连接,连接板与导叶臂用剪断销连成一体,导叶臂与导叶轴间装有分瓣键,分瓣键起传递力矩作用。叉头式传动机构受力情况较好,适用于大中型水轮机。

在耳柄式传动机构中,由耳柄和旋套构成耳柄式连杆,一端通过剪断销与导叶臂相连,另一端通过连杆销与控制环相连。耳柄式结构较简单,但受力情况较差,适于中小型水轮机。

在运行中,当个别导叶被异物或因其他原因卡住时,装在导叶传动机构中的安全装置动作,将被卡导叶切除,避免因个别导叶被卡而损坏传动机构的其他零部件。

常用的导水机构安全装置为剪断销。剪断销是我国目前用得最多的导水机构安全装置,如图 2-3 所示。在剪断销上加工一个危险断面,在正常操作力作用下,剪断销能正常工作,当超过正常操作力 1.5 倍时,剪断销连同装在其中的信号装置在危险断面破断并发信号,被卡导叶从传动机构中解列。剪断销结构简单,更换方便,只是被解列导叶一旦被水冲动,在水力矩作用下旋转,会冲击其他导叶,可能造成剪断销连锁破断事故。因此,有的机组在顶盖上设置限位块,防止导叶发生正反向旋转而超出全关和最大可能开度的范围。

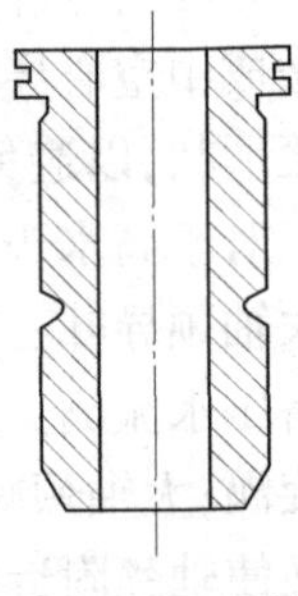

图 2-3　剪断销

配置易弯拐臂也可起到保护导水机构的作用,当导叶被异物卡住时,操作力使易弯拐臂产生塑性变形并发出信号,被卡导叶被解列,其他导叶仍能正常工作,但易弯拐臂未被破断,水力矩依旧不能冲动导叶而自由转动。

(3)接力器。

导水机构的接力器形式很多,它们的基本工作原理相同,它们有共同的基本部件——接力器缸和活塞。活塞把接力器缸分成开启腔和关闭腔,调速器控制腔内油压变化,使活塞动作,达到操纵控制环的目的。

按接力器缸的形式,可分为直缸和环形缸两大类。直缸接力器又可分为单导管直缸型、双导管直缸型和摇摆式等形式。环形接力器又可分为活塞动和缸动两种。

2)水轮机的转轮

混流式水轮机的转轮位于整个水轮机的中心,其上端与主轴相连,为顶盖所盖,下有基础环,基础环下连尾水管,四周为导叶所包围。正常工作时,转轮的重量通过主轴悬吊在发电机的推力轴承上;安装或检修时,转轮放在基础环上。运行时,转轮不可见。

混流式水轮机的转轮由上冠、叶片、下环、止漏环、减压装置和泄水锥等组成。

(1)转轮上冠。上冠的外形与圆锥体相似,中间部分的上冠法兰与主轴相连,上面装有减压装置、止漏环,下面中心处固定有泄水锥。叶片的上端与上冠固定在一起。为便于和主轴连接,在上冠法兰上加工有若干个螺栓孔。通常上冠都开有中心孔,以便于与主轴中心孔连通,向转轮内补入空气,消除真空。在上冠的法兰外围开有数个减压孔,其目的在于将转轮前后的水连成通路,减小作用在转轮上的轴向水推力。上冠的主要作用是支撑叶片,并承受叶片传来的离心力,同时与下环构成过流通道。

(2)转轮叶片。叶片位于上冠与下环之间。叶片呈复杂空间扭曲状,断面形状为翼形。叶片数一般为10~24片,常用10~18片。水流与转轮间的能量转换直接在叶片上进行,叶片的形状和数目直接影响转轮性能,尤其对效率和汽蚀的影响更大。

(3)转轮下环。下环位于叶片下端,将叶片连成整体,以增加转轮的强度和刚度,承受叶片水流引起的张力。在下环的轮缘上,安装有止漏环,减少转轮漏水损失。

(4)转轮止漏环。水轮机转动部分和固定部分的相邻处,存在有间隙。从间隙漏走的压力水造成一定的能量损失,故在间隙处安装止漏环。通常把安装在固定部件上,如安装在顶盖、底环或基础环上的止漏环称为固定止漏环。止漏环又称迷宫环,把转动环和固定环相配合的间隙做成忽大忽小,或成直角转向而增加水流前进阻力,达到减少漏水的目的。止漏环按结构分有缝隙式止漏环、迷宫式止漏环、梳齿式止漏环和阶梯式止漏环等。

(5)转轮减压装置。减压装置的作用是减小转轮轴向水推力。转轮的轴向水推力由两部分组成:一是作用于转轮上冠和下环内表面水压力的轴向分力;二是作用于叶片正背面水压力的轴向分力。总的轴向水推力是这两部分轴向水推力的代数和。轴向水推力通过主轴传递给推力轴承承担。减轻轴向水推力的途径有两条:一是设减压装置,减小作用在上冠外表面的轴向水压力;二是设法增加作用于下环外表面的反向轴向水推力。

转轮减压装置有减压板和减压孔减压方式、减压管和减压孔减压方式。

3)水轮机的主轴

主轴的结构形式,随着水轮机容量大小和装置方式而改变,一般可分为单法兰和双法兰两类。运行中,主轴部分可见。

单法兰主轴一般为实心的阶梯轴;无法兰一端有键槽,用键与转轮连接,有法兰一端与发电机轴连接。为便于安装时好对中心，法兰端面有凸止口，法兰周围布置有等距的螺栓孔，用螺栓与发电机主轴法兰连接。这种结构常用于中小型水轮机，多为卧式布置。

双法兰主轴的两端分别用螺栓与转轮和发电机轴连接，中小型水轮机采用的双法兰主轴一般为实心的，而大中型水轮机的主轴都做成空心的，这样可以减轻重量，提高轴的强度和刚度，同时混流式水轮机也经常需要通过主轴中心孔，向转轮室补气。

主轴轴颈的结构与水轮机导轴承结构有关。采用水润滑轴承的主轴，与轴瓦接触的部分包焊一层不锈钢的轴衬，如图 2-4(a)所示。采用稀油润滑的分块瓦式导轴承，在与轴瓦接触的主轴上需制作轴领，如图 2-4(b)所示。轴领采用焊接或热套于主轴上，也可与两端带法兰的主轴整锻。

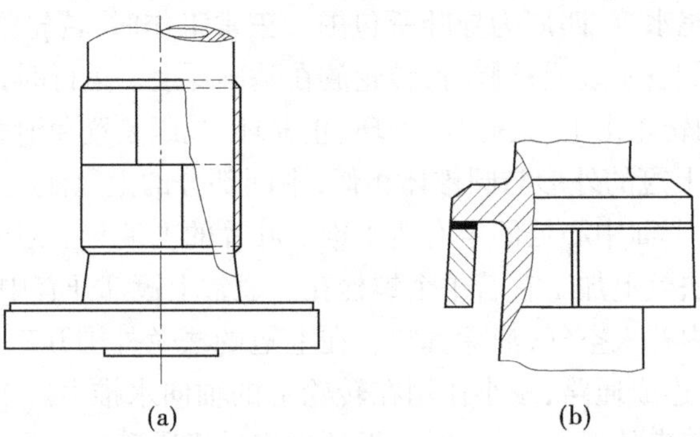

图 2-4　轴衬和轴领

4)水轮机的导轴承

立式和卧式水轮机的轴承受力情况不同，因此导轴承结构形式也有差异。这里主要介绍立式水轮机导轴承。

立式水轮机导轴承位于顶盖上方，用以承受主轴传来的径向振摆力，约束主轴旋转轴心线。这些径向力主要来自于转轮和尾水管的水力不平衡。如果设计、制造和安装质量都很高，在合理工况下运行，径向力是很小的。在结构布置时，应尽量使导轴承靠近转轮，以缩短转轮至轴承的距离，增加主轴运行的稳定性和可靠性。

导轴承是运行的主要监视对象，也是检修和维护的主要项目。导轴承运行中常见问题是轴承过热，严重时会烧瓦。常见的故障有轴承磨损使间隙变大。这些问题直接影响机组安全稳定运行，为此对导轴承必须重视。

立式水轮机导轴承按润滑介质不同可分为水润滑导轴承和稀油润滑导轴承，而稀油润滑导轴承又有分块瓦式和圆筒瓦式两种。

(1)水润滑导轴承。

水润滑导轴承体内橡胶瓦的瓦面上有沟槽，沟槽方向与轴的转动方向相适应，使清洁润滑水沿沟槽向下运动的同时，被轴带入瓦面，形成润滑水膜。可用调整螺钉调整轴瓦间隙并固定轴承中心。用压力表监视轴承上下部的压力和真空值。水润滑导轴承具有结构简单，制造安装方便，成本低，导轴承距转轮近等优点。缺点是对水质要求高，泥沙含量大时会导致轴瓦迅速磨损；水中不能含油类物质，油类物质会使轴瓦变软变黏；导热性差，温度过高时会加速老化。

(2)稀油润滑导轴承。

①分块瓦式导轴承。分块瓦式导轴承如图2-5所示,带有内、外圆筒的环状油箱置于顶盖上。油箱内有轴承体5、冷却器7,8~12块分块瓦放置在轴承体底板上,从圆周方向包围着主轴轴领1,每块瓦之间留有适当的间距,总间距为周长的20%~25%。轴承体上装有调整螺钉6,球状调整螺钉头部顶在瓦块背的垫块上,接触点周向偏心约为瓦块弧长的5%。这样,瓦块有自调位能力,使进油边间隙大、出油边间隙小,便于形成楔形油膜。调整螺钉可调整轴瓦与轴的间隙,并传递径向力至轴承体,调整好间隙后用螺母及锁片锁住。这种分块瓦式稀油润滑导轴承在大型水轮机上得到了广泛的应用。但由于调整螺钉与螺母的螺纹存在加工误差,调整螺钉与瓦背为点接触,接触面积太小,运行时在交变径向力的长期作用下,会产生变形,导致瓦面间隙变化,使机组振动和摆度增加、瓦温升高,严重时需停机处理。

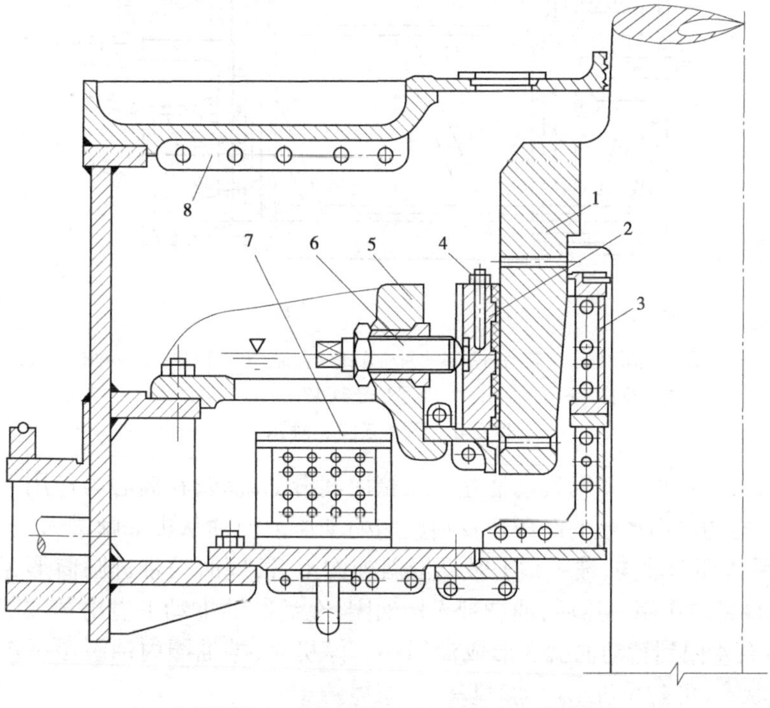

1—主轴轴领;2—分块轴瓦;3—挡油箱;4—温度信号器;
5—轴承体;6—调整螺钉;7—冷却器;8—轴承盖

图2-5 分块瓦式导轴承

近年来采用了由楔子板代替调整螺钉的分块瓦式导轴承。楔子板与分块瓦背采用1:20的斜平面接触,轴承座圈与楔子板采用不同曲率半径的柱面母线接触。这样保留了分块瓦的自调位能力,又把点支承改为线支承,改善了支承条件。

分块瓦式导轴承结构上的显著特点是主轴带轴领,轴瓦分块。它的优点是瓦面间隙调整方便,轴瓦有自调位能力,运行中受力均匀,润滑条件较好,瓦温不易上升,零件质量小,制造安装方便,适应顶盖变形能力强。缺点是轴领加工成本高,费工费料,价格稍贵。

②圆筒瓦式导轴承。圆筒瓦式导轴承如图2-6所示,主要由圆筒形轴承体2、转动油

盆3、上油箱8、冷却器6等部件组成。轴承体内壁直接浇铸有轴瓦钨金,钨金瓦面开有倾斜和水平油沟,下法兰盘上钻有径向进油孔13,孔口装有逆主轴旋转方向的进油嘴,轴承体视轴的尺寸大小可分成2~4瓣,用螺栓组合。转动油盆固定在主轴1上,随主轴旋转。轴承体上部法兰盘上固定有上油箱8,上油箱内装有冷却器6,此外还有油位标尺7、浮子信号器11、温度信号器12等附件。

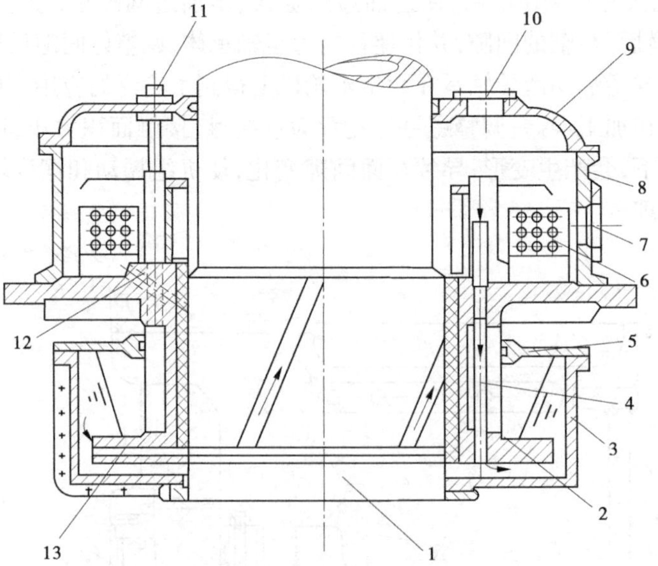

1—主轴;2—轴承体;3—转动油盆;4—回油管;5—油盆盖;6—冷却器;7—油位标尺;
8—上油箱;9—油箱盖;10—加油孔;11—浮子信号器;12—温度信号器;13—法兰径向进油孔

图2-6 圆筒瓦式导轴承

机组运行时,主轴1带动转动油盆3及箱内润滑油旋转,在离心力作用下,油面形成旋转抛物面,抛物油面产生的静压力及油旋转的动压力使油从进油嘴进入法兰径向进油孔13,至轴承体环形油沟,被主轴1带动沿斜油沟上升,同时被带进圆筒形瓦面,起润滑和吸收摩擦热量的作用。然后,油被带入挡油圈,在后续油推动下溢出挡油圈,流经冷却器6,经回油管4回到转动油盆3形成油循环。停机时,挡油圈内油缓缓下渗,使瓦面油沟处于充油状态,可防止机组启动时瞬时干摩擦。

浮子信号器的作用是监视油箱内的油位,如图2-7所示。运行中油面位置与润滑油存油量有关,存油量越多,油面越靠近轴中心,离心静压头越大,反之静压头越小。因此,存在维持轴承正常运行的最小油面和转动油盆能容纳的最大油面,对应着最少存油量和最多存油量。当A孔淹没在油中时,浮筒位置与离心静压头成正比。当存油量小于最小油量时,润滑油不能进入A孔使浮筒浮起,浮子信号器发信号报警。当存油量多于最多油量,超过整定的最大值时,油进入A孔太多,浮子信号器同样发信号报警。上油箱设观察孔,通过上油箱油位可间接监视转动油盆油位。

温度信号器是监视油箱内油温的,它是利用温度传感器将温度转换为电信号,传送至中央控制室,利用仪表或上位机监视器显示出来或报警。

此外,稀油润滑导轴承旁边一般还设有油标,一般是由有机玻璃制成透明的观察窗或

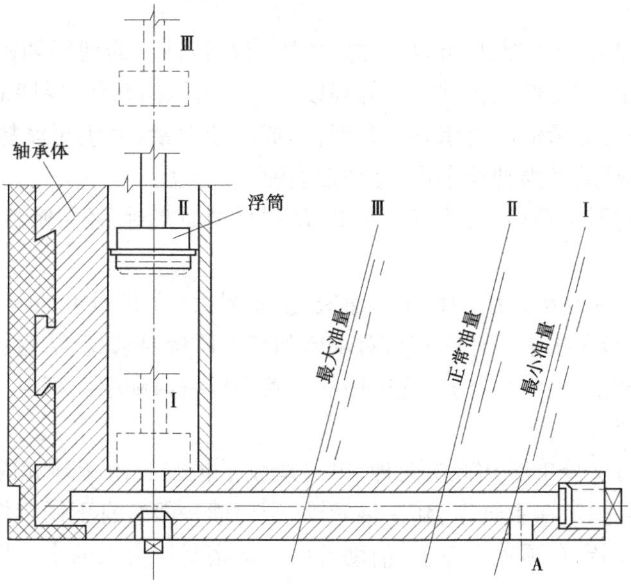

图 2-7　转动油盆油位监视

观察管，通过油管与油箱相通，通过油标可观察油位的高低、油质的好坏。运行人员在巡视时，必须通过油标检查油位和油质是否符合要求。

圆筒瓦式导轴承冷却方式有体内冷却和体外冷却两种。体内冷却就是将水箱围焊在轴承体外壁上，内有隔板使水路迂回曲折，以充分进行热交换。由于制造难度大，运行时易堵塞，体内冷却用得较少，只用于小型水轮机上。体外冷却是将油打到轴承体之外，再利用冷却器冷却。

圆筒瓦式导轴承结构简单，布置紧凑，使用寿命长，适用于直径小于 1 m 的导轴承。缺点是安装检修时刮瓦和调间隙较困难，旋转油箱易甩油，对顶盖刚度要求高，轴承体较重。

混流式卧式水轮机的基本结构及工作原理与立式大同小异，由于适用于小机组，机组结构较立式简单些。只是卧式机组导轴承既要承受机组旋转径向力，还要承受旋转部分的质量，其工作条件较立式的要差些。卧式机组也有轴向推力，主要是尾水管方向的推力，还要考虑反向推力，故要有双向止推结构，往往把导轴承和推力轴承放在一个轴承座内。

5）水轮机的密封装置

混流式水轮机上冠与顶盖之间，存在着一个低压水腔，其水源为止漏环的漏水。由于止漏环的阻尼和减压装置的降压作用，此水压一般不超过 0.196 MPa。为防止此压力水从主轴与顶盖之间的缝隙中冒出，破坏稀油润滑导轴承的正常工作，故设主轴密封装置。对下游尾水位高于顶盖的电站，要设停机检修密封装置，防止尾水倒灌淹没水轮机。

水轮机的主轴密封装置包括工作密封和检修密封，一般装在主轴法兰上方，地方狭窄，工作条件差，对多泥沙电站，其工作条件更为恶劣。但它又是水轮机的一道重要保护，直接关系到水轮机安全运行，故要求其结构简单轻便，工作可靠，安装检修方便，工作寿命长。

(1)工作密封。

从工作原理而言,工作密封可以简化成由固定在转轴上的动环和固定在顶盖上的静环组合成的摩擦副,其工作最佳状态是静环以一定压力压向动环,保持密封面的稳定接触以封水,还要引进一定清洁压力水到密封面,形成液膜润滑,避免干摩擦引起摩擦副快速磨损,同时要有足够的磨损补偿余量,做到低泄流、长寿命。

工作密封结构形式较多,大体有橡胶平板密封、端面密封、径向密封、橡胶石棉盘根密封、水泵辅助密封等。

盘根密封在多泥沙电站中的使用寿命短,漏水量大,会磨损主轴密封轴颈,只在小机组上使用,已在逐步淘汰中。径向密封对水质和密封质量要求高,结构复杂,调整困难,国内很少使用。下面主要介绍国内广泛应用的橡胶平板密封和端面密封。

①橡胶平板密封。

橡胶平板密封又分单层和双层两种,单层橡胶平板密封由转环和固定的圆环形橡胶密封板组成。转环固定在主轴上,随主轴转动,密封面一般装有不锈钢板。橡皮密封板靠托板、压板和螺栓固定在顶盖支座上,借助外引清洁密封压力水的水压把橡皮板压在转环密封面上封水。橡皮板要有一定的耐酸碱性,密封间隙一般在 1 ~ 2 mm 范围内。间隙太大,密封不到位,泄流量太大;间隙太小,密封面易产生干摩擦,橡皮板因迅速磨损而失效。橡皮板的厚度一般取 4 ~ 10 mm,搭接宽度为 15 ~ 35 mm,密封压力水的水压一般在 0.02 ~ 0.2 MPa 范围内,视被封水水压而定。

双层橡胶平板密封结构如图 2-8 所示,密封水箱 2 固定在支架 5 上不动,衬架 4 用特殊螺栓固定在主轴 9 上,转动环架 8 用螺栓固定在衬架 4 上,橡皮板 3 下端固定在转动环架 8 上,构成随主轴 9 旋转的转动环,橡皮板 3 上端固定在密封水箱 2 上端,形成上下两个封水摩擦副,在密封水箱 2 清洁压力水的作用下,上、下橡皮板在封水面上起封水作用。

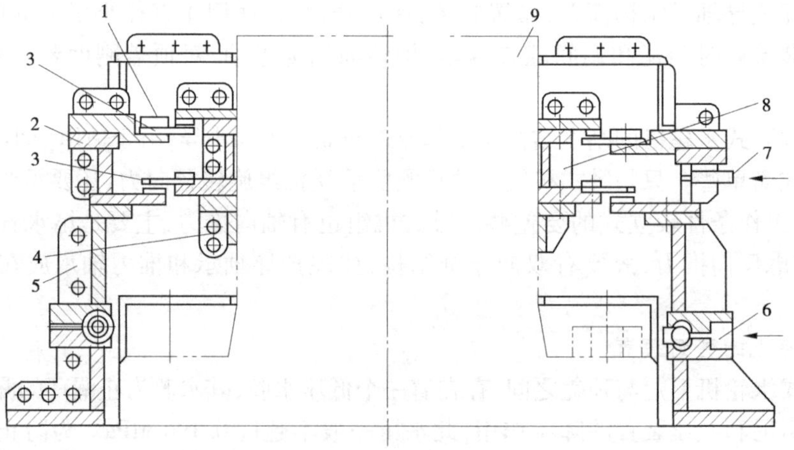

1—压板;2—密封水箱;3—橡皮板;4—衬架;5—支架;
6—进气管;7—压力水管;8—转动环架;9—主轴

图 2-8　双层橡胶平板密封和止水围带

橡胶平板密封的结构简单,密封性能好,能自动封闭因磨损出现的间隙。单层橡胶平板密封适用于水质较清洁的水电站，双层橡胶平板密封适用于水质不干净的多泥沙的水电站。这种密封的缺点是摩擦副补偿能力差，对轴向振动较大的机组，密封效果不理想。

②端面密封。

端面密封有两种常见形式：机械式和水压式。

机械式端面密封如图 2-9(a)所示，转环 1 固定在主轴上，密封块 2 固定在滑动架 3 上，密封块 2 可用自润滑性能好的碳精块、工程塑料或耐油橡胶，加工成 U 形截面圆环形密封圈，在密封座 6 与滑动架 3 之间装数个弹簧 5。密封块 2 与转环 1 的接触压力是弹簧 5 的弹力，弹簧推动使滑动架 3 上的密封圈紧贴在转环 1 的下端面起密封作用。该结构的缺点是弹簧制造质量要求极高，要有防锈措施；当各弹簧弹力不均匀时，滑动架 3 上的密封易偏卡。滑动架 3 的辅助密封可用 O 形橡胶盘根。

水压式端面密封形式较多，图 2-9(b)所示为水压式端面密封的一种，其工作原理与机械式端面密封相似，它是依靠外部引入清洁压力水的水压作用使密封圈 3 与转动的抗磨衬板 4 的端面压紧，改善了端面密封力的均匀性，适用于泥沙较多的水电站。也有直接利用漏水压力使密封面贴合的，适用于水质较好的水电站。

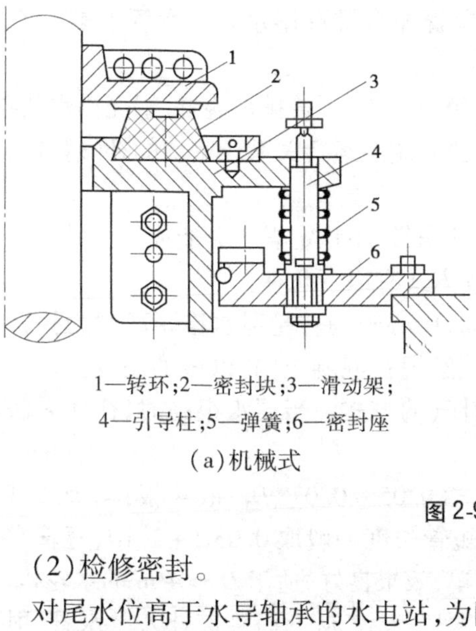

1—转环；2—密封块；3—滑动架；
4—引导柱；5—弹簧；6—密封座

(a)机械式

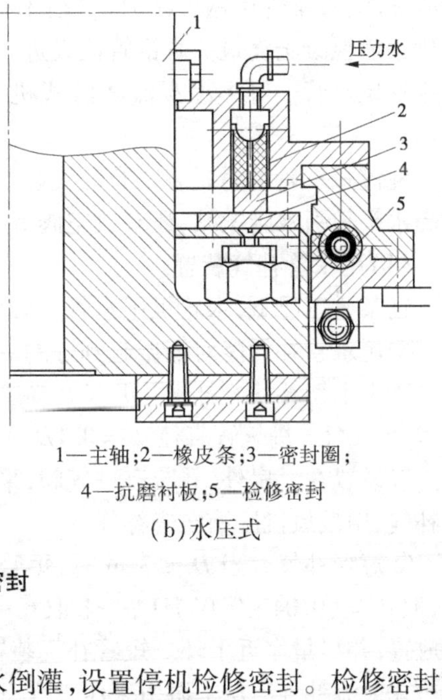

1—主轴；2—橡皮条；3—密封圈；
4—抗磨衬板；5—检修密封

(b)水压式

图 2-9 端面密封

(2)检修密封。

对尾水位高于水导轴承的水电站，为防止尾水倒灌，设置停机检修密封。检修密封常用形式有空气围带式和抬机式两种。

围带式检修密封如图 2-10 所示，将横断面为中空的 O 形橡胶围带压装在顶盖固定部件内，与转动部件的圆柱面间隙为 1.5 ~ 2 mm。正常运行时，空气围带与转动部件不接触，停机时空气围带内的 O 形孔充以 0.4×10^6 ~ 0.7×10^6 Pa 的压缩空气，围带膨胀，从四周贴紧转动部件圆柱面，达到封水的目的。

抬机式检修密封如图 2-11 所示，将环状橡胶密封圈压装在主轴法兰或法兰保护罩端面外圆处，停机时将水轮机抬起，使密封圈贴紧固定件，达到止漏的目的。

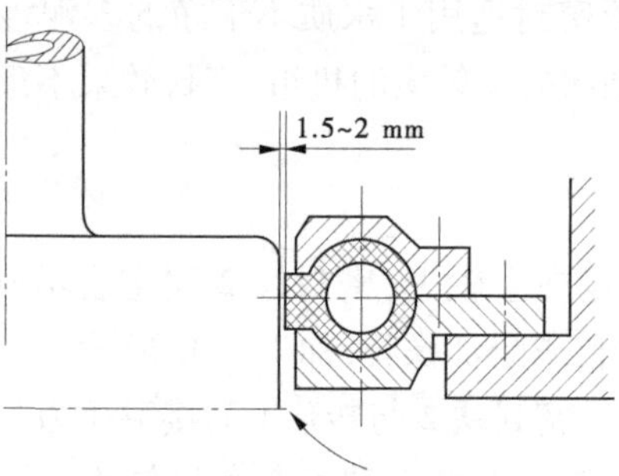

图 2-10 围带式检修密封

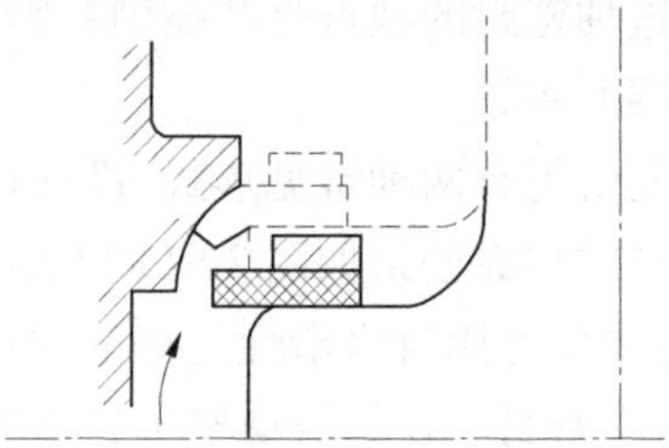

图 2-11 抬机式检修密封

水轮机密封装置在运行中是不可见的，但密封装置的运行状态必须随时监视，否则将危及水导油盆的安全。

6) 水轮机尾水管及其附属装置

立轴混流式水轮机尾水管位于转轮下面，大中型水轮机常用弯肘形尾水管，它由进口直锥管、弯肘管和出口扩散管三部分组成。直锥管段上部与基础环相接，为防止高速水流冲刷破坏，直锥管用钢板衬护。当工作水头大于 200 m 时，弯肘管也要用钢板衬护，其他则用钢筋混凝土浇筑。直锥管段设进人门，用于停机检查转轮。小型混流式水轮机常用直锥形尾水管。对小型混流式卧式机组，常用弯管加直锥形尾水管。弯管上端开有进人门。

混流式水轮机附属装置有补气装置、尾水管稳流装置、顶盖排水装置、蜗壳排水装置，对高水头长引水管电站，还有放空阀等。下面主要介绍与运行关系较密切的补气装置。

(1) 尾水管补气装置。

在某些工况下，水轮机尾水管内会出现大尺寸涡带，不稳定涡带会造成压力脉动和振动。向尾水管补气能对消振起到好的效果。补气方式有以下几种：

①十字架补气。补气孔开设在横管朝下方向，中心管到转轮泄水锥距离约为标称直径 D_1 的 1/4。进气管直径 $d_1=0.1D_1$。横管外端宜埋在混凝土内，以增加刚度。进气管口一般设置在厂房外，并装有进气阀，采取自然补气的方式。当尾水很高时，往往无法自然补气，用鼓风机压缩空气补气。

②短管补气。当 $D_1 \leqslant 3$ m 时，短管直径 $d_1=(0.05\sim0.07)D_1$，取 4 根；当 $D_1 \geqslant 4$ m 时，取 $d_1=(0.04\sim0.05)D_1$，一般取 6 ~ 10 根。短管长度一般取 $0.05R+1.1d$，短管宜水平放置，并尽量靠近下环。短管补气装置结构简单，效果良好，适于 $D_1>4$ m 的水轮机。

③射流补气。从上游引来压力水，通过射流泵吸气，气从上面管道补入尾水管，射流从下面管道流入尾水管。当自然补气失效时，才采用射流补气。

(2) 轴心孔补气阀。

当尾水管内压力脉动位置较高时，可通过轴心孔补气来缓解。在主轴下端轴心孔出口处装设轴心孔补气阀，常见的有平板式吸力真空阀，如图 2-12 所示。当尾水管真空值大于整定值时，尾水管内向下吸力与托架的重力之和大于弹簧弹力，使托架与橡胶平板下降，外面大气通过轴心孔向尾水补气。当尾水管真空值变小使吸力小于整定值时，弹簧弹力克服托架重力，橡胶平板上升封闭轴心孔。橡胶平板所对的密封面，可堆焊不锈钢，防止锈蚀。轴心孔补气的缺点是补气噪声太大。

(3)紧急真空破坏阀。

当机组紧急关机时,水流的惯性作用在转轮室会产生很大真空,导致尾水管及下游水迅速返回,撞击转轮和顶盖,发生抬机现象,严重时引起顶盖损坏。在顶盖上装紧急真空破坏阀,能在转轮室出现真空时,迅速向转轮室补气,以避免产生上述破坏。通常大型水轮机装两只或四只紧急真空破坏阀,一方面补气均匀,另一方面可互为备用,增加补气可靠性。紧急真空破坏阀结构如图2-13所示,将其布置在顶盖上。根据转轮室允许出现的最大真空值,通过调节螺母,调整弹簧弹力,一般当出现真空压强为14.7~19.6 kPa时,阀盘克服弹簧弹力下移,开始补气。当真空消失时,依靠弹簧弹力使阀盘复位。阀门密封采取橡胶和不锈钢接触。

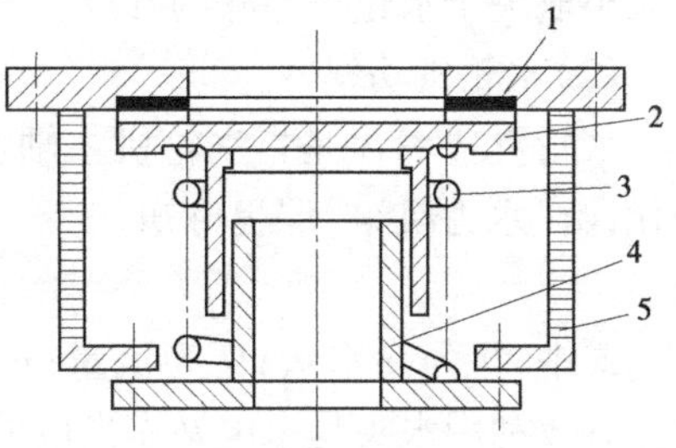

1—橡胶平板;2—托架;3—弹簧;4—底座;5—外罩

图2-12 平板式吸力真空阀

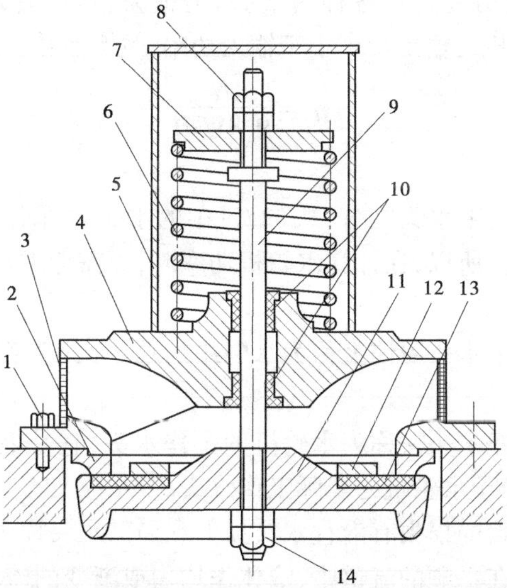

1—螺钉;2—铜密封环;3—保护网;4—阀座;5—护罩;6—弹簧;7—压盖;8—调节螺母;9—阀轴;10—尼龙套;11—阀盘;12—压环;13—橡胶垫;14—压紧螺母

图2-13 紧急真空破坏阀

2.水轮机的工作参数及运行范围

1)工作参数

在水电站运行中,反映水轮机工作过程基本特性的参数称为水轮机基本工作参数。其主要参数有:净水头(工作水头)H,流量Q,功率N,效率η、额定转速n,飞逸转速N_R,标称直径D_1。其中,标称直径D_1是固定不变的定值,额定转速n受电力系统频率的控制。

(1)水轮机流量Q。

流量 Q 是指单位时间内通过水轮机的水流体积，单位用 m^3/s。在正常运行时，流量的大小取决于水轮机导叶的开度。

(2)水轮机功率 N。

水轮机功率 N 是指水轮机主轴实际输出的机械功率。N 随电力系统负荷的变化而变化，由"水力机组"课程可知

$$N = 9.81QH\eta \tag{2-1}$$

式中，H 为净水头；Q 为流量；η 为效率。水轮机的功率与流量、工作水头和效率有关。有效利用水头是水电站多发电的关键，尤其是具有水库的电站，机电运行人员应该考虑在综合利用水库库容的前提下，利用高水头多发电，提高水电站运行的经济性。

在水轮机的运转特性中，存在着高效率区和低效率区。通常，机组在铭牌出力附近(导叶开度在85%左右)，水轮机的效率最高。机电运行人员应使机组在高效率区运行，提高电站的经济效益。

(3)水轮机效率 η。

按式(2-1)计算得到的水轮机功率是实际功率，因为在实际运行中，水流功率 N 不可能全部得到利用，有少部分能量被各种因素(水力损失、容积损失、传动摩擦和设备质量等)消耗掉。所以，水轮机的输出功率小于输入功率，效率系数公式为

$$\eta = \frac{N}{9.81QH} \tag{2-2}$$

(4)水头 H。

电站水头有净水头与毛水头之分，式(2-2)中的水头 H 采用的是净水头。但管理人员测量得到的是毛水头。所以，在计算水轮机功率时，尚需考虑水流通过压力引水系统的水头损失值。

①水电站毛水头。毛水头习惯上称为水电站的总水头(装置水头)，它是电站的上下游水位差。

②水电站净水头。净水头又称为水轮机的工作水头，它是毛水头扣除水流流过水工建筑物的各种损失后，给予水轮机的实际工作水头。

水流流过水工建筑物的损失有沿程水头损失和局部水头损失。

①沿程水头损失。在平顺的流道中，液体作均匀或渐变的流动，由于克服沿流程的摩擦阻力(简称沿程阻力)做功所引起的水头损失，称为沿程水头损失。

②局部水头损失。在过流断面形状突变的局部流道中，断面流速分布急剧变化而出现旋涡，该局部区域阻力所集中损耗的水头称为局部水头损失，如流道突然扩大、缩小、转弯及局部障碍(闸门)等所造成的水头损失。

2)水轮机部分参数的运行范围

(1)轴承温度。

水轮机的轴承温度正常与否，直接关系着机组的安全运行。轴承温度与环境温度有关，还与润滑系统的冷却系统有关。根据水电站的运行要求，轴承温度不能高于70 ℃，正常运行温度控制在45～60 ℃为宜，超过60 ℃时属于偏高。

监视轴承温度，一般采用圆形温度信号器和玻璃水银温度计两种。圆形温度信号器

有电接点和信号装置，它可在轴承温度升高到某一值时发出音响信号，并在轴温升高到极限值时，作用于发电机断路器跳闸和调速器内的紧急停机电磁阀。通常前者整定值为60 ℃，后者整定值为70 ℃。玻璃水银温度计一般用于小型机组。

(2)工作水头。

水轮机的工作水头是水电站运行的重要参数，对于有水库调节的坝后式水电站，运行人员应该明确以下特点：

①最高水头：设计时，用以计算水工建筑物的稳定性和水轮机许可工作情况的极限。若超过这个水头，水工建筑物就有发生事故的可能，水轮机的工作效率就会降低，同时，影响着飞逸转速的倍数，关系着整个水电站的安全。

②设计水头：水轮机输出额定出力时的最小水头，它是水轮机的主要工作参数，也是水轮机运行最合适的工作条件。水轮机在设计水头附近运行，其效率最高，空蚀影响最小。

③最低水头：水工建筑物运行最低水头和水轮机的最低运行水头的极限值。接近这个水头运行，其运行效率低，且易出现空蚀。在一般情况下，水电站不能在最低水头(或死水位)以下运行。

应该指出，坝后式水电站的工作水头，是在不断地变化的，关键是如何合理调节水位，使机组处在较高的效率区运行。

对于有压力前池调节的引水式电站，水轮机的前池工作水位必须高于压力水管进口处的淹没高度(一般以1～2 m为宜)，否则水位降低，造成旋涡，把空气吸入压力水管和水轮机室，会产生机组振动和噪声，严重影响水轮发电机组的正常运行。

(3)真空度。

水轮机尾水管进口段的真空度是为了说明水轮机转轮附近的真空情况，它是一个近似值。监视真空度的目的是监视空蚀的影响。真空度与水轮机的转轮型号有关，与安装高程及尾水管的流速有关。水电站正常运行以后，真空度都维持在一定的数值，根据经验，在海拔1 000 m以下地区，真空度数值一般以13.33～20 kPa(100～150 mmHg)为宜。数值大，空蚀影响也大；数值小，水能得不到充分利用。

真空度在水轮机尾水管的压力真空表上读得，运行人员应观察并记录其经常数值。如真空度突然增大，反映空蚀影响大，就要分析原因，设法解决；真空度长时间增大是不允许的。

2.1.1.2 水轮发电机的主要部件及运行方式

1.水轮发电机的主要部件

根据冷却方式，水轮发电机可分为空气冷却发电机、氢气冷却发电机和水内冷却发电机。空气冷却的主要优点是价廉、简易和安全，缺点是冷却效果较差，摩擦损耗大。目前，空气冷却是水电厂最常用的发电机冷却形式。氢气冷却主要用于汽轮发电机，水内冷却主要用在大型水轮发电机中。但近年来，一些大型或巨型水轮发电机也用水冷却，如三峡电站的700 MW水轮发电机。

根据安装方式，水轮发电机可分为立式安装和卧式安装，大型水轮发电机常用立式安装，只有少数小型机组采用卧式安装。

立式水轮发电机还可分为悬式和伞式两种。悬式的推力轴承装在转子的上部,整个转子悬吊在上机架上,这种结构的运行稳定性好,通常用于转速较高的发电机。伞式的推力轴承在转子的下部,整个转子形同被撑起的伞,这种结构的运行稳定性差,但布置紧凑,整个机组高度小,通常用于转速较低(125 r/min 以下)的发电机。

立式水轮发电机的主要部件包括定子、转子、机架、轴承等部分。

1)定子

定子主要由定子机座、定子铁芯、定子绕组组成。

(1)定子机座。机座用来固定定子铁芯,在悬式机组中又是支撑整个机组转动部分的重要部件。此外,它还构成冷却风路的一部分。

(2)定子铁芯。定子铁芯用来嵌放定子线圈,并构成电机磁路的一部分。定子铁芯一般由 0.35 ~0.5 mm 厚的扇形硅钢片叠压而成,扇形硅钢片内圆周有嵌放线圈的槽,外圆周有固定用的鸽尾槽,以便将扇形硅钢片固定在机座的鸽尾筋上。在叠装扇形硅钢片时,每隔 30 ~80 mm 就留有 10 mm 左右的通风沟,铁芯两端放置压板,用双头螺杆拉紧而成为一个整体。整个铁芯固定在机座内圆周的定位筋上。

为了测量定子铁芯的温度,定子铁芯内埋有测温元件,如图 2-14 所示。它是将一个电阻元件(铜或铂)埋入一片扇形酚醛层压板的凹槽里构成的,利用电阻值随温度变化关系,测其电阻就可知道该处温度。测温元件可以根据需要埋设,一般沿铁芯轴向放在中心处和接近两端处。如须测沿轴向温度分布,可多埋几处。电阻元件埋入后,用环氧树脂固定好,引出线须用屏蔽线。

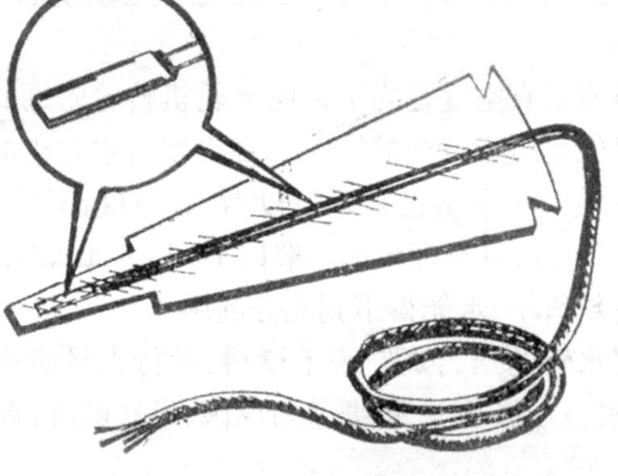

图 2-14 测温元件

(3)定子绕组。定子绕组的作用是感应电动势,通过电流,实现机电能量的转换。定子绕组由若干线圈按照一定的规律连接而成,定子绕组放在定子铁芯内圆周的槽内,并用槽楔压紧,绕组端部用绑绳固定在端箍上。同步发电机定子绕组一般采用双层叠绕组或双层波绕组,并多采用分数槽绕组,以便改善电动势的波形。

2)转子

转子主要由转轴、转子支架、转子磁轭和转子磁极等组成。

(1)转轴。转轴的作用是传递扭矩,并承受机组转动部分的质量和轴向水推力。

(2)转子支架。转子支架的作用是将磁轭与转轴连接起来。通常转子由轮毂和轮辐组成，轮毂固定在转轴上，磁轭固定在轮辐上，如图 2-15 所示。

(3)转子磁轭。转子磁轭用来固定磁极，同时也是电机磁路的一部分。大中型发电机的转子磁轭用 2 ~ 5 mm 厚的钢板冲成扇形片交错叠成，每叠 4 ~ 5 cm 留一道通风沟，最后用拉紧螺杆固定成一个整体。磁轭外圆周开有 T 尾槽，以便与磁极铁芯的 T 尾相挂接，如图 2-15 所示。

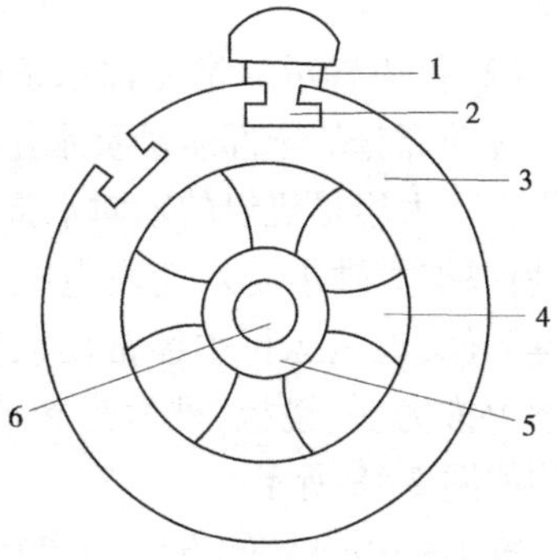

1—磁极；2—T 尾；3—磁轭；4—轮辐；5—轮毂；6—转轴

图 2-15　凸极发电机转子结构示意图

(4)转子磁极。转子磁极一般用 1 ~ 1.5 cm 厚的钢板冲片叠成，在磁极的两端加上磁极压板，用拉紧螺杆固定成整体，并用 T 尾与磁轭的 T 尾槽连接。磁极的极靴部分为曲面，该曲面与电枢内圆周之间的间隙即为气隙。极靴既能固定励磁绕组、阻尼绕组，又能改善气隙主磁场的分布，如图 2-16 所示。磁极都是成对出现的，并沿着圆周按 N、S 的极性交错排列。

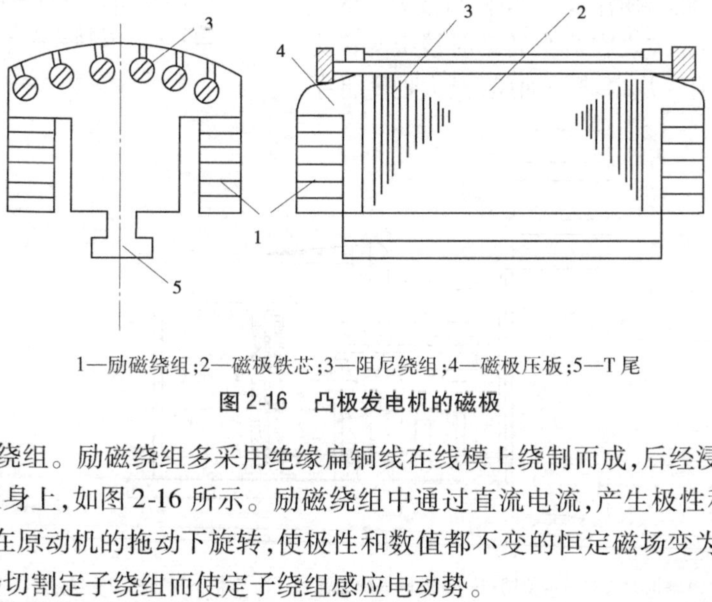

1—励磁绕组；2—磁极铁芯；3—阻尼绕组；4—磁极压板；5—T 尾

图 2-16　凸极发电机的磁极

(5)励磁绕组。励磁绕组多采用绝缘扁铜线在线模上绕制而成，后经浸渍热压处理，套在磁极的极身上，如图 2-16 所示。励磁绕组中通过直流电流，产生极性和数值都不变的恒定磁场，在原动机的拖动下旋转，使极性和数值都不变的恒定磁场变为旋转的磁场，该旋转的磁场切割定子绕组而使定子绕组感应电动势。

(6)阻尼绕组。阻尼绕组是将裸铜条插入极靴的孔内，再用端部铜环将全部铜条端部焊接起来，形成一个鼠笼型的绕组，如图 2-16 所示。阻尼绕组可以起到抑制并列运行的发电机转子振荡的作用。

3)轴承

水轮发电机的轴承分为导轴承和推力轴承两种。

(1)导轴承。导轴承的作用是约束机组轴线沿径向位移，主要承受径向力。导轴承主要由轴领、轴瓦、支柱螺钉和托板等组成，如图 2-17 所示。导轴承的常见故障是瓦温偏高，严重时甚至烧瓦，一般是通过温度传感器将温度信号转换为电信号传至中央控制室仪表或计算机监视器上，监视导轴承的油温。运行中还要到现地巡视导轴承油位、油质情况、漏油情况、冷却水压力情况等，确保导轴承的安全。

(2)推力轴承。推力轴承承受立式水轮发电机组转动部分的全部质量及水轮机转轮上的轴向水推力。大容量机组的轴向水推力负荷可达数千吨，所以推力轴承是水轮发电机制造上最困难的关键部件，也是运行中经常出故障的部件。推力轴承由推力头、镜板、推力瓦和轴承座等构成，其结构如图 2-18 所示。

推力头用热套的方法固定在转轴上，镜板用定位销固定在推力头的下面，镜板和推力头与转轴一起旋转。推力瓦为推力轴承的静止部分，一般做成扇形，整个圆周一般均匀分布有 8 ~ 12 块推力瓦。钢坯推力瓦浇有 3 ~ 5 mm 厚的巴氏合金，该合金硬度低，耐磨性好。镜板与推力瓦的接触面光洁度极高，加之在机组转动时镜板与推力瓦接触面之间有一层薄薄的油膜，极大地降低了转动时的摩擦阻力。每个推力瓦下面有托盘将推力瓦托住。整个推力轴承装在一个盛有润滑油的密封油槽内，油不仅起润滑作用，也起冷却作用。对于中小容量机组，油的冷却是靠装在油槽内的冷却器来散热的，称为内循环冷却方式。

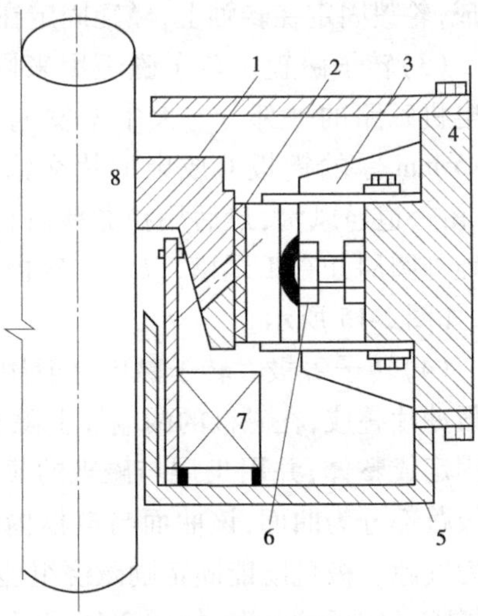

1—轴领；2—轴瓦；3—托板；4—支架；5—油槽；6—支柱螺钉；7—冷却器；8—主轴

图 2-17　导轴承结构示意图

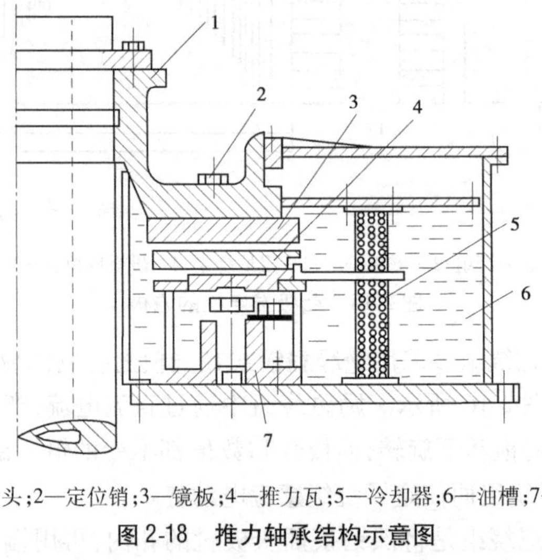

1—推力头；2—定位销；3—镜板；4—推力瓦；5—冷却器；6—油槽；7—轴承座

图 2-18　推力轴承结构示意图

对于大型水轮发电机组，仅靠装在油槽内的冷却器散热，其冷却效果达不到要求，因此可采用镜板泵外循环冷却方式，即在镜板（或推力头）上开径向孔构成简易离心泵，在镜板的外缘装集油槽用以汇集热油，并将热油送入管路，经外置冷却器，再回到推力瓦。热负荷较高、冷却条件较差的轴承，在镜板的内缘还须加装导流圈，迫使油从轴承底座流向泵孔，使瓦间部分冷油不致被抽走，以改善轴瓦的润滑冷却。镜板泵外循环冷却系统如

图 2-19 所示。

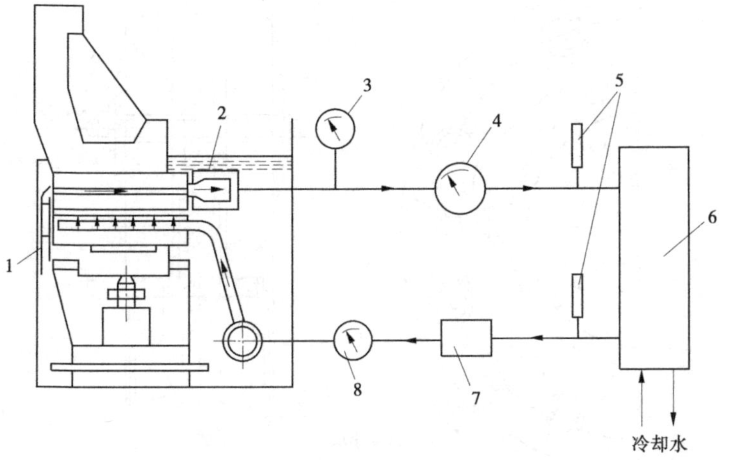

1—导流圈;2—集油槽;3—压力表;4—流量表;
5—温度计;6—冷却器;7—滤油器;8—示流继电器

图 2-19 镜板泵外循环冷却系统

推力轴承的常见故障仍是瓦温偏高,严重时甚至烧瓦,一般通过温度传感器将温度信号转换为电信号传至中央控制室仪表或计算机监视器上,监视推力轴承的油温。运行中还要到现地巡视推力轴承油位、油质情况、漏油情况、冷却水压力情况等,确保推力轴承的安全。

4) 集电环与电刷装置

集电环与电刷装置的作用是将在静止的励磁装置中的直流电流送到旋转的励磁绕组中,为发电机转子励磁。

集电环固定在转轴上,经电缆或铜排与励磁绕组连接,直流电经电刷正极、集电环正极、励磁绕组、集电环负极、电刷负极形成回路。

集电装置应设在便于观察和维护以及无油污和灰尘污染的位置。大容量悬式水轮发电机,集电环一般布置在上机架中心体内,伞式水轮发电机的集电环大多布置在上导轴承和上机架的上面(半伞式)或机组顶端(全伞式)。

(1)集电环。水轮发电机的集电环用钢板制成。直径较小的集电环做成套筒式,直接热套在套筒上。直径较大的集电环做成支架式,支架式集电环又分为整圆和分瓣两种,用绝缘螺杆将集电环固定在支架上。分瓣支架式集电环如图 2-20 所示。

(2)电刷装置。电刷装置主要由导电环和电刷等组成。导电环一般通过绝缘螺杆固定在上机架中心体内。根据电刷的数量和尺寸,导电环可做成半圆形或扇形。正、负导电环沿圆周交错布置,以防碳粉引起短路。电刷的材料为电化石墨,为减少运行中电刷的维护工作量,常采用恒压弹簧式刷握。每个导电环上的电刷数和电缆接头数应在两个以上,不允许采用单刷和单接头,这样可防止因电刷接触不良或接头松脱而导致机组失磁。

集电环与电刷装置的常见故障是滑环打火、电刷引线脱落、电刷长度不够、电刷粉尘及油污引起集电环短路等,运行人员必须到现地巡视集电环与电刷装置的运行状况,以确保安全。

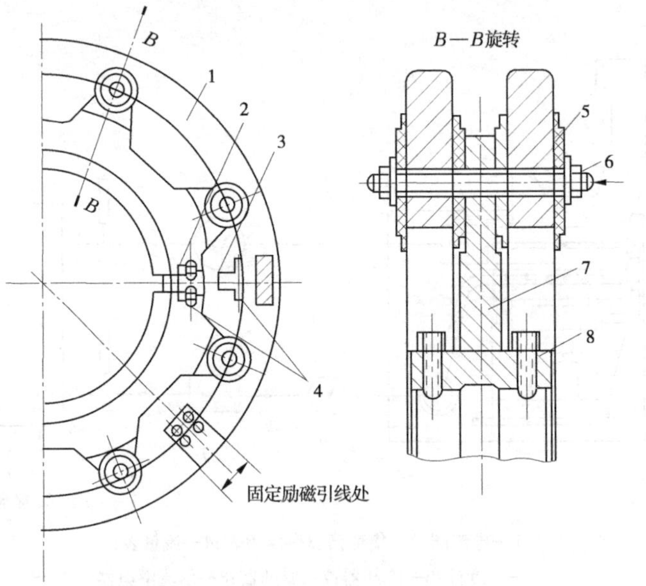

1—集电环;2—轴向销;3—切向销;4—合缝螺丝杆;

5—绝缘垫圈;6—绝缘螺杆;7—支架;8—顶丝

图2-20 分瓣支架式集电环

5)水轮发电机的润滑系统

润滑系统是保证水轮发电机各个摩擦面之间形成有效润滑所需的各种辅助设备的总称。立式水轮发电机需要润滑的部分包括推力轴承、上导轴承、下导轴承三个部分,其润滑介质通常是油或者水。各轴承的润滑系统是运行监视、巡视的重要内容之一。

6)水轮发电机的冷却系统

同步发电机的额定容量主要由电机的机械强度和温升等因素决定。大型同步发电机中损耗的功率高达数千千瓦,如不采取各种冷却措施把因损耗功率转换来的热量带走,电机的温升就容易超过绝缘材料的极限允许值,影响电机的安全运行和寿命。因此,同样一台发电机,如果冷却效果好,就允许发电机发出更大的电功率,反之,就会限制发电机的输出功率。由此可见,提高大容量发电机的冷却效果具有重要的实际意义。

水轮发电机的冷却方式根据冷却介质可分为空气冷却、水冷却、氢气冷却三种。下面介绍常用的空气冷却。

空气冷却是一种简单的冷却方式,结构简单,运行维护方便。但是空气的传热系数相对较小,冷却效果不够理想。因此,采用空气冷却的汽轮发电机,最大容量不超过50 MW。水轮发电机由于直径大、轴向长度短、体积大、转速低、冷却问题不突出,通常采用空气冷却。

采用空气冷却的水轮发电机有开启式、管道式和闭路循环三种方式。

(1)开启式通风方式的特点是:结构简单,安装方便;但冷却空气由机房吸入,电机温度受环境温度影响大,防尘、防潮性能差,绝缘易受侵蚀。用于小型水轮发电机。

(2)管道式通风方式与开启式通风方式的不同之处在于:冷却空气一般来自温度较

低的水轮机室,热空气则靠电机的自身风压作用经管道排到厂房外面。为了清洁空气,在进风风路中常设滤尘器。用于小型水轮发电机。

(3)闭路循环通风方式的特点是:空气成闭路循环,利用空气冷却器将热空气的热量带走,因而冷风稳定,温度低,空气清洁、干燥,有利于延长绝缘寿命,安装维修方便。

闭路循环通风方式,按风路不同又可分为封闭双路径向通风系统、双路轴向通风系统及双路径向无风扇通风系统。下面介绍广泛用于大中容量水轮发电机的封闭双路径向通风系统的风路构成。

图2-21所示,在转子产生的风压作用下,冷却空气从转子支臂上、下方空间进入转子磁轭中间的径向通风沟,经过励磁线圈表面、电机气隙、定子线圈、定子铁芯的径向通风沟、定子机座,进入空气冷却器。风变冷后从空气冷却器出来分成两路:一路从上挡风板下面回到支臂上方;另一路从机墩中的风洞进入支臂下方。

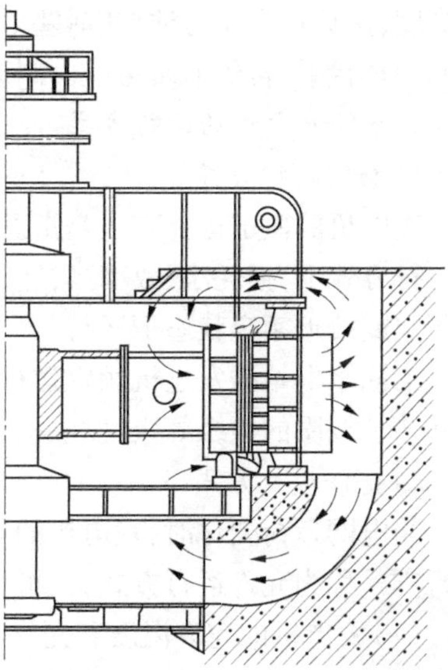

图2-21 水轮发电机中冷却空气的循环

发电机各部位的冷却系统是运行监视、巡视的重要内容之一。

7)制动系统

额定容量为1 000 kVA及以上的立式水轮发电机一般应采用空气制动系统。目前水轮发电机主要采用机械制动,其制动系统由制动器和管路系统组成。一台发电机一般有8或12个制动器。

制动器顶部有耐磨耐热材料制成的制动块。制动块与转子的制动环接触使机组制动。制动块下部是定位板。当高压油通入活塞下腔时,活塞、定位板和制动块将同时被顶起。活塞外的缸套即制动器座,其下部留有给油(给气)和吹积油的孔,以及溢油孔等。制动器座外旋有一个大螺母,利用它可以顶住定位板并可在一定范围内调整制动块的高程。

制动器的使用情况简述如下:

(1)停机时制动。

在停机过程中,当机组转速降低到额定转速的30% ~40%时,将压缩空气通入制动器活塞下腔,使活塞上升顶起制动块,制动块与转子制动环接触,依靠摩擦阻力使机组迅速制动,以避免推力轴承因低速下油膜被破坏而使瓦面烧损。开机时要确认制动块已落下,防止剧烈摩擦而酿成事故。

(2)长期停机后再启动时顶起转子。

机组长期停机后,由于转子重量使推力轴瓦与镜板间的润滑油被挤出,故再启动时应通过油泵将80~120 kg/cm^2的压力油打入制动器活塞下腔,活塞上移抬起转子,使轴瓦与镜板间产生间隙,注入润滑油形成油膜。

(3)拆卸推力轴承时,利用制动器承受整个机组转动部分质量。

在拆卸推力轴承前,先通过油泵将 80 ~ 120 kg/cm^2 的压力油打入制动器活塞下腔,使活塞升高。当制动块被活塞推着上升到一定位置时,手动旋转螺母,使螺母升到所需要的高度,然后排出压力油,使活塞下降,定位板落在螺母上由螺母支撑。这时制动块和转子制动环接触,转子的质量就由制动器承担。

2. 水轮发电机的运行方式

1)额定运行方式

发电机的额定运行方式是指发电机按制造厂铭牌额定参数的运行方式。发电机在额定运行方式下,损耗小、效率高,能够长期连续运行。因此,在一般情况下,发电机应尽量在额定或接近额定状态下运行。

不同水电站的发电机额定运行方式是不同的,主要取决于发电机的技术规范、定子线圈和转子线圈的绝缘等级、发电机冷却方式。

2)允许运行方式

当电网负荷变化时,发电机的运行参数可能会偏离额定值,但仍在允许范围内。这种运行方式称为允许运行方式,又可称为异于标准状态时的运行方式。

(1)发电机的允许温度和允许温升。

温度过高或高温持续时间过长都会使绝缘加速老化,缩短使用寿命,甚至引起发电机事故。一般来说,发电机温度若超过允许温度 6 ℃长期运行,其使用寿命缩短一半。所以,发电机运行时,必须严格监视各部分温度,使其在允许范围内。另外,当周围环境温度较低,温差增大时,为使发电机内各部位实际温度不超过允许值,还应监视其允许温升。

发电机的定子绕组、定子铁芯、转子绕组的允许温度和允许温升取决于发电机定子和转子采用的绝缘材料等级和测温方式。一般发电机的定子采用 A 级绝缘,温度不超过 105 ℃,转子采用 B 级绝缘,温度不超过 130 ℃。因此,发电机运行时的允许温度和允许温升,应根据制造厂规定的允许值确定。

(2)发电机功率因数的允许变化范围。

发电机运行时若定子电流滞后定子电压一个角度,同时向系统输出有功和无功,此工况为发电机迟相运行,对应的功率因数为迟相功率因数。当发电机运行时,若定子电流超前定子电压一个角度,发电机从系统吸取无功建立磁场,并向系统输出有功,此工况为发电机进相运行,对应的功率因数为进相功率因数。

发电机工作在发电状态时,由于有功和无功负荷的变化,其功率因数也是变化的。为了保持发电机的稳定运行,发电机的功率因数一般为迟相 0.8 ~ 0.9,一般不超过 0.95。若有励磁调节器自动运行,必要时,可在功率因数为 1 的条件下运行,并允许短时间功率因数在进相 0.95 ~ 1.0 的范围内,但此种工况下,发电机静态稳定性差,容易引起振荡与失步,因此应迅速联系调度设法调整。

(3)发电机电压的允许变化范围。

并网运行的发电机的电压是由电网的电压决定的。发电机电压变动范围在额定值的 ±5% 内时,允许发电机长期按额定出力运行。发电机电压最大变化范围不得超过额定值的 ±10%。

①电压高于额定值对发电机运行的主要影响。

励磁电流可能很大，转子绕组温度升高，又要受到转子发热的限制，磁通饱和使铁损增加，铁芯发热。磁通过度饱和，出现过多的漏磁使定子结构部件出现局部高温，危及定子绕组绝缘，所以要受到定子绕组发热的限制。因此，当发电机电压升高到额定电压的105%以上时，应减少其出力。

②电压低于额定值对发电机运行的主要影响。

可能降低发电机运行稳定性（并列运行稳定性和电压调节稳定性），使定子电流增大、定子绕组温度升高，影响厂用电动机和系统安全。因此，当发电机电压降低到额定电压的95%以下时，若此时运行电压尚能满足用户对电压的要求，应监视定子电流大小，以转子电流不超过额定值为限。

③发电机频率允许的变化范围。

发电机的频率应保持在额定值50 Hz运行。由于系统负荷的变化，发电机的频率可能偏离额定值，正常变化范围应在±0.2 Hz，但最大偏差不应超过±0.5 Hz。

频率降低对发电机的影响有：可能影响发电机通风冷却效果；频率降低，若保持出力不变，定子、转子绕组温度升高；为保持端电压不变，使发电机结构部件出现局部高温。

频率升高对发电机的影响有：频率过高，发电机转速增加，转子离心力增大，会使转子部件损坏，影响机组安全运行。

④定子不平衡电流允许范围。

发电机正常运行时，其三相电流大小相等，但在实际运行中，发电机可能处于不对称状态，即由于三相负载不平衡引起的三相电流不平衡。原因主要有：单相负荷的存在；设备故障，如发生不对称短路、设备一次回路断线等。

不平衡电流对发电机运行的影响有：转子表面温度升高或局部损坏，这是因为三相负序电流产生负序旋转磁场，在激磁绕组、转子绕组、阻尼绕组等部件感应出电流，这些电流在相应部分引起损耗和发热；引起发电机振动，这是因为三相负序电流产生的负序旋转磁场与转子磁场相互作用，产生交变力矩，作用于转子轴和定子机座，从而产生振动和噪声。

因此，机组运行时，定子三相电流任两相之差不得超过额定电流的20%，同时任何一相的电流不得超过额定电流。通过装设的负序电流表，运行人员可监视三相电流不对称的情况。水轮发电机组允许担负的负序电流，不大于额定电流的12%。

注意：阻尼绕组的作用是降低转子过热和机组振动的程度。

⑤发电机允许的事故过负荷。

一般来说，发电机正常运行时不允许过负荷。但在系统发生事故情况下，为维持系统静态稳定，允许发电机短时间内过负荷运行。发电机过负荷运行时间取决于其所用的绝缘材料，因此发电机过负荷运行时间及过负荷值应遵守制造厂规定。一般来说，发电机过负荷值越大，允许过负荷运行时间就越短。

在发电机过负荷运行时，应注意监视发电机线圈、轴承、热风的温度不得过高。

3）特殊运行方式

（1）发电机的调相运行。

发电机的调相运行是指发电机并在系统上作空载电动机运行，向系统输送无功功率，同时从系统吸收很少的有功功率用于克服空载损耗和励磁损耗，以维持额定转速。

(2)发电机的进相运行。

发电机的进相运行是指发电机工作在欠励状态,此时发电机向系统发出有功功率,吸收无功功率,功率因数处于超前状态。为了维持发电机的稳定运行,发电机一般不允许进相运行。

2.1.2 水轮发电机组运行中的巡视与维护

水轮发电机组在正常运行中,应定期进行巡视检查。对于计算机监控的水电厂,虽然在中央控制室的上位机显示屏上,点击菜单,切换画面,可进行监视,但仍须定时到现地进行巡视检查,巡视检查必须到位,发现设备异常要及时处理。

2.1.2.1 正常巡视的内容与要求

水轮发电机组的巡视检查既要全面又要有重点,一般要注意巡视操作过的设备状态,控制方式、参数设置正确,检修过的设备完好,原有设备存在的小缺陷未扩大,机组未发生冲击或事故,还要注意巡视经常转动部分和其他薄弱环节等。

水轮机如遇下列情况应加强机动性检查:

(1)水轮机检修后第一次投入运行或新设备投入运行。

(2)水轮机事故处理后投入运行。

(3)水轮机有比较严重的设备缺陷尚未清除。

(4)水轮机超有功功率和无功功率运行。

(5)顶盖漏水较大或顶盖排水不畅通。

(6)洪水期或下游水位不畅通。

(7)在振动区运行或做振动试验。

(8)试验工作结束后。

水轮发电机在运行中应作如下检查:

(1)所有安装在发电机仪表盘上的电气指示仪表,发电机定子绕组、定子铁芯、进出风,发电机各部轴承温度的检查;发电机各部润滑系统、冷却系统的油位、油压、水压的检查,检查记录间隔时间等都应根据设备运行状况、机组运行年限、记录仪表和计算机配置等具体情况在现场运行规程中明确。

(2)监视励磁回路绝缘的电压表,应定期测量,在现场运行规程中规定。

(3)发电机及其附属设备,应按现场运行规程的规定,进行定期巡视和检查。此外,在发生外部短路后,也应对发电机进行外部检查。

(4)润滑油和轴承的允许温度及油压、进出风温度和冷却水水压均应在现场运行规程中规定。

(5)发电机润滑、轴承、冷却水系统的定期试验、切换、清扫、排污等维护工作,应在现场运行规程中明确工作项目和周期。

(6)发电机的运行管理和监督,应根据发电厂管理体制、值班方式的具体情况,指定专门单位的专人担任,其职责分工应在现场运行规程中明确规定。

(7)"无人值班"(少人值守)电厂的发电机及其电气机械仪表的巡视检查和表计记

录，应在现场运行规程中明确规定。

(8)定期检查滑环时，应检查下列几点：

①滑环上电刷的冒火情况；

②电刷在刷框内应能自由上下活动(一般间隙为0.1~0.2 mm)，并检查电刷有无摆动、跳动或卡住等情形，电刷是否过热；

③电刷连接软线是否完整，接触是否紧密良好，弹簧压力是否正常，有无发热，有无碰机壳的情况；

④电刷与滑环的接触面积应不小于电刷面积的75%；

⑤电刷的磨损程度(允许程度)写入现场规程中；

⑥刷框与刷架上有无灰尘积垢；

⑦滑环表面应无变色、过热现象，其温度不应大于120 ℃。

(9)检查电刷时，可按顺序将其由刷框内抽出。如需更换电刷，在同一时间内，每个刷架上只许换一个电刷。换上的电刷必须研磨良好并与滑环表面吻合，且新旧牌号必须一致。

(10)根据现场运行规程所规定的时间和次数，对滑环进行维护。工作中应采取防止短路及接地的安全措施。

(11)使用压缩空气吹扫时，压力应不超过0.3 MPa，压缩空气应无水分和油(可用手试)。

(12)机组运行中，当由于滑环或电刷表面不清洁造成电刷冒火时，可用擦拭方法进行处理，现场运行规程应明确规定处理方法与注意事项。

2.1.2.2 水轮发电机组常见缺陷

(1)油压装置回油箱油位超过报警规定值；

(2)油压装置备用油泵启动或油压超过报警规定值；

(3)机组各轴承油位、油温和瓦温超过报警规定值；

(4)漏油箱油位超过报警规定值；

(5)水轮机顶盖水位超过报警规定值；

(6)导水机构剪断销剪断；

(7)过速限制器动作；

(8)机组冷却水管内水流中断或降到报警规定值；

(9)水润滑轴承主润滑水中断或降到报警规定值，备用润滑水投入；

(10)机组启动或停机在规定时间内未完成；

(11)回油箱、漏油箱及各轴承油箱内积水超过报警规定值；

(12)机组主轴密封水压力降到报警规定值；

(13)备用机组自行转动；

(14)蜗壳水压与工业用水取水口水压的压差超过报警规定值；

(15)冷却水过滤器前后进出口压差超过报警规定值；

(16)拦污栅前后压差超过报警规定值；

(17)机组振动和摆度超过报警规定值。

2.1.2.3 水轮发电机组的维护

1. 机组的定期维护

为了保证设备正常运行的安全可靠,主辅机设备应按规定进行定期试验、切换维护工作,发现问题及时通知检修人员处理。机组在正常情况下要做如下定期工作:

(1)切换油压装置的油泵;

(2)切换进水口工作闸门的工作油泵;

(3)调速器各连杆关节注油;

(4)调速器过滤器切换;

(5)测量发电机、水轮机主轴的摆度;

(6)根据备用机组推力瓦油膜要求定期顶转子或手动开机空转一次;

(7)根据水位、水质情况,及时选用工业取水口以保证水质要求;

(8)机组冷却系统过滤器定期清扫排污;

(9)各汽水分离器定期放水、排污;

(10)机组技术供水总管定期冲淤;

(11)机组冷却系统定期正、反向运行,空气冷却器冲淤(一般在雨季或水中含沙量较高时);

(12)定期检查冲击式水轮机的水斗、喷针、喷嘴。

2. 机组的状态维护

根据机组的运行状态分析,发现设备有异常趋势,及时对设备进行维护,保证机组的安全运行。

2.1.3 水轮发电机组标准化巡视卡举例

下面是某水电厂依据《水轮机运行规程》(DL/T 710—1999)和《水轮发电机运行规程》(DL/T 751—2001),并结合本厂设备的具体情况制定的水轮机及水轮发电机标准化巡视卡(主要部分),见表2-4和表2-5。

表2-4 水轮机室标准化巡视卡(主要部分)

巡视步骤	巡视内容	巡视点及标准(或要求)	巡视危险点
1	机组总冷却水阀门、管路	在机组运行时,总冷却水阀门1201开启,电动阀开启,1202关闭;阀门无渗漏水和冷凝水;管路接头无渗漏水和冷凝水	滑倒
2	冷却水压力变送器、阀门	冷却水压力变送器外观完好,无渗漏水现象;表阀全开,表计压力正常(压力0.25~0.3 MPa)	滑倒
3	水轮机仪表屏	仪表屏压力变送器外观完好,无渗漏水现象,表阀全开;钢管压力正常(压力0.28~0.3 MPa),蜗壳压力正常(压力0.28~0.3 MPa),转轮上腔压力<主轴密封压力	滑倒

续表 2-4

巡视步骤	巡视内容	巡视点及标准(或要求)	巡视危险点
4	水导瓦温度仪	水导瓦温度表外观完好无异常,瓦温指示 <50 ℃,工作引线完好,无断裂损坏	滑倒
5	水轮机的整体外观	水轮机机壳清洁完好,油漆无脱落,紧固螺栓无松动;水导油槽无漏油和甩油现象,地面清洁	滑倒、碰头
6	水轮机运行特征	水轮机运转声音正常,无异常的振动和摆度	滑倒、碰头
7	水导进水压及进排水管	水导压力表外观完好,进水压正常(压力 0.2 ~ 0.25 MPa),水流畅通,表阀全开,管接头和阀门无漏水	滑倒、碰头
8	主轴密封润滑水水压及进水管	主轴密封润滑水压力表外观完好,水压正常(压力 0.05 ~ 0.2 MPa),水流畅通;表阀全开,管接头和阀门无漏水	滑倒、碰头
9	水导油槽、油色、油位	水导油槽翻油正常;水导冷却水管无漏水和过多凝结水现象。测温头接线完好;油槽油色清亮透明,无混浊乳化、变色现象。油位计的油位指示在上下限范围内	滑倒、碰头
10	顶盖	顶盖水位无异常升高,排水孔无堵塞,自流排水畅通;主轴密封无异常漏水现象,双连臂、导叶臂、半圆销(有的机组没有)、剪断销等无拔起,导筒无漏水,剪断销信号器接线完好;顶盖上无妨碍运转之物;控制环转动顺畅,无抬起现象	滑倒、碰头
11	导叶开度仪	机组 LCU 屏上,导叶开度仪外观完好,水轮机室机电转换部分接线紧固;螺丝无松动现象	滑倒
12	尾水管,尾水管、蜗壳进入孔	尾水管无剧烈振动,尾水管进入孔无漏水(运行中不可见),蜗壳进入孔无漏水	滑倒
13	真空破坏阀	真空破坏阀动作正常,无漏水	滑倒

表 2-5 水轮发电机标准化巡视卡(主要部分)

巡视步骤	巡视内容	巡视点及标准(或要求)	巡视危险点
1	发电机整体外观	发电机机壳清洁完好,油漆无脱落,紧固螺栓无松动,发电机盖板平整完好,封闭严密、进风口无堵塞	衣服、头发被机器缠绕
2	发电机运行特征	发电机运转声音平稳、均匀,无异常增大,无尖锐刺耳声响,无异味,无异常振动;发电机保护屏上无保护告警,信号指示正确	衣服、头发被机器缠绕
3	励磁引入电缆	励磁引入电缆绝缘完好无损,端头绑扎带无松动脱落,端头牢固固定在支持架上,端头与碳刷架连接处无松动、发热变色现象,用红外测温仪测量刷辫与碳刷连接处,温度不大于 120 ℃	衣服、头发被机器缠绕

续表 2-5

巡视步骤	巡视内容	巡视点及标准(或要求)	巡视危险点
4	碳刷架	碳刷架固定环与支持绝缘柱无油污、积尘	衣服、头发被机器缠绕
5	碳刷	碳刷不短于全长的2/3(刷体后端面磨入刷握10 mm),刷下边距铜辫最少10 mm;转子滑环碳刷无剧烈火花,碳刷在刷握中无摆动、卡住现象,无发热变黑和断线现象	衣服、头发被机器缠绕
6	转子滑环	转子滑环表面光洁圆滑	衣服、头发被机器缠绕
7	推力进水压及进排水管	推力进水压正常(压力0.15~0.2 MPa),水流畅通,管接头和阀门无漏水	衣服、头发被机器缠绕
8	推力油槽进排油管	推力油槽无漏油、甩油现象,管接头和阀门无漏油	衣服、头发被机器缠绕
9	推力油槽油色、油位	油色清亮透明,无混浊乳化、变色现象,油位在上下限范围内	衣服、头发被机器缠绕
10	推力轴承温度	在机组监控显示器上查看,推力轴承温度<60 ℃	误按、误碰其他操作按钮
11	定子温度	在机组监控显示器上查看,定子线圈及定子铁芯的温度最高不超过105 ℃	误按、误碰其他操作按钮
12	下导轴承温度	在机组监控显示器上查看,下导轴承温度<50 ℃	误按、误碰其他操作按钮
13	下导油槽进排油管	下导油槽无漏油、甩油现象,管接头和阀门无漏油	滑倒、碰头
14	下导油槽油色、油位	下导油槽油色清亮透明,无混浊乳化、变色现象,油位在上下限范围内	滑倒、碰头
15	发电机引出线	发电机引出线连接处无过热、变色现象;瓷瓶清洁无异物,无破裂、放电痕迹以及渗漏油现象,支持构件牢固,无破损锈蚀和变形、变位现象	滑倒、跌落
16	发电机中性点	中性点连接处无过热、变色;瓷瓶清洁无异物,无破裂、放电痕迹以及渗漏油现象,支持构件牢固,无破损锈蚀和变形、变位现象	滑倒、跌落
17	发电机出口风温	用温度测试仪测试,风温指示在正常范围内(风温最高≤70 ℃)	滑倒、碰头
18	风洞	风洞内无焦臭味、火花、异物、异音和异常振动	滑倒、跌落

【教学评价】

学生按照规定的巡视路线，逐一对巡视点进行巡视，每巡视一个点记 2 分，其中巡视点指示正确记 1 分，巡视点状态描述正确记 1 分；现场巡视时，若违反安全规程，则该巡视内容记 0 分。水轮机室及水轮发电机标准化巡视评价表见表 2-6 和表 2-7。

表 2-6　水轮机室标准化巡视评价表

巡视步骤	巡视内容	巡视点及标准(或要求)	(巡视点数)满分	得分
1	机组总冷却水阀门、管路	在机组运行时，总冷却水阀门 1201 开启，电动阀开启，1202 关闭；阀门无渗漏水和冷凝水；管路接头无渗漏水和冷凝水	(5)10	
2	冷却水压力变送器、阀门	冷却水压力变送器外观完好，无渗漏水现象；表阀全开，表计压力正常(压力 0.25 ~ 0.3 MPa)	(3)6	
3	水轮机仪表屏	仪表屏压力变送器外观完好，无渗漏水现象，表阀全开；钢管压力正常(压力 0.28 ~ 0.3 MPa)，蜗壳压力正常(压力 0.28 ~ 0.3 MPa)，转轮上腔压力 < 主轴密封压力	(6)12	
4	水导瓦温度仪	水导瓦温度表外观完好无异常，瓦温指示 < 50 ℃，工作引线完好，无断裂损坏	(3)6	
5	水轮机的整体外观	水轮机机壳清洁完好，油漆无脱落，紧固螺栓无松动；水导油槽无漏油和甩油现象，地面清洁	(4)8	
6	水轮机运行特征	水轮机运转声音正常，无异常的振动和摆度	(3)6	
7	水导进水压及进排水管	水导压力表外观完好，进水压正常(压力 0.2 ~ 0.25 MPa)，水流畅通，表阀全开，管接头和阀门无漏水	(5)10	
8	主轴密封润滑水水压及进水管	主轴密封润滑水压力表外观完好，水压正常(压力 0.05 ~ 0.2 MPa)，水流畅通；表阀全开，管接头和阀门无漏水	(5)10	
9	水导油槽、油色、油位	水导油槽翻油正常；水导冷却水管无漏水和过多凝结水现象。测温头接线完好；油槽油色清亮透明，无混浊乳化、变色现象。油位计的油位指示在上下限范围内	(5)10	
10	顶盖	顶盖水位无异常升高，排水孔无堵塞，自流排水畅通；主轴密封无异常漏水现象，双连臂、导叶臂、半圆销(有的机组没有)、剪断销等无拔起，导筒无漏水，剪断销信号器接线完好；顶盖上无妨碍运转之物；控制环转动顺畅，无抬起现象	(12)24	
11	导叶开度仪	机组 LCU 屏上，导叶开度仪外观完好，水轮机室机电转换部分接线紧固；螺丝无松动现象	(3)6	

续表 2-6

巡视步骤	巡视内容	巡视点及标准（或要求）	（巡视点数）满分	得分
12	尾水管，尾水管、蜗壳进入孔	尾水管无剧烈振动，尾水管进入孔无漏水（运行中不可见）、蜗壳进入孔无漏水	（2）4	
13	真空破坏阀	真空破坏阀动作正常，无漏水	（1）2	
14	相关知识 1 相关知识 2		20	
（总点数）总分			（57）134	

注：百分制得分 =（评价表得分/评价表总分）×100。

表 2-7　水轮发电机标准化巡视评价表

巡视步骤	巡视内容	巡视点及标准（或要求）	（巡视点数）满分	得分
1	发电机整体外观	发电机机壳清洁完好，油漆无脱落，紧固螺栓无松动，发电机盖板平整完好，封闭严密，进风口无堵塞	（4）8	
2	发电机运行特征	发电机运转声音平稳、均匀，无异常增大，无尖锐刺耳声响，无异味，无异常振动；发电机保护屏上无保护告警，信号指示正确	（5）10	
3	励磁引入电缆	励磁引入电缆绝缘完好无损，端头绑扎带无松动脱落，端头牢固固定在支持架上，端头与碳刷架连接处无松动、发热变色现象，用红外测温仪测量刷辫与碳刷连接处温度，不大于 120 ℃	（5）10	
4	碳刷架	碳刷架固定环与支持绝缘柱无油污、积尘	（2）4	
5	碳刷	碳刷不短于全长的 2/3（刷体后端面磨入刷握 10 mm），刷下边距铜辫最少 10 mm；转子滑环碳刷无剧烈火花，碳刷在刷握中无摆动、卡住现象，无发热变黑和断线现象	（4）8	
6	转子滑环	转子滑环表面光洁圆滑	（1）2	
7	推力进水压及进排水管	推力进水压正常（压力 0.15 ~ 0.2 MPa），水流畅通，管接头和阀门无漏水	（3）6	
8	推力油槽进排油管	推力油槽无漏油、甩油现象，管接头和阀门无漏油	（3）6	
9	推力油槽油色、油位	油色清亮透明，无混浊乳化、变色现象，油位在上下限范围内	（2）4	
10	推力轴承温度	在机组监控显示器上查看，推力轴承温度 < 60 ℃	（1）2	

续表 2-7

巡视步骤	巡视内容	巡视点及标准(或要求)	(巡视点数)满分	得分
11	定子温度	在机组监控显示器上查看,**定子线圈**及**定子铁芯**的温度最高不超过 105 ℃	(2)4	
12	下导轴承温度	在机组监控显示器上查看,**下导轴承温度**<50 ℃	(1)2	
13	下导油槽进排油管	**下导油槽**无漏油、甩油现象,**管接头**和**阀门**无漏油	(3)6	
14	下导油槽油色、油位	**下导油槽油色**清亮透明,无混浊乳化、变色现象,**油位**在上下限范围内	(2)4	
15	发电机引出线	**发电机引出线连接处**无过热、变色现象;**瓷瓶**清洁无异物,无破裂、放电痕迹以及渗漏油现象,**支持构件**牢固,无破损锈蚀和变形、变位现象	(3)6	
16	发电机中性点	**中性点连接处**无过热、变色;**瓷瓶**清洁无异物,无破裂、放电痕迹以及渗漏油现象,**支持构件**牢固,无破损锈蚀和变形、变位现象	(3)6	
17	发电机出口风温	用温度测试仪测试,**风温指示**在正常范围内(风温最高≤70 ℃)	(1)2	
18	风洞	**风洞内**无焦臭味、火花、异物、异音和异常振动	(1)2	
19	相关知识1 相关知识2		20	
(总点数)总分			(46)112	

注:百分制得分=(评价表得分/评价表总分)×100。

任务2.2 电力变压器运行中的巡视与维护

【教学目标】

1. 技能目标

能在水电厂值班员的监护下,按照电力行业及现场规程的内容及要求,依次对变压器的各部位进行巡视检查;发现问题,作好记录,并向值长作口头汇报。

2. 知识目标

变压器主要部件的作用、相对位置、常见故障,变压器的主要运行参数,变压器的运行方式。

【任务描述】

得值长令,学生以副值班员的身份,在水电厂运行人员的监护下,按照电力变压器标准化巡视实操表中的巡视内容、巡视点及要求(或标准),采用眼观、耳闻、鼻嗅及手摸的方法,依次对变压器及其相关部件等进行巡视检查,并将巡视结果记录在实操表中。

【任务准备】

1. 知识准备

(1)电力变压器可分为哪几种类型?电厂主变压器、配电变压器是升压变压器还是降压变压器?一次侧是在高压侧还是低压侧?

(2)变压器铁芯有何作用?主要故障是什么?是什么原因引起的?有何危害?

(3)变压器绕组有何作用?主要故障是什么?是什么原因引起的?有何危害?

(4)变压器油箱有哪几种类型?主要故障是什么?

(5)变压器油枕有何作用?油枕上的油位计在什么位置?有何作用?

(6)呼吸器在什么位置?有何作用?内装什么材料?有何作用?

(7)压力释放装置有哪几种?有何作用?在什么位置?

(8)分接开关在什么位置?有何作用?常接在哪个绕组上?常见故障有哪些?

(9)气体继电器在什么位置?有何作用?安装时要注意什么问题?

(10)变压器内部温度最高的部件是什么,油位计显示的温度是哪个部位的温度?油浸自冷或风冷变压器最高允许温度是多少?

(11)温度继电器的作用是什么?

(12)变压器运行时,为什么必须监视允许温度和允许温升?

(13)一台油浸自冷变压器,周围环境温度为 -5 ℃,上层油温为 55 ℃,其允许温度和允许温升是否满足要求?周围环境温度为 0 ℃呢?

(14)变压器的允许过负荷有哪几种类型?对变压器绝缘寿命有何影响?

(15)变压器的运行电压偏离额定值但在允许范围内,对变压器有无影响?试叙述之。

(16)变压器例行巡视检查分为哪几类?巡视检查的内容有哪些?变压器常见缺陷有哪些?

(17)在任务实施后,试制作一张变压器的标准化巡视卡,要求巡视点及标准(或要求)明确具体,不漏项,不绕行。

2. 工具准备

所需工具如表 2-8 所示。

表 2-8 所需工具

序号	工具材料名称	数量	用途
1	巡视检查记录本	一本	巡检记录
2	红外测温仪	一只	测量温度
3	安全帽	一顶	保证人体绝缘
4	巡视手电筒	一只	局部巡检
5	绝缘靴	一双	保证人体绝缘

【任务实操】

变压器标准化巡视实操表见表2-9。学员2人为一组，正确地戴好安全帽，扣好袖口，盘好头发，携带手电筒、测温仪、巡视实操表等进入升压站。在运行人员的监护下，依次对变压器进行巡视，对合格项，在巡视结果栏打"√"，对有缺陷或异常项，在巡视结果栏用文字详细说明。巡视中要运用正确的巡视方法，不漏项，不绕行。巡视完成后，向值长汇报巡视结果。

表2-9　变压器标准化巡视实操表

巡视步骤	巡视内容	巡视点及标准(或要求)	巡视结果
1	变压器本体	**变压器器身**无倾斜、位移，**外壳**清洁，**散热片**无渗漏油现象，**铭牌**完好清晰，与设备相符；**本体温度计值**与**遥测值**相符，并在允许温度范围内(监视温度≤70 ℃，发信号温度为80 ℃，最高温度为85 ℃)；变压器正常**运行声音**为均匀的嗡嗡声，无放电等异音	
2	油枕、瓦斯继电器	**油枕的油位**在上下限范围内，无渗漏油，**油色**清亮透明，无混浊乳化、变色现象；**瓦斯继电器通向本体的阀门**打开，**瓦斯继电器内**无气体	
3	防爆筒、压力释放器	**防爆筒隔膜**完好无裂纹(或**压力释放阀**关闭严密，无渗漏油)	
4	呼吸器、事故排油阀	**呼吸器内硅胶**颜色正常，为白色，受潮变红的不超过1/3；**事故排油阀门**关严，无渗漏油	
5	套管	**套管**清洁，无破损、裂纹、放电痕迹	
6	引线、母排	**高压侧**、**低压侧引线接头**接触良好，无发热现象；**母排连接**牢固，无异常弯曲变形	
7	接地线	**变压器外壳接地扁钢**完好牢固，无锈蚀、断裂	

【相关知识】

变压器是水力发电厂中的重要设备，它的重要性仅次于水轮发电机。水力发电厂中的主变压器是把发电机发出的较低电压(几千伏到十几千伏)升高到很高的电压(十几千伏到几百千伏乃至上千千伏)，通过输电线路将电能送到远方的负荷中心。水力发电厂中的厂用变压器是把发电机发出的电压降到几千伏或400 V，供水电厂中的厂用负荷使用。

2.2.1　电力变压器的类型与结构

电力系统中的变压器是用来改变电压的，以便于电能的传输和使用。变压器在改变电压的同时也改变了电流的大小，变压器不能够改变频率。

2.2.1.1　**电力变压器的类型**

电力变压器按用途可分为升压变压器、降压变压器、配电变压器和联络变压器等；按绕组数可分为单绕组(自耦)变压器、双绕组变压器、三绕组变压器和多绕组变压器等；按相数可分为单相变压器和多相变压器；按调压方式可分为有载调压变压器和无载调压变压器；按冷却介质可分为干式变压器、油浸式变压器和充气式变压器。

2.2.1.2　**电力变压器的结构**

如图2-22所示是油浸式电力变压器的外形图，现简略介绍一下油浸式电力变压器的结构。

由图2-22知，变压器主要由铁芯、绕组、油箱、油枕、绝缘套管、分接开关和气体继电器等组成。

1.铁芯

铁芯是变压器的磁路部分，运行时要产生磁滞损耗和涡流损耗而发热。为降低发热损耗和减小体积、质量，铁芯由直径小于0.35 mm、导磁系数高的冷轧晶粒取向硅钢片构成。依照绕组在铁芯中的布置方式，有芯式和壳式之分。芯式变压器结构简单，高压绕组与铁芯距离较远，绝缘容易处理。而壳式变压器的结构较坚固，绕组能承受较大电磁力，特别适合通过大电流的变压器，但制造工艺较复杂，且高压绕组与铁芯柱的距离较近，绝缘处理较困难。

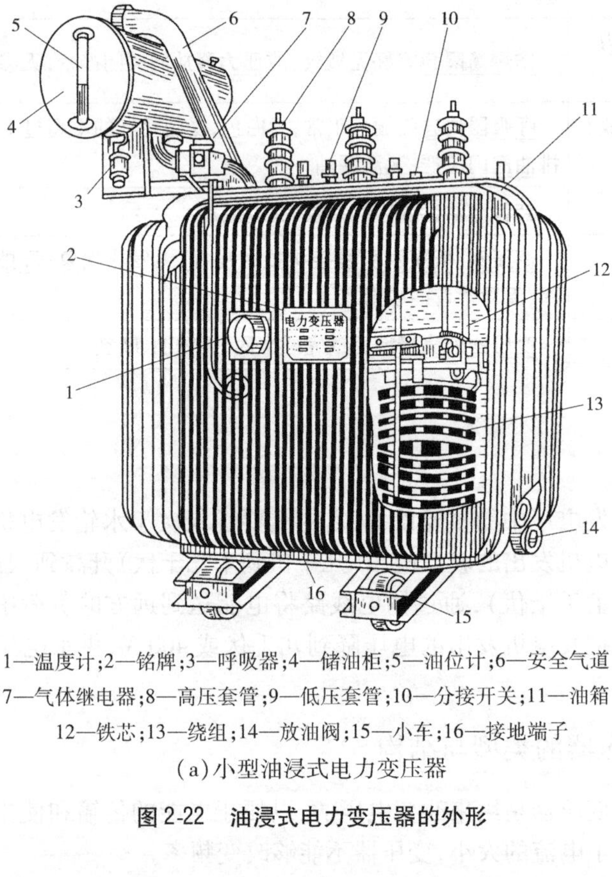

1—温度计；2—铭牌；3—呼吸器；4—储油柜；5—油位计；6—安全气道；
7—气体继电器；8—高压套管；9—低压套管；10—分接开关；11—油箱；
12—铁芯；13—绕组；14—放油阀；15—小车；16—接地端子

(a)小型油浸式电力变压器

图2-22　油浸式电力变压器的外形

1—冷却器；2—低压套管；3—高压套管；4—储油柜；5—油箱；6—有载调压开关的控制箱

（b）大型油浸式电力变压器

续图 2-22

在大容量的变压器中，为使铁芯损耗发出的热量能够被绝缘油在循环时充分带走，以达到良好的冷却效果，常在铁芯中设置冷却油道。

变压器铁芯常见故障是铁芯烧毁，俗称“铁芯起火”。这是由于个别硅钢片间的绝缘被破坏或夹紧螺丝间的绝缘破损，因有涡流产生局部过热而引起的。夹紧螺丝的绝缘破坏，当只在铁芯的一侧接地时，还不能直接“起火”，但有“起火”的危险，当第二个螺丝接地时，这样就组成一个短接回路，回路中可能出现很大的电流，使螺丝过热，绝缘破损。若铁芯“起火”扩大，油温上升，瓦斯保护装置动作。另外，铁芯未接地或接地不良，即在绕组电磁感应作用下产生一定的过电压，就可能在铁芯与接地的油箱之间产生断续的放电，使油温增加，使油变质。

2. 绕组

绕组和铁芯都是变压器的核心元件。绕组本身有电阻或接头处有接触电阻，因电流通过电阻时要产生热量，故绕组不能长时间通过比额定电流高的电流。另外，通过短路电流时将在绕组上产生很大的电磁力而损坏变压器。变压器的绕组主要有同心式和交叠式两种。

变压器绕组主要故障是相间短路、匝间短路、对外壳短路及绕组断线。

相间短路主要是由于绝缘老化，或由于变压器的过负荷以及穿越性短路时绝缘受到机械的损伤而产生的。变压器内的油面下降，致使绕组露出油面时也能发生相间短路。相间短路时，差动保护会动作跳开各侧断路器。

匝间短路时，短路绕组内电流可能超过额定值，但整个绕组电流可能未超过额定值。在这种情况下，瓦斯保护动作，情况严重时，差动保护装置也会动作。

对外壳短路也是由于绝缘老化或油受潮、油面下降，或因雷电和操作过电压而产生的。除此以外，在发生穿越短路时，因过电流而使绕组变形，也会产生对外壳短路的现象。对外壳短路时，一般都是瓦斯保护装置动作和接地保护动作。

变压器绕组断线是因短路时的电动应力或连接处不良引起的。回路断线时产生电弧，这种电弧能使绝缘油劣化，并能引起相间短路和对外壳短路。当因断线产生电弧时，瓦斯保护会动作，有时差动保护也动作。

3. 油箱

油浸式变压器的器身（绕组及铁芯）都装在充满变压器油的油箱中，油箱用钢板焊成。中、小型变压器的油箱由箱壳和箱盖组成，变压器的器身放在箱壳内，将箱盖打开就可吊出器身进行检修。大、中型变压器，由于器身庞大和笨重，起吊器身不便，都做成箱壳可吊起的结构。这种箱壳好像一只钟罩，当要检修器身时，吊去较轻的箱壳，即上节油箱，器身便全部暴露出来了。

大容量变压器的油箱广泛采用全封闭结构，即主油箱与油箱顶部钢板之间或上节油箱与下节油箱之间都采用焊接焊死，不使用密封垫，以防止密封不牢靠。为便于检修，在适当部位开有人孔门或手孔门。

漏油是油箱常见的问题。

4. 油枕

油枕又叫油柜，是一种油保护装置，它是由钢板做成的圆桶形容器，水平安装在变压器油箱盖上，用弯曲管与油箱连接。油枕的一端装有一个油位计（油标管），从油位计中可以监视油位的变化。油枕的容积一般为变压器油箱所装油体积的 8% ~10%。

当变压器油的体积随着油的温度膨胀或缩小时，油枕起着储油及补油的作用，从而保证油箱内充满油。同时，由于装了油枕，缩小了变压器油与空气的接触面，减少了油的劣化速度。

油浸式变压器油中含有万分之一的水，其绝缘将下降 1/8，也就是说，绝缘油受潮后容易造成击穿和闪络，甚至造成事故。故检修变压器时要选择气候、地点和时间。

另外，变压器油若与空气接触而氧化，使油的酸性上升并产生中性物质。酸性的加大使铜、铁及绝缘材料受腐蚀，介质损失增大，中性物质使油的黏度增加，油色加深，从而使变压器油的散热困难，油泥增多阻塞油道，减小爬电距离，造成击穿。另外，温度对油质的影响也非常大。试验证明，油在 60 ~70 ℃时开始氧化，但很少发生变质，当温度达到 120 ℃时油氧化激烈，变质加剧。大型变压器采取的热虹滤油器就是解决这一问题的措施之一。

在运行中应加强对油的管理，需注意以下几点：

（1）按期取样作油化试验，不合格者及时处理；

（2）监视变压器上层油温，上层油温不得超过 95 ℃，一般情况下不宜长时间超过 85 ℃；

（3）减少绝缘油与空气的接触，预防水分渗入；

（4）对运行中电压为 35 kV 级以上、容量在 1 000 kVA 级以上的油浸式变压器，每年至少进行一次溶解绝缘油里的气体的气相色谱分析试验。

为防止油与空气和水分接触，常采用无油枕无呼吸器的封闭式变压器，其寿命可高达 40 ~50 年。大型变压器为防止油与空气接触，其油枕常用隔膜式油枕和胶囊式油枕。

5. 呼吸器

呼吸器又称吸湿器,通常由一根管道和玻璃容器组成,内装干燥剂(硅胶或活性氧化铝)。当油枕内的空气随变压器油的体积膨胀或缩小时,排出或吸入的空气都经过呼吸器,呼吸器内的干燥剂吸收空气中的水分,对空气起过滤作用,从而保持油的清洁。浸有氯化钴的硅胶,其颗粒在干燥时是钴蓝色的,但是随着硅胶吸收水分接近饱和时,粒状硅胶将转变成粉白色或红色,据此可判断硅胶已失效。受潮后的硅胶可通过加热烘干而再生,当硅胶颗粒的颜色变成钴蓝色时,再生工作就完成了。

6. 压力释放装置

压力释放装置在保护电力变压器方面起着重要作用。充有变压器油的电力变压器中,如果内部出现故障或短路,电弧放电就会在瞬间使油汽化,导致油箱内压力极快升高。如果不能极快地释放该压力,油箱就会破裂,将易燃油喷射到很大的区域内,可能引起火灾,造成更大破坏,因此必须采取措施防止这种情况发生。

压力释放装置有防爆管和压力释放器两种,防爆管用于小型变压器,压力释放器用于大、中型变压器。

1)防爆管(又称喷油管)

防爆管装于变压器的顶盖上,喇叭形的管子与大气连接,管口有薄膜封住。当变压器内部有故障时,油温升高,油剧烈分解产生大量气体,使油箱内压力剧增。当油箱内压力升高至 5×10^4 Pa 时,防爆管薄膜破碎,油及气体由管口喷出,防止变压器的油箱爆炸或变形。

2)压力释放器

压力释放器与防爆管相比,具有开启压力误差小、延迟时间短(仅 2 ms)、控制温度高、能重复使用等优点,故被广泛应用于大、中型变压器上。

压力释放器也称减压器,它装在变压器油箱顶盖上,类似锅炉的安全阀。当油箱内压力超过规定值时,压力释放器密封门(阀门)被顶开,气体排出,压力减小后,密封门靠弹簧压力又自行关闭。可在压力释放器投入前或检修时,将其拆下来测定和校正其动作压力。

压力释放器动作压力的调整,必须与气体继电器动作流速的整定相协调。如压力释放器的动作压力过低,可能会使油箱内压力释放过快而导致气体继电器拒动,扩大变压器故障范围。

压力释放器安装在油箱盖上部,一般还接有一段升高管,使释放器的高度等于油枕的高度,以消除正常情况下的油压静压差。

7. 散热器

散热器形式有瓦棱形、扇形、圆形、排管等,散热面积越大,散热的效果就越好。当变压器上层油温与下部油温有温差时,通过散热器形成油的对流,经散热器冷却后流回油箱,起到降低变压器温度的作用。为提高变压器的冷却效果,可采用风冷、强迫油风冷和强迫油水冷等措施。散热器的主要故障是漏油。

8. 绝缘套管

变压器绕组的引出线从箱内穿过油箱引出时必须经过绝缘套管,以使带电的引出线绝缘。绝缘套管主要由中心导电杆和磁套组成。导电杆在油箱内的一端与绕组连接,在外面的一端与外线路连接。它是变压器易出故障的部件。

绝缘套管的结构主要取决于电压等级。电压低的一般采用简单的实心磁套管。电压较高时,为了加强绝缘能力,在瓷套和导电杆间留有一道充油层,这种套管称为充油套管。电压在110 kV以上,采用电容式充电套管,简称为电容式套管。电容式套管除在瓷套内腔中充油外,在中心导电杆(空心铜管)与法兰之间还有电容式绝缘体包着导电杆,作为法兰与导电杆之间的主绝缘。

变压器套管漏油是最常见的故障。套管漏油的原因是套管上部算盘珠状橡胶密封圈和套管底部橡胶平垫老化。这两处橡胶件老化除橡胶件本身质量外,一个重要的原因是导管中导电杆两端连接处接触不良发热,尤其是导电杆下部与变压器绕组连接处螺栓松动很难发现。严重的套管故障表现为套管对外壳击穿,套管对外壳击穿往往是套管出现裂纹或套管脏污而引起的。前述原因使导管严重发热时遇雨骤然冷却使导管出现裂纹或者掉块。

9. 分接开关(又称切换器)

分接开关是调整变压比的装置。双绕组变压器的一次绕组及三绕组变压器的一二次绕组一般有3、5、7个或19个分接头位置,分接头的中间分头为额定电压的位置。3个分接头的相邻分头电压相差5%,多个分头的相邻分头电压相差2.5%或1.25%。操作部分装于变压器顶部,经传动杆伸入变压器的油箱。根据系统运行的需要,按照指示的标记来选择分接头的位置。

变压器的高压装置分为无载调压和有载调压两种。无载分接开关,是在不带电情况下切换的,其结构简单。有载分接开关,是在不停电情况下切换的,为了在切换过程中不致造成两切换抽头间线匝短路,必须接入一个过渡电路,通常利用一个电阻或电抗跨接在切换器的两抽头之间作为过渡。因此,有载分接开关过渡电路,结构较复杂,但其分接头可在带负荷的情况下进行工作,故在电力系统中被广泛采用。

分接开关是变压器最易出故障的部位。分接开关的故障大部分是开关的接触面烧毁。其原因是接触面不足或接触面压力不够。当近处发生短路时,因过电流的热作用使其烧毁。分接开关发生事故时,一般瓦斯保护装置动作。

变压器分接头一般都从高压侧抽头,主要原因在于:①变压器高压绕组一般在外侧,抽头引出连接方便;②高压侧电流小,因而引出线和分接开关的载流部分导体截面小,接触不良的问题易于解决。

从原理上讲,抽头从哪一侧抽均可,要作技术经济比较。例如500 kV大型降压变压器抽头是从220 kV侧抽出的,而500 kV侧是固定的。

10. 气体继电器

由气体继电器构成的瓦斯保护是变压器的主要保护措施之一,它可以反映变压器内部的各种故障及异常运行情况,如油位下降、绝缘击穿、铁芯和绕组受潮、发热等放电故障等,且动作灵敏迅速,结构连线简单,维护检修方便。还有一个难能可贵的优点就是,对匝间短路等轻微故障产生的少量气体存积到一定“量”而动作,有“故障积累”的功能。

气体继电器装设于变压器油箱与油枕之间的连管上,继电器上的箭头方向应指向油枕并要求有1%～1.5%的安装坡度,以保证变压器内部故障时所产生的气体能顺利地流向气体继电器。

安装在地震度为七级以上地区的变压器,应装用防震型气体继电器。除特殊情况外,800 kVA以下变压器无气体继电器。

11. 净油器(又称温差过滤器)

净油器是一个充满吸附剂(硅胶或活性氧化铝)的容器,它安装在变压器油箱的侧壁或强油冷却器的下部。在变压器运行时,由于上、下油层之间的温差,变压器油从上向下经过净油器形成对流。油与吸附剂接触,其中的水分、酸和氧化物等被吸收,使油质清洁,延长油的使用寿命。当使用硅胶时,其质量为变压器油质量的1%;当使用活性氧化铝时,其质量为变压器油质量的0.5%。

2.2.1.3 电力变压器的允许运行方式

变压器是电力系统最核心的元件,它的运行必须严格遵守变压器技术说明和要求进行。

1. 温度与温差的允许运行方式

1)允许温度

运行中的变压器,由于铜损和铁损,温度必然要升高。空载时的温升比停运时高,负载时的温升比空载时高,过载时的温升比轻载时高,短路时的温升更高而且是突然猛升的。因为铁损基本不变,而铜损是与电流的平方成正比的。变压器温度对变压器最主要的影响是变压器绝缘材料的绝缘强度。由于出厂运行的变压器的绝缘是一定的,其绝缘材料的绝缘强度(包括机械强度)也是一定的,随着时间的推移,特别是长期在温度的作用下,变压器绝缘材料的原有绝缘性能将会不断降低,这一过程叫作变压器的绝缘老化。温度越高,其绝缘老化越快,同时变脆而碎裂,绕组的绝缘层的保护也会失去。经认证,当变压器绝缘材料的工作超过其允许的长期工作最高温度时,每升高6 ℃,其使用寿命将减少一半。这就是变压器运行的6 ℃原则(干式变压器是10 ℃原则)。

油浸式变压器的最高温度到最低温度的顺序是:绕组→铁芯→上层油温→下层油温。变压器绕组热点温度的额定值(长期工作的允许最高温度)为正常寿命温度,绕组热点温度的最高允许值(非长期)为安全温度。油浸式变压器一般通过监测上层油温来监视变压器绕组的温度。

变压器绝缘材料的耐热温度与绝缘材料等级有关,A级绝缘材料的耐热温度为105 ℃,B级绝缘材料的耐热温度为130 ℃。一般油浸式变压器用的是A级绝缘材料。为使变压器绕组的最高运行温度不超过绝缘材料的耐热温度,规程规定当最高环境温度为40 ℃时,A级绝缘变压器的上层油温允许值见表2-10。

表2-10 油浸式变压器上层油温允许值

冷却方式	环境温度(℃)	长期运行上层油温(℃)	最高上层油温(℃)
自然循环冷却、风冷	40	85	95
强迫油循环风冷	40	75	85
强迫油循环水冷	40	75	85

由于 A 级绝缘变压器绕组的最高允许温度为 105 ℃,绕组的平均温度约比油温高 10 ℃,故油浸自冷或风冷变压器上层油温最高允许值为 95 ℃。考虑到油温对油的劣化影响(油温每增加 10 ℃,油的氧化速度增加 1 倍),故上层油温的允许值一般不超过 85 ℃。对于强迫油循环风冷或水冷变压器,由于油的冷却效果好,上层油温和绕组的最热点温度降低,但绕组平均温度与上层油温的温差较大(一般绕组的平均温度比上层油温高 20 ~ 30 ℃),故变压器运行上层油温一般为 75 ℃,最高上层油温不超过 85 ℃。

为了监视和保证变压器不超温运行,变压器装有温度继电器和就地温度计。温度计用于就地监视变压器的上层油温。温度继电器的作用是:当变压器上层油温超过允许值时,发出报警信号;根据上层油温的范围,自动地启、停辅助冷却器;当变压器冷却器全停,上层油温超过允许值时,延时将变压器从系统中切除。

2)允许温升

如果说允许温度是反映变压器绝缘材料耐受温度破坏能力的话,那么允许温升是反映变压器绝缘材料承受对应热损坏的允许空间。绝缘材料一定,其承受热损坏的空间温度就不允许超过对应要求值。

变压器上层油温与周围环境温度的差值称为温升。温升的极限值(允许值)称为允许温升。A 级绝缘的油浸变压器,周围环境温度为 +40 ℃时,上层油的允许温升值规定如下:

(1)油浸自冷或风冷变压器,在额定负荷下运行,上层油温升不超过 55 ℃。

(2)强迫油循环风冷变压器,在额定负荷下运行,上层油温升不超过 45 ℃。

(3)强迫油循环水冷变压器,冷却介质最高温度为 +30 ℃时,在额定负荷下运行,上层油温升不超过 40 ℃。

运行中的变压器,不仅要监视上层油温,而且还要监视上层油的温升。这是因为变压器内部介质的传热能力与周围环境温度的变化不是成正比关系,当周围环境温度下降很多时,变压器外壳的散热能力将大大增加,而变压器内部的散热能力却提高很少。所以,当变压器在环境温度很低的情况下带大负荷或超负荷运行时,因外壳散热能力提高,尽管上层油温未超过允许值,但上层油温升可能已超过允许值,这样运行是不允许的。例如:一台油浸自冷变压器,周围空气温度为 20 ℃,上层油温为 75 ℃,则上层油的温升为 75 ℃ -20 ℃ =55 ℃,未超过允许值 55 ℃,且上层油温也未超过允许值 85 ℃,这台变压器运行是正常的。如果这台变压器周围空气温度为 0 ℃,上层油温为 60 ℃(未超过允许值 85 ℃),但上层油的温升为 60 ℃ -0 ℃ =60 ℃ >55 ℃,故应迅速采取措施,使温升降低到允许值以下。需特别指出的是,变压器在任何环境下运行,其温升均不得超过允许值。

2. 电力变压器的允许过负荷

在正常冷却条件下,变压器负荷的变化,也即电流的变化,是导致变压器温度波动的原因。过负荷电流或短路电流是导致变压器温度突变而影响寿命的根本原因。根据变压器的负荷变化对变压器的影响及与时间的关系,把变压器的负荷划分为三种,即正常周期性负荷、长期急救周期性负荷和短期急救负荷三类。

1)正常周期性负荷(正常过负荷)

正常过负荷是指在系统正常情况下,以不损害变压器绕组绝缘和使用寿命为前提的过负荷。

变压器允许正常过负荷运行的依据是:变压器负荷在一定范围内周期性变化时,其绝缘寿命可以互补。

变压器在额定条件下或周期性负荷中运行,某段时间环境温度较高或超过额定电流,可以由其他时间环境温度较低或低于额定电流补偿,在热老化方面能够等效补偿。变压器可以长期在这种负荷方式下正常运行。

变压器正常过负荷的允许值和对应的过负荷允许时间,应根据变压器负荷曲线、冷却介质温度及过负荷前变压器所带负荷来确定。

2)长期急救周期性负荷

要求变压器长时间在环境温度较高,或超过额定电流下运行。这种负荷方式可能持续几星期或几个月。变压器在这种负荷方式下运行将导致变压器的老化加速,虽不直接危及绝缘的初始值,但将在不同程度上缩短变压器的寿命,应尽量减少出现这种负荷方式。必须采用时,应尽量缩短超额定电流运行的时间、减小超额定电流的倍数,有条件时(按制造厂规定)投入备用冷却器。当变压器有较严重缺陷或绝缘有弱点时,不宜超额定电流运行。超额定电流负荷系数 K_2 和时间可按《油浸式电力变压器负载导则》(GB/T 15164)的规定确定。在长期急救周期性负荷运行期间,应有负荷电流记录,并计算该运行期间的平均相对老化率。

3)短期急救负荷(事故过负荷)

要求变压器短时间大幅度超额定电流运行,就是以前所说的事故过负荷。事故过负荷时,变压器负荷和绝缘温度均超过允许值,绝缘老化速度比正常加快,使用寿命会减少。但由于事故过负荷概率少,平常又多在欠负荷下运行,故短时间内事故过负荷运行对绕组绝缘寿命无显著影响。

这种负荷方式可能导致绕组热点温度达到危险程度。出现这种情况时,应投入包括备用在内的全部冷却器(制造厂另有规定的除外),并尽量减少负荷、缩短时间,一般不超过0.5 h。当变压器有严重缺陷或绝缘有弱点时,不宜超额定电流运行。在短期急救负荷运行期间,应有详细的负荷电流记录,并计算该运行期间的相对老化率。

3.电力变压器运行的允许电压

在电力系统中运行的变压器,系统的电压波动及升压变压器绕组的特点决定了变压器绕组不可能处在额定电压值下运行。当变压器电源电压低于额定值时,对变压器运行无任何危害;当电源电压高于额定值时,则对变压器运行有不良影响。因为如果忽略变压器的内部阻抗,可以认为变压器的电源电压即一次电压 $U_1=E_1=4.44fN_1\Phi_m$。式中,频率 f、一次侧匝数 N_1 均为不变的常数,因此当电源电压 U_1 升高,磁通 Φ_m 也将随之增加,从而使励磁电流也相应地增加。变压器的励磁电流增大后,会使励磁电流的铁芯损耗增大而过热。同时变压器的励磁电流为无功电流,因此励磁电流的增加会使无功功率增加。由于变压器的容量 S 是一定的,当无功功率 Q 增加时,相应的有功功率 P 则会减少。因此,电源电压升高以后,变压器允许通过的有功功率将会降低。此外,变压器的电源电压升高后,磁通增大,会使铁芯饱和,从而使变压器的电压和磁通波形畸变。电压畸变后,电压波形中的高次谐波分量也将随之加大。这样,高次谐波使电压畸变而产生尖峰波,对用电设备有很大的破坏性。如:①引起用户的电流波形畸变,增加电机和线路的附加损耗;②可能使系统中产生谐振过电压,从而使电气设备的绝缘遭到破坏;③高次谐波会干扰附近的通信线路。因此规定:运行中的变压器,正常电压不得超过额定电压的105%,最高不得超过额定电压的110%。

就过电压形式而言,变压器的过电压有大气过电压和操作过电压两类。操作过电压的数值一般为额定电压的2~4.5倍,而大气过电压则可达额定电压的8~12倍。而变压器设计时绝缘强度一般按2.5倍额定电压承受力考虑。为了防止过电压损坏变压器,首先安装避雷器来限制过电压的幅值;其次在110 kV及以上变压器上加装静电屏、静电极等,以改善起始电压和最终电压,使其分布均匀,从而对变压器绝缘起到保护作用。

4. 冷却装置的运行方式

1)冷却方式

冷却方式与变压器容量的大小有关。油浸自冷适用于小型变压器,油浸风冷适用于中型变压器,强迫油循环冷却适用于大型变压器,强迫油循环导向冷却适用于巨型变压器。干式变压器是用风机冷却的。

(1)油浸自冷。

油浸自冷即油在油箱内自然循环,将热量带到油箱壁,由其周围空气对油进行冷却。变压器运行时,绕组和铁芯由于损耗产生的热量使油的温度升高,体积膨胀,密度减小,油自然向上流动,上层热油流经散热器冷却后,因密度增大而下降,于是形成了油在油箱和散热器间的自然循环流动,通过油箱壁和散热器散热而得到冷却。

(2)油浸风冷。

在油浸自冷的基础上,在散热器上加装了风扇,风扇将周围空气吹向散热器,加速散热器中油的冷却,使变压器油温迅速降低。小容量或较小容量的变压器一般采用油浸自冷或油浸风冷的冷却方式。加装风冷后,可使变压器容量增加30%~35%。

图2-23为油浸风冷变压器通风控制电路。油浸风冷变压器运行时,其冷却风扇根据变压器上层油温的高低,自动投入和切除。投、切的原则是:上层油温在45 ℃以下,冷却风扇不启动,变压器无风扇运行;上层油温在55 ℃及以上,冷却风扇自动投入,低于45 ℃,风扇自动停止运行;变压器负荷在额定容量的70%及以上,冷却风扇必须投入运行。根据上述冷却风扇的启、停原则,对风扇实行自动或手动控制。在图2-23中,风扇电动机的电源由接触器KM供给,其启动回路有手动和自动两种方式。自动控制按变压器温度和变压器负荷电流启动。当变压器油温超过55 ℃时,其温度继电器动合触点KT-55 ℃闭合,启动接触器KM。当温度低于45 ℃时,动合触点KT-45 ℃闭合,将接触器KM断开。如果变压器需按负荷电流启动,则在其启动回路中并联一监视变压器负荷电流的电流继电器1KT和中间继电器KC,最后将接触器KM启动。

(3)强迫油循环风冷。

在油浸风冷的基础上,加装了潜油泵,用潜油泵加强油在油箱和散热器之间的循环,使油得到更好的冷却效果。其冷却过程见图2-24,油箱上层热油在潜油泵作用下抽出,经上蝴蝶阀门2进入上油室4,经散热器5进入下油室12,经过滤油器10、潜油泵11,冷油经下蝴蝶阀门13进入油箱1的底部。如此不断循环,使绕组、铁芯得到冷却。

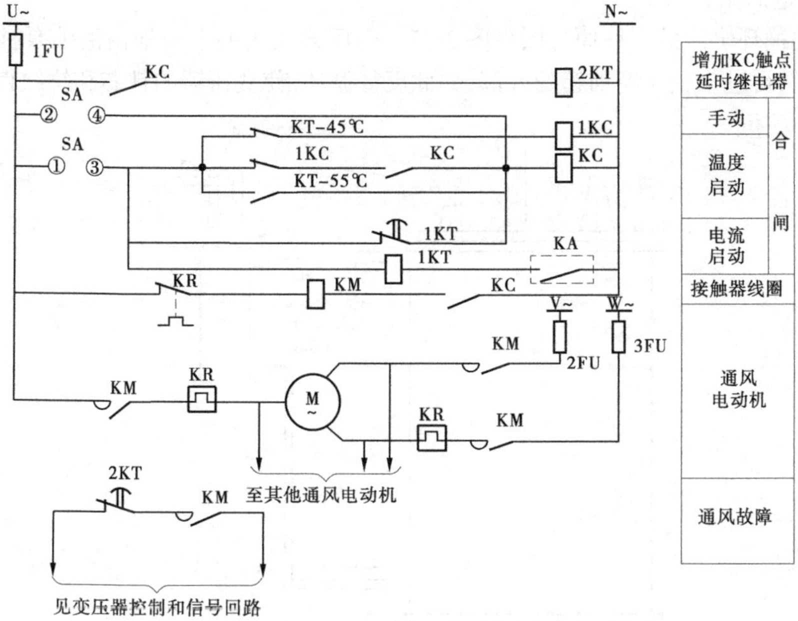

KM—接触器；KR—热继电器；KC、1KC—中间继电器；1KT、2KT—时间继电器；

SA—转换开关；1FU ~ 3FU—熔断器；KT—温度继电器；M—风扇电动机

图 2-23 油浸风冷变压器通风控制电路

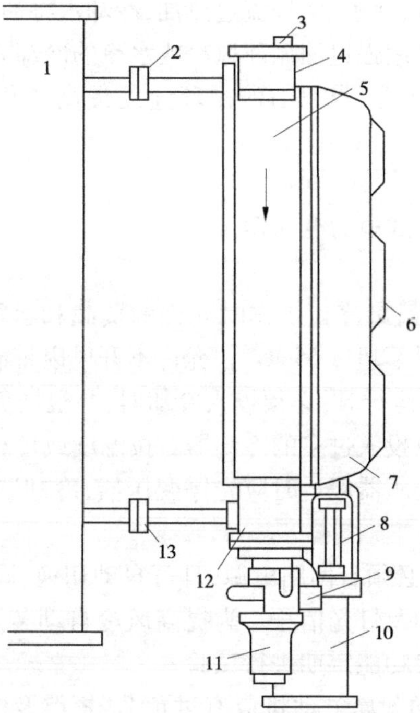

1—油箱；2—上蝴蝶阀门；3—排气塞；4—上油室；5—散热器；6—风扇；7—导风筒；

8—控制箱；9—继电器；10—热虹吸滤油器；11—潜油泵；12—下油室；13—下蝴蝶阀门

图 2-24 强迫油循环风冷装置示意图

(4)强迫油循环水冷。

强迫油循环水冷的工作原理图见图2-25。变压器油箱的上层油由潜油泵抽出，经冷却器冷却后，再进入变压器油箱的底部，如此反复循环，使变压器的铁芯和绕组得到冷却。

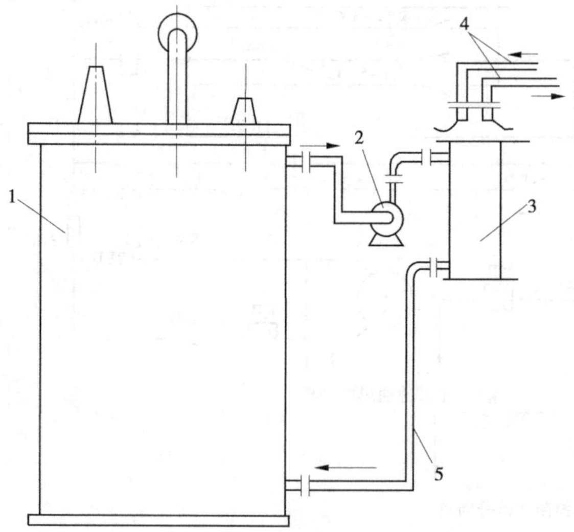

1—变压器;2—潜油泵;3—冷油器;4—冷却水管道;5—油管道

图2-25　强迫油循环水冷的工作原理图

在冷却器中，冷水管内通冷水，管外流过热油，冷却水将油的热量带走，使热油得到冷却。大容量变压器一般都采用强迫油循环风冷或水冷的冷却方式。

对于强迫油循环冷却方式，若把油的循环速度提高3倍，则变压器的容量可增加30%。

(5)风冷。

风冷一般适用于室内干式电力变压器。

2)冷却器运行方式

(1)油浸风冷变压器在风扇停止工作时允许的负载和运行时间应遵守制造厂规定。油浸风冷变压器当上层油温不超过65 ℃时，允许不开风扇带额定负载运行。

(2)强迫油循环变压器运行时，必须投入冷却器，并根据负载情况决定投入冷却器的台数。在空载和轻载时不应投入过多的冷却器。按温度或负载投切的辅助冷却器及备用冷却器各置1组并启用。变压器停运时应先停变压器，冷却装置需继续运行一段时间待油温不再上升后再停。

(3)强迫油循环冷却器必须有两路电源，且可自动切换，同时，当工作电源故障时，自动启动备用电源并发出音响及灯光信号。为提高风冷自动装置的运行可靠性，要求对风冷电源及冷却器的自动切换功能定期进行试验。

(4)风扇、水泵及油泵的附属电动机应有过负荷、短路及断相保护，应有监视油泵电机旋转方向的装置。

(5)水冷却器的油泵应装在冷却器的进油侧，并保证在任何情况下冷却器中的油压大于水压0.05 MPa，以防止万一产生泄漏时，水不致进入变压器内。冷却器出水侧应装放水旋塞，在变压器停运时，将水放掉，防止冬天水结成冰胀破油管。

(6)强迫油循环风冷式变压器运行中，当冷却系统(指油泵、风扇、电源等)发生故障，冷却器全部停止工作时，允许在额定负荷下运行20 min。20 min后上层油温尚未达到75 ℃，则允许继续运行到上层油温上升到75 ℃。但切除全部冷却装置后变压器的最长运行时间在任何情况下不得超过1 h。

2.2.2 电力变压器运行中的巡视与维护

变压器的巡视可分为例行(日常)巡视、定期巡视和特殊巡视三大类。

2.2.2.1 变压器例行(日常)巡视

1. 变压器例行(日常)巡视

变压器例行(日常)巡视包括正常巡视、全面巡视和熄灯巡视。

有人值班变电站，正常巡视要求每天至少一次，每周至少进行一次夜间巡视；无人值班变电站，要求每周两次巡视检查。一般包括以下内容：

(1)变压器声响均匀、正常；

(2)变压器的各部位无渗油、漏油；

(3)变压器的油温和温度计应正常，储油柜的油位应与温度相对应；

(4)套管油位应正常，套管外部无破损裂纹、无严重油污、无放电痕迹及其他异常现象；

(5)各冷却器手感温度应相近，风扇、油泵、水泵运转正常，油流继电器工作正常；

(6)水冷却器的油压应大于水压(制造厂另有规定者除外)；

(7)吸湿器完好，吸附剂干燥；

(8)引线接头、电缆、母线应无发热迹象；

(9)压力释放器、安全气道及防爆膜应完好无损；

(10)有载分接开关的分接位置及电源指示应正常；

(11)气体继电器内应无气体；

(12)各控制箱、二次端子箱、机构箱应关严，无受潮，温控装置工作正常；

(13)各类指示、灯光、信号应正常；

(14)变压器室的门、窗、照明应完好，房屋不漏水，温度正常；

(15)变压器各部位的接地应完好；

(16)干式变压器的外部表面应无积污；

(17)现场规程中根据变压器的结构特点补充检查的其他项目。

全面巡视内容主要是对设备进行全面的外部检查，对缺陷有无发展做出鉴定，检查设备防火、防小动物、防误闭锁等有无漏洞，检查接地网及引线是否完好。

熄灯巡视应每周进行一次，检查设备有无电晕、放电，接头有无过热现象。

2. 变压器例行(日常)巡视检查的要求

(1)变压器的油温和温度计应正常，储油柜的油位应与制造厂提供的油温、油位曲线相对应，温度计指示清晰，具体要求如下：

①如采用玻璃管油位计，储油柜上标有油位监视线，分别表示环境温度为 -20 ℃、

+20 ℃、+40 ℃时变压器对应的油位；如采用磁针式油位计，在不同环境温度下指针应停留的位置，由制造商提供的曲线确定。

②根据温度表指示检查变压器上层油温是否正常。变压器冷却方式不同，其上层油温或温升亦不同，具体应不超过规定（一般按制造厂或 DL/T 572 规定）。运行人员不能只以上层油温不超过规定为标准，而应该根据当时的负荷情况、环境温度以及冷却装置投入的情况等及历史数据进行综合判断。就地与远方油温指示应基本一致。绕组温度仅作参考。

③由于在油温 40 ℃左右时，油流的带电倾向性最大，因此变压器可通过控制油泵运行数量来尽量避免变压器绝缘油运行在 35 ~45 ℃区域。

(2)变压器各部位无渗油、漏油。应重点检查变压器的油泵、压力释放阀、套管接线柱、各阀门、隔膜式储油柜等无渗油、漏油。

①油泵负压区的渗油，容易造成变压器进水受潮和轻瓦斯有气而发信。

②压力释放阀的渗油、漏油，应检查其是否动作过。

③套管接线柱处的渗油，检查外部引线的伸缩条及其热胀冷缩性能。

(3)套管油位应正常，套管外部无破损裂纹、无严重油污、无放电痕迹及其他异常现象。检查瓷套，应清洁，无破损、裂纹和打火放电现象。

(4)变压器声响均匀、正常。若变压器附近噪声较大，应利用探声器来检查。

(5)各冷却器手感温度应相近，风扇、油泵、水泵运转正常，油流继电器工作正常。冷却器组数应按规定启用，分布合理，油泵运转应正常，无其他金属碰撞声，无漏油现象，运行中的冷却器的油流继电器应指示在“流动位置”，无颤动现象。

①油泵及风扇电动机声响正常，无过热现象，风扇叶子无抖动碰壳现象。

②冷却器连接管无渗漏油。

③油泵、风扇电动机电缆完好。

④冷却器检查及试验工作以及辅助、备用冷却器运转和信号正常。按月切换冷却器，每季进行一次电源切换并作好记录。

⑤运行中油流继电器指示异常时，应检查油流继电器挡板是否损坏脱落。

(6)水冷却器的油压应大于水压(制造厂另有规定者除外)。

(7)吸湿器完好，吸附剂干燥。检查吸湿器，油封应正常，呼吸应畅通，硅胶潮解变色部分不应超过总量的 2/3。运行中如发现上部吸附剂发生变色，应注意检查吸湿器上部是否密封，是否受潮。

(8)引线电缆、母线接头应接触良好，接头无发热现象。接头接触处温升不应超过 70 K。

(9)压力释放阀、安全气道及防爆膜应完好无损。压力释放阀的指示杆未突出，无喷油痕迹。

(10)有载分接开关的分接位置及电源指示应正常。操作机构中机械指示器与控制室内分接开关位置指示应一致。三相联动的应确保分接开关位置指示一致。

(11)在线滤油装置工作方式及电源指示应正常。检查各信号是否发信。有载分接开关调压后一般应启动在线滤油装置，有载分接开关长期无操作，也应半年进行一次带电滤油。

(12)气体继电器内应无气体。

(13)各控制箱和二次端子箱、机构箱门应关严,无受潮,电缆孔洞封堵完好,温控装置工作正常。冷却控制的各组工作状态符合运行要求。

(14)各类指示、灯光、信号应正常。

(15)变压器室的门、窗、照明应完好,房屋不漏水,温度正常。

(16)变压器各部件的接地应完好。检查变压器铁芯接地线和外壳接地线应良好,铁芯、夹件通过小套管引出接地的变压器,应将接地线引至适当位置,以便在运行中监测接地线中是否有环流。当运行中环流异常增长变化时,应尽快查明原因,严重时应检查处理并采取措施。如环流超过 300 mA 又无法消除,可在接地回路中串入限流电阻作为临时性措施。

(17)用红外测温仪检查运行中套管引出线联板的发热情况及本体油位、储油柜、套管等其他部位。

(18)在线监测装置(若有)应保持良好状态,并及时对数据进行分析、比较。

(19)事故储油坑的卵石层厚度应符合要求,保持储油坑的排油管道畅通,以便事故发生时能迅速排油。室内变压器应有集油池或挡油矮墙,防止火灾蔓延。

(20)灭火装置状态应正常,消防设施应完善。

(21)现场规程中根据变压器的结构特点补充检查其他项目。

2.2.2.2 变压器定期巡视

变压器除例行巡视外,还须作定期检查,检查周期由现场规程规定,并增加以下检查内容:

(1)外壳及箱沿应无异常发热;

(2)各部位的接地应完好,必要时应测量铁芯和夹件的接地电流;

(3)强油循环冷却的变压器应作冷却装置的自动切换试验;

(4)水冷却器从旋塞放水检查,应无油迹;

(5)有载调压装置的动作情况应正常;

(6)各种标志应齐全、明显;

(7)各种保护装置应齐全、良好;

(8)各种温度计应在检定周期内,超温信号应正确可靠;

(9)消防设施应齐全完好;

(10)室(洞)内变压器通风设备应完好;

(11)储油池和排油设施应保持良好状态。

2.2.2.3 变压器特殊巡视

变压器在下列情况下须进行特殊巡视检查,增加巡视检查次数:

(1)新设备或经过检修、改造的变压器在投运 72 h 内;

(2)有严重缺陷时;

(3)气象突变(如大风、大雾、大雪、冰雹、寒潮等)时;

(4)雷雨季节特别是雷雨后;

(5)高温季节、高峰负载期间；

(6)变压器急救负载运行时。

2.2.2.4 变压器常见缺陷

(1)建筑方面缺陷：基础酥裂、电杆酥裂，事故储油坑及管道塌陷、酥裂，事故储油坑杂物多、踩实。

(2)本体常见缺陷：渗油、调压装置内渗、套管内渗、油位低，呼吸部分堵塞或开放、硅胶失效，接地不良，绝缘油参数有不合格项，设备电气参数有不合格项。

(3)外接部分缺陷：引线过热，引线振动大，引线挂有杂物，绝缘子表面放电、断裂，铁座酥裂，过压间隙故障。

(4)附件部分缺陷：风冷电源故障，风扇电机故障，消防设备管道锈蚀、开裂、压力过高、不建压、不启泵，调压装置电源跳闸、拒调、连调，温度表及传感器故障，在线监测故障。

(5)二次部分缺陷：电流、电压回路断线，短路，误接线，直流回路接地，定值整定有误，保护投切有误，指示仪表、电能表故障。

2.2.2.5 变压器的维护保养

1. 变压器的维护保养规定

(1)为保证设备正常运行的安全可靠，变压器必须定期进行测试维护工作，若发现问题，要及时通知检修维护人员处理。

(2)每月应按照“电站电气设备温度监测表”的要求测量相应电气设备的温度。

(3)运行值守人员应根据变压器的运行状态进行分析，若发现设备有异常趋势，应及时对设备进行维护保养，保证变压器的安全运行。

(4)各值守人员应按照要求搞好所辖变压器的清洁卫生。

(5)运行值守人员应按规定进行定期维护工作，并作好记录。

2. 变压器的维护保养方法

(1)每日定时抄录一次变压器的顶层油温。

(2)每周切换运行变压器冷却装置的备用电源和冷却器。

(3)吸湿器内有2/3的吸附剂变色时应进行更换。

(4)每年应对变压器的冷却器清扫一次。

(5)每年应对变压器的套管清扫一次。

(6)每年应对变压器的各种控制箱、二次回路检查和清扫一次。

(7)每半年应对变压器进行取油样分析。

(8)在更改变压器分接头前后一周各进行一次取油样分析。

3. 可根据具体情况在现场规程中规定周期的维护项目

(1)清除储油柜集污器内的积水和污物；

(2)冲洗被污物堵塞影响散热的冷却器；

(3)更换吸湿器和净油器内的吸附剂；

(4)变压器的外部(包括套管)清扫；

(5)各种控制箱和二次回路的检查和清扫。

2.2.3 电力变压器标准化巡视卡举例

下面是某电厂依据《油浸式变压器管理规范》,并结合该厂设备的具体情况制定的变压器标准化巡视卡(主要部分),见表2-11。

表2-11 变压器标准化巡视卡

巡视步骤	巡视内容	巡视点及标准(或要求)	巡视危险点
1	变压器本体	变压器器身无倾斜、位移,外壳清洁,散热片无渗漏油现象;铭牌完好清晰,与设备相符;本体温度计值与遥测值相符,并在允许温度范围内(监视温度≤70 ℃,发信号温度为80 ℃,最高温度为85 ℃);变压器正常运行声音为均匀的嗡嗡声,无放电等异音	触电,路面滑倒
2	油枕、瓦斯继电器	油枕的油位在上下限范围内,无渗漏油,油色清亮透明,无混浊乳化、变色现象;瓦斯继电器通向本体的阀门打开,瓦斯继电器内无气体	触电,路面滑倒
3	防爆筒、压力释放器	防爆筒隔膜完好无裂纹(或压力释放阀关闭严密,无渗漏油)	触电,路面滑倒
4	呼吸器、事故排油阀	呼吸器内硅胶颜色正常,为白色,受潮变红的不超过1/3;事故排油阀门关严,无渗漏油	触电,路面滑倒
5	套管	套管清洁,无破损、裂纹、放电痕迹	触电,路面滑倒
6	引线、母排	高压侧、低压侧引线接头接触良好,无发热现象;母排连接牢固,无异常弯曲变形	触电,路面滑倒
7	接地线	变压器外壳接地扁钢完好牢固,无锈蚀、断裂	触电,路面滑倒

【教学评价】

学员按照规定的巡视路线,逐一对巡视点进行巡视,每巡视一个点记2分,其中巡视点指示正确记1分,巡视点状态描述正确记1分;现场巡视时,若违反安全规程,则该巡视内容记0分。变压器标准化巡视评价表见表2-12。

表2-12 变压器标准化巡视评价表

巡视步骤	巡视内容	巡视点及标准(或要求)	(巡视点数)满分	得分
1	变压器本体	变压器器身无倾斜、位移,外壳清洁,散热片无渗漏油现象;铭牌完好清晰,与设备相符;本体温度计值与遥测值相符,并在允许温度范围内(监视温度≤70 ℃,发信号温度为80 ℃,最高温度为85 ℃);变压器正常运行声音为均匀的嗡嗡声,无放电等异音	(6)12	

续表 2-12

巡视步骤	巡视内容	巡视点及标准(或要求)	(巡视点数)满分	得分
2	油枕、瓦斯继电器	油枕的油位在上下限范围内,无渗漏油,油色清亮透明,无混浊乳化、变色现象;瓦斯继电器通向本体的阀门打开,瓦斯继电器内无气体	(4)8	
3	防爆筒、压力释放器	防爆筒隔膜完好无裂纹(或压力释放阀关闭严密,无渗漏油)	(2)4	
4	呼吸器、事故排油阀	呼吸器内硅胶颜色正常,为白色,受潮变红的不超过1/3;事故排油阀门关严,无渗漏油	(2)4	
5	套管	套管清洁,无破损、裂纹、放电痕迹	(1)2	
6	引线、母排	高压侧、低压侧引线接头接触良好,无发热现象;母排连接牢固,无异常弯曲变形	(2)4	
7	接地线	变压器外壳接地扁钢完好牢固,无锈蚀、断裂	(1)2	
8	相关知识1 相关知识2		20	
(总点数)总分			(18)56	

注:百分制得分 = (评价表得分/评价表总分) × 100。

任务 2.3　开关站(室)运行中的巡视检查

【教学目标】

1. 技能目标

能在水电厂值班员的监护下,按照电力行业及现场规程的内容及要求,依次对变压器的各部位进行巡视检查;发现问题,作好记录,并向值长作口头汇报。

2. 知识目标

开关站(室)内的主要设备、作用、工作原理,设备间的连接情况,主要设备巡视的基本内容。

【任务描述】

得值长令,学生以副值班员的身份,在水电厂运行人员的监护下,按照开关站(室)标准化巡视实操表中的巡视内容、巡视点及要求(或标准),采用眼观、耳闻、鼻嗅及手摸的方法,依次对开关站(室)设备及其相关的二次配电箱等进行巡视检查,并将巡视结果记录在巡视实操表中。

【任务准备】

1. 知识准备

(1)开关站(室)主要由哪些设备构成?在正常情况下和发生事故时起何作用?

(2)断路器运行时有哪些一般规定?

(3)对于装有自动重合闸的断路器,在有条件的情况下进行手动分闸,应先做什么?若条件不允许,在手动分闸后应做什么?

(4)一般来说,装有自动重合闸的断路器,在什么情况下,应将重合闸停用?在什么情况下,应对断路器进行计划外检修?为什么?

(5)SF_6 气体压力正常值范围为多少?如压力下降有何危害?说明什么问题?怎样处理?

(6)SF_6 断路器正常巡视检查项目有哪些?

(7)真空断路器正常巡视检查项目有哪些?

(8)油断路器正常巡视检查项目有哪些?

(9)断路器电磁式操动机构正常巡视检查项目有哪些?

(10)断路器弹簧式操动机构正常巡视检查项目有哪些?

(11)断路器液压式操动机构正常巡视检查项目有哪些?

(12)断路器在什么情况下应紧急停运?

(13)无论是电压互感器,还是电流互感器,二次侧必须有一端接地,为什么?

(14)为什么电流互感器在运行中,其二次回路严禁开路?

(15)电流互感器在运行中的检查项目有哪些?

(16)电压互感器在运行中的检查项目有哪些?

(17)防雷装置运行中的检查、维护项目及注意事项有哪些?

(18)在任务实施后,试制作一张开关室的标准化巡视卡,要求巡视点及标准(或要求)明确具体,不漏项,不绕行。

2. 工具准备

所需工具如表2-13所示。

表2-13 所需工具

序号	工具材料名称	数量	用途
1	巡视检查记录本	一本	巡检记录
2	红外测温仪	一只	测量温度
3	安全帽	一顶	保证人体绝缘
4	巡视手电筒	一只	局部巡检
5	绝缘靴	一双	保证人体绝缘

【任务实操】

开关站(室)标准化巡视实操表见表2-14和表2-15。学员2人为一组,正确地戴好安全帽,扣好袖口,盘好头发,携带手电筒、测温仪、巡视实操表等进入开关站或开关室。在运行人员的监护下,依次对开关站或开关室进行巡视,对合格项,在巡视结果栏打“√”,对有缺陷或异常项,在巡视结果栏用文字详细说明。巡视中要运用正确的巡视方法,不漏项,不绕行。巡视完成后,向值长汇报巡视结果。

表 2-14 开关站标准化巡视实操表

巡视步骤	巡视内容	巡视点及标准(或要求)	巡视结果
1	开关站大门	开关站铁门锁具完好,栏杆上悬挂“高压危险”、“禁止翻越”等安全警示牌	
2	真空断路器(301QF)	断路器编号及名称标示清晰,且与设备相符,外观清洁,各部件无破裂、锈蚀,本体无位移,基础螺丝无松动; 外壳接地扁钢完好牢固,无锈蚀、断裂; 断路器分合位置指示正确,并与当时实际运行工况相符,无异常放电声响; 母排无异常弯曲变形,各连接部分接触良好,无过热、变色现象; 绝缘子无裂纹,无破损、放电痕迹	
3	操作机构箱(301QF)	操作机构箱门平整、开启灵活、关闭严密,无锈蚀; “远方/现地”把手在“远方”位置; 二次接线完好,无松动、脱落,无焦臭味; 储能电机电源开关 DK 投入,储能指示显示“已储能”	
4	隔离刀闸(3011QS/3012QS)	隔离刀闸编号及名称标示清晰,且与设备相符,外观清洁; 本体无位移,基础螺丝无松动; 接地扁钢完好牢固,无锈蚀、断裂; 绝缘子完好无裂纹、破损,无放电现象,无灰尘积淀; 隔离开关触头接触良好、严密,无发热、变形现象; 操作杆及传动机构完好无损,无锈蚀,无变形、变位及松动脱落现象; 五防挂锁正确装设	
5	接地刀闸(3011D/2D/3D)	接地刀闸编号及名称标示清晰,且与设备相符,外观清洁,本体无位移; 接地扁钢完好牢固,无锈蚀、断裂; 接地刀闸动静触头无烧伤痕迹、无变形、无锈蚀、无倾斜;合闸时接触严密、良好(设备运行时不可见); 操作杆及传动机构完好无损,无锈蚀,无变形、变位及松动脱落现象; 五防挂锁正确装设	

续表 2-14

巡视步骤	巡视内容	巡视点及标准(或要求)	巡视结果
6	电流互感器(电度计量用)	电流互感器编号及名称标示清晰,且与设备相符,外观清洁; 各连接部件牢固,基础螺丝无松动,本体无位移; 接地扁钢完好牢固,无锈蚀、断裂; 电流互感器内部声音正常,无放电声响及剧烈振动声音,无渗漏油现象,油位正常,油色正常; 母排无异常弯曲变形,各连接部分接触良好,无过热、变色现象,支持绝缘子无渗漏油现象,无裂纹,无破损放电痕迹; 电流互感器二次接线完好,无焦臭味,无松动、脱落现象	
7	电压互感器 9TV	电压互感器编号及名称标示清晰,且与设备相符,外观清洁; 各连接部件牢固,基础螺丝无松动,本体无位移; 接地扁钢完好牢固,无锈蚀、断裂; 电压互感器内部声音正常,无放电声响及剧烈振动声音,无渗漏油现象,且油位正常,油色正常; 高压熔断器外部瓷瓶完好,两侧母排接头无发热,支持构架无倾斜; 电压互感器二次接线完好,无焦臭味,无松动、脱落现象,控制箱内熔断保险、端子排接线完好,无焦臭味,无变形、变位	
8	避雷器	避雷器套管清洁、完好,内部无放电声音; 放电记录器密封良好,指示正确; 本体接地良好,接地引下线牢固可靠,无锈蚀	
9	母线引出线	引出线支持绝缘子清洁,无破损,无裂纹和放电闪络现象; 母线接头无发热、无变色	
10	开关站消防设施	消防器材数量和存放符合要求; 消防器材检验不超期,合格证齐全	

表 2-15　组合式开关室标准化巡视实操表

巡视步骤	巡视内容	巡视点及标准(或要求)	巡视结果
1	开关室大门	开关室大门关闭严密,锁具完好; 大门上方悬挂的开关室电压等级和名称标示牌清晰准确	
2	开关室环境	雨雪天气检查开关室房屋无渗漏水现象; 室内应无散落器材,没有危险品; 室内照明灯和事故照明灯完好,光线充足	
3	组合式封闭开关柜整体外观	组合式封闭开关柜编号及名称标示清晰,与设备相符; 五防挂锁正确装设,柜体清洁,无倾斜、位移; 柜门关闭严密,开关现地操作机构完好	
4	组合式封闭开关柜运行情况	设备运行无异常放电声响; 分合闸转换开关完好,无卡住现象,分合闸指示灯与设备实际工况一致; 储能开关在投入位置,储能指示白灯亮; 柜门上电流表完好,其测量值与远方监控值基本相符; 中间继电器完好,各触头无粘连、卡住等现象;DXN－T户内高压带电显示装置完好,三相带电显示与实际运行工况一致; 二次保险3RD～4RD无熔断; 空气开关DK正确投入; 端子排接线完好,无烧焦、发黑变色、松动、脱落现象	
5	隔离开关及地刀操作机构	隔离开关及地刀操作机构完好,无锈蚀; 行程开关传动无脱落,接线完好,无松动	
6	组合式封闭PT柜整体外观	组合式封闭PT柜编号及名称标示清晰,与设备相符; 五防挂锁正确装设,柜体清洁,无倾斜、位移,柜门关闭严密	
7	组合式封闭PT柜运行情况	设备运行无异常放电声响; 电压表测量切换把手完好,其测量值与远方监控值基本相符,三相电压无异常; 二次保险无熔断,端子排接线完好,无焦臭味,无松动、变形、变位、脱落现象	
8	组合式封闭柜接地装置	与柜体连接的接地扁钢完好牢固,无锈蚀、无断裂	
9	消防设施	消防设施齐备、完好、合格	
10	巡检完毕	检查巡视检查记录无漏项; 开关室大门上锁	

【相关知识】

开关站也称屋外配电装置,一个间隔就构成一个进出线回路,一个间隔一般由断路器、隔离刀闸、接地刀闸、电流互感器、电压互感器、避雷器及接地装置等组成;开关室也称屋内配电装置,一个开关柜就构成一个进出线回路,开关柜内一般也装有断路器、隔离刀闸、接地刀闸、电流互感器、电压互感器、避雷器及测量仪表等。开关站(室)在正常情况下用来接受和分配电能;在发生事故时迅速切除故障部分,恢复非故障部分的正常工作。

2.3.1　断路器及操动机构的巡视检查

2.3.1.1　断路器运行的一般规定

(1)在正常运行时,断路器的工作电流、最大工作电压、额定开断电流不得超过额定值。

(2)为使运行中的断路器正常工作,应检查其操作电源完备可靠,气体断路器的气压正常,液压操动断路器的油压、弹簧操动断路器的储能、电磁操动断路器的合闸电源及远距离操作电源均应符合运行要求。

(3)对于具有远距离操作接线的运行中的断路器,带有工作电压的分(合)闸操作,一般均应采用远距离操作方式,禁止使用手动机械分闸,或手动就地操作按钮分闸。只有在远距离分闸失灵或当发生人身及设备事故而来不及远距离拉开断路器时,方可允许手动机械分闸,或者用就地操作按钮分闸。

对于装有自动重合闸的断路器,在有条件的情况下,应先解除重合闸后再进行手动分闸。若条件不允许,应在手动分闸后,立即检查是否重合上了。若已重合上了,再手动分闸。

(4)明确断路器的允许分合闸次数,以保证一定的工作年限。根据标准,一般断路器允许空载分合闸次数(机械寿命)应达1 000~2 000次。为了延长断路器的检修周期,断路器还应有足够的电气寿命,即允许连续分合短路电流或负荷电流的次数。

一般来说,装有自动重合闸的油断路器,在切断三次短路故障后,应将重合闸停用;少油式断路器在切断四次短路故障后,应对断路器进行计划外检修,以避免再次切断断路器故障电流时造成断路器的损坏或爆炸。

(5)禁止将有拒绝分闸缺陷或严重缺油、漏油、漏气等异常情况的断路器投入运行。

(6)一切断路器均应在断路器轴上装分、合闸机械指示器,以便运行人员在操作或检查时用它来校对断路器断开或合闸的实际位置。

(7)在检查断路器时,运行人员应注意辅助触点的状态。若发现触点在轴上扭转、松动或固定触片从转盘脱离,应紧急检修。

(8)检查断路器三相合闸的同时性。因调整不当,合闸后拉杆断开或横梁折断而造成一相未合上,导致两相运行时,应立即停止运行。

(9)少油式断路器外壳均带有工作电压,故运行中值班人员不得任意打开断路器室的门或网状遮栏。

(10)需经同期方可合闸的断路器,必须满足同期条件后才能合闸送电。

2.3.1.2　断路器运行中的巡视检查

在断路器运行时,运行值班人员必须依照现场规程和制度,对断路器进行巡视检查,及时发现缺陷,并尽快设法消除,以保证断路器的安全运行。实践证明,对断路器在运行中的巡视检查,特别是通过对容易造成事故的部位(如操作机构、出线套管等)的巡视检查,可以发现大部分缺陷。因此,运行中的巡视检查十分重要。

1. SF_6 断路器运行中的巡视检查项目

(1)标志牌名称、编号齐全完好。

(2)套管、绝缘子无断裂、裂纹、损伤、放电现象。

(3)分合闸位置指示器与实际运行状态相符。

(4)软连接及各导流压接点压接良好,无过热变色、断股现象。

(5)控制、信号电源正常,无异常信号发出。

(6)SF_6 气体压力表或密度表在正常范围内,并记录压力值(SF_6 气体压力正常值为 0.4~0.6 MPa,如压力下降即表明有漏气现象,应及时查出泄漏位置并进行消除,否则将危及人身及设备安全)。

(7)端子箱电源开关完好,名称标志齐全,封堵良好,箱门关闭严密。

(8)各连杆、传动机构无弯曲、变形、锈蚀,轴销齐全。

(9)接地螺栓压接良好,无锈蚀。

(10)基础无下沉、倾斜。

2. 真空断路器运行中的巡视检查项目

(1)标志牌名称、编号齐全完好。

(2)真空灭弧室无放电、异音、破损、变色等现象。

(3)支持绝缘子无断裂、裂纹、损伤、放电等现象。

(4)绝缘拉杆完好、无裂纹。

(5)各连杆、转轴、拐臂无变形、裂纹,轴销齐全。

(6)引线连接部分接触良好,无过热、变色现象。

(7)分合闸位置指示器与实际运行状态相符。

(8)端子箱电源开关完好,名称标志齐全,封堵良好,箱门关闭严密。

(9)接地螺栓压接良好,无锈蚀。

(10)基础无下沉、倾斜。

3. 油断路器运行中的巡视检查项目

(1)标志牌名称、编号齐全完好。

(2)本体无油迹、锈蚀、放电、异音等现象。

(3)套管、绝缘子完好,无断裂、裂纹、损伤、放电现象。

(4)引线连接部位无发热、变色现象。

(5)放油阀关闭严密,无渗漏。

(6)检查油位在正常范围内,油色正常。

(7)分合闸位置指示器与实际运行状态相符。

(8)连杆、转轴、拐臂无裂纹、变形。

(9)端子箱电源开关完好,名称标志齐全,封堵良好,箱门关闭严密。

(10)接地螺栓压接良好,无锈蚀。

(11)基础无下沉、倾斜。

4. 断路器运行中的特殊巡视检查项目

(1)在系统或线路发生事故,使断路器跳闸后,应对断路器进行下列检查:

①检查有无喷油现象,油色和油位是否正常。

②检查油箱有无变形等现象。

③检查各部分有无松动、损坏,瓷件是否断裂等。

④检查各引线接点有无发热、熔化等现象。

(2)高峰负荷时应检查各发热部位是否发热变色、示温蜡片是否熔化脱落。

(3)天气突变、气温骤降时,应检查油位是否正常,连接导线是否紧密等。

(4)下雪天应观察各接头处有无融雪现象,以便发现接头发热。雪天、浓雾天气,应检查套管有无严重放电闪络现象。

(5)雷雨、大风过后,应检查套管瓷件有无闪络痕迹、室外断路器上有无杂物、导线有无断股或松股等现象。

5. 断路器的紧急停运

当巡视检查发现下列情况之一时,应立即用上一级断路器断开连接该断路器的电源,将该断路器进行停电处理:

(1)断路器套管爆炸断裂。

(2)断路器着火。

(3)内部有严重的放电声。

(4)油断路器严重缺油,SF_6 断路器 SF_6 气体严重外泄。

(5)套管穿心螺丝与导线(铝线)连接处发热熔化等。

6. 断路器操动机构运行中的巡视检查项目

用来接通或断开断路器,并保持断路器在合闸或断开位置的机构称为断路器的操动机构。对断路器来说,操动机构是重要部件,也是易出问题的部件。

1)电磁操动机构检查项目

(1)机构箱门平整,开启灵活,关闭紧密。

(2)分合闸线圈及合闸接触器线圈无冒烟、异味。

(3)直流电源回路线圈无松动,无铜绿或锈蚀。

运行注意事项如下所述:

(1)严禁用手动杠杆和千斤顶的办法带电进行合闸操作。

(2)以硅整流作电磁操动机构的合闸电源,合闸电源应符合要求。

2)弹簧操动机构检查项目

(1)机构箱门平整,开启灵活,关闭紧密。

(2)断路器在运行状态,储能电动机的电源开关或熔断器应在投入位置,并不得随意拉开。

(3)检查储能电动机,行程开关触点无卡住和变形,分、合闸线圈无冒烟、异味。

(4)断路器在分闸备用状态时,分闸连杆应复归,分闸锁扣到位,合闸弹簧应储能。

(5)防潮加热器良好。

(6)运行中的断路器应每隔 6 个月用万用表检查熔断器情况。

3)液压操动机构检查项目

(1)机构箱门平整,开启灵活,关闭紧密,箱内无异味。

(2)油箱油阀正常,无渗漏油。

(3)液压指示在允许范围内。

(4)加热器正常完好。

(5)每天记录油泵启动次数。

运行注意事项如下所述:

(1)经常监视液压机构油泵的启动次数,当断路器未进行分合闸操作时,油泵在 24 h 内启动,大多为高压油路渗油,应汇报调度和领导,并及时处理。高压油路渗油油压降低至下限,机械压力触点闭锁,断路器将不能操作。

(2)液压机构储压时间应不大于 5 min,在额定油压下,进行一次分合闸操作,油泵运转时间不大于 3 min。

(3)运行中的断路器严禁慢分合操作(油压过低或开放高压放油阀将油压释放至零),紧急情况下,在液压正常时,可就地用手按下分闸按钮进行分闸。

2.3.2 互感器与防雷设备的巡视检查

2.3.2.1 互感器的巡视检查

1. 互感器运行中的检查项目

电流互感器在运行中,运行人员应加强巡回检查(具体间隔时间各个电厂有所不同,但间隔时间最好不超过 4 h),以便及时发现异常和缺陷并进行处理,防止异常和缺陷转化为事故。具体检查项目如下:

(1)设备外观完整无损。

(2)一、二次引线接触良好,接头无过热,各连接引线无发热、变色现象。

(3)外绝缘表面清洁,无裂纹及放电现象。

(4)金属部位无锈蚀,底座、支架牢固,无倾斜变形。

(5)架构、遮栏、器身外涂漆层清洁,无爆皮掉漆。

(6)无异常振动、异常声音及异味。

(7)瓷套、底座、阀门和法兰等部位无渗漏油现象。

(8)电压互感器端子箱熔断器和二次空气开关正常。

(9)电流互感器端子箱引线端子无松动、过热、打火等现象。

(10)油色、油位正常。

(11)防爆膜无破裂。

(12)吸湿器硅胶无受潮变色。

(13)金属膨胀器膨胀位置指示正常,无渗漏。

(14)各部位接地可靠。

(15)注意电容式电压互感器二次电压(包括开口三角形电压)无异常波动。

(16)安装有在线监测的设备应有维护人员每周对在线监测数据查看一次,以便及时掌握电压互感器的运行状况。

(17)SF_6气体绝缘电流互感器除与油浸式互感器相关项目相同外,另需着重的项目还有:压力表指示在正常规定范围,无漏气现象,密度继电器正常;复合绝缘套管表面清洁、完整,无裂纹、无放电痕迹、无老化现象,憎水性良好。

(18)树脂浇注互感器无过热,无异常振动及声响,无受潮;外露铁芯无锈蚀;外绝缘表面无积灰、粉蚀、开裂,无放电现象。

2. 互感器的特殊巡视检查项目

1)巡视周期

(1)在高温、大负荷运行前。

(2)大风、雾天、冰雪、冰雹及雷雨后的巡视。

(3)设备变动后的巡视。

(4)设备新投入后的巡视。

(5)设备经过检修、改造或长期停运后重新投入运行后的巡视。

(6)异常情况下的巡视。主要指设备发热、系统冲击、内部有异常声音等。

(7)设备缺陷近期有发展时,法定节假日,上级通知有重要供电任务时。

2)巡视项目和要求

除正常巡视项目外,应注意的情况还有:

(1)大负荷期间用红外线测温设备检查互感器内部、引线接头发热情况。

(2)大风扬尘、雾天、雨天外绝缘无闪络。

(3)冰雪、冰雹天气外绝缘无损伤。

3. 互感器常见缺陷

(1)电流互感器:渗油;过热;油位过高、过低;电流回路断线、短路,误接线;无二次接地点;呼吸部分堵塞或开放;硅胶失效;膨胀器电晕放电。

(2)电压互感器:渗油;油位过高、过低;电压回路断线、短路,误接线;无二次接地点;电容式电压互感器二次侧电压偏高或偏低。

2.3.2.2 防雷设备的巡视检查

防雷设备在运行中,要加强巡检,及时发现异常和缺陷并进行处理,严防防雷设备形同虚设或防雷性能下降。具体检查项目如下。

1. 巡视项目及内容

(1)瓷套表面积污程度及是否出现放电现象,瓷套、法兰是否出现裂纹、破损。

(2)避雷器内部是否存在异常声响。

(3)与避雷器、计数器连接的导线及接地引下线有无烧伤痕迹或断股现象。

(4)避雷器放电计数器指示数是否有变化,计数器内部是否有积水。

(5)对带有泄漏电流在线监测装置的避雷器,泄漏电流有无明显变化。

(6)避雷器均压环是否发生歪斜。

(7)带串联间隙的金属氧化物避雷器是否相对于原来位置发生偏移。

(8)低式布置的避雷器,遮栏内有无杂草。

2. 巡视要求

(1)避雷器设备的巡视工作应由运行人员在设备的日常巡视工作中进行,并作好巡视记录,巡视中发现避雷器设备存在异常现象时应在设备的异常与缺陷记录中详细记载,同时向上级汇报后按《110(66)~750 kV 避雷器管理规范》中缺陷的处置原则进行处置。

(2)对带有泄漏电流在线监测装置的避雷器泄漏电流应进行记录,无人值班、少人值守电站每周至少记录一次。

(3)雷雨时,严禁巡视人员接近避雷器及其他防雷装置。

3. 特殊巡视

当出现下列情形时须进行特殊巡视:

(1)《110(66)~750 kV 避雷器管理规范》中缺陷的处置原则中规定的需特殊巡视的设备。

(2)阴雨天及雨后。

(3)大风及沙尘天气。

(4)每次雷电活动后或系统发生过电压等异常情况后。

(5)运行15年及以上的避雷器。

特殊巡视的要求参见《110(66)~750 kV 避雷器管理规范》中的相关内容。

接地装置在运行中,要加强巡检,及时发现异常和缺陷并进行处理,保证接地装置状况良好。具体检查项目如下:

(1)设备接地部分、接地连线(或接地引下线)和接地体三者之间的连接良好。

(2)接地标志齐全、明显。

此外,在每年的雷雨季节来临前,应对接地装置进行一次全面的检查维护,并测量接地电阻。具体项目如下:

(1)测量接地电阻,接地电阻应符合规定要求。

(2)检查各接地引下线有无机械损伤及腐蚀现象。

(3)接地螺栓是否拧紧,焊接处是否牢固、无脱焊现象。

2.3.3 开关站(室)标准化巡视卡举例

下面是某水电厂依据国家电网公司发布的《高压开关设备管理规范》、《互感器管理规范》、《避雷器管理规范》,并结合该厂设备的具体情况制定的开关站(室)标准化巡视卡(主要部分),见表2-16和表2-17。

【教学评价】

学生按照规定的巡视路线,逐一对巡视点进行巡视,每巡视一个点记2分,其中巡视点指示正确记1分,巡视点状态描述正确记1分;现场巡视时,若违反安全规程,则该巡视内容记0分。开关站(室)标准化巡视评价表见表2-18和表2-19。

表2-16　开关站标准化巡视卡

巡视步骤	巡视内容	巡视点及标准(或要求)	巡视危险点
1	开关站大门	开关站铁门锁具完好,栏杆上悬挂“高压危险”、“禁止翻越”等安全警示牌	路面滑倒
2	真空断路器(301QF)	断路器编号及名称标示清晰,且与设备相符,外观清洁,各部件无破裂、锈蚀,本体无位移,基础螺丝无松动; 外壳接地扁钢完好牢固,无锈蚀、断裂; 断路器分合位置指示正确,并与当时实际运行工况相符,无异常放电声响; 母排无异常弯曲变形,各连接部分接触良好,无过热、变色现象; 绝缘子无裂纹,无破损、放电痕迹	触电, 路面滑倒
3	操作机构箱(301QF)	操作机构箱门平整、开启灵活、关闭严密,无锈蚀; “远方/现地”把手在“远方”位置; 二次接线完好,无松动、脱落,无焦臭味; 储能电机电源开关DK投入,储能指示显示“已储能”	触电, 路面滑倒
4	隔离刀闸(3011QS/3012QS)	隔离刀闸编号及名称标示清晰,且与设备相符,外观清洁; 本体无位移,基础螺丝无松动; 接地扁钢完好牢固,无锈蚀、断裂; 绝缘子完好无裂纹、破损,无放电现象,无灰尘积淀; 隔离开关触头接触良好、严密,无发热变形现象; 操作杆及传动机构完好无损,无锈蚀,无变形、变位及松动脱落现象; 五防挂锁正确装设	触电, 路面滑倒
5	接地刀闸(3011D/2D/3D)	接地刀闸编号及名称标示清晰,且与设备相符,外观清洁,本体无位移; 接地扁钢完好牢固,无锈蚀、断裂; 接地刀闸动静触头无烧伤痕迹、无变形、无锈蚀、无倾斜;合闸时接触严密、良好(设备运行时不可见); 操作杆及传动机构完好无损,无锈蚀,无变形、变位及松动脱落现象; 五防挂锁正确装设	触电, 路面滑倒

续表 2-16

巡视步骤	巡视内容	巡视点及标准（或要求）	巡视危险点
6	电流互感器（电度计量用）	电流互感器编号及名称标示清晰，且与设备相符，外观清洁； 各连接部件牢固，基础螺丝无松动，本体无位移； 接地扁钢完好牢固，无锈蚀、断裂； 电流互感器内部声音正常，无放电声响及剧烈振动声音，无渗漏油现象，油位正常，油色正常； 母排无异常弯曲变形，各连接部分接触良好，无过热、变色现象，支持绝缘子无渗漏油现象，无裂纹，无破损放电痕迹； 电流互感器二次接线完好，无焦臭味，无松动、脱落现象	触电，路面滑倒
7	电压互感器 9TV	电压互感器编号及名称标示清晰，且与设备相符，外观清洁； 各连接部件牢固，基础螺丝无松动，本体无位移； 接地扁钢完好牢固，无锈蚀、断裂； 电压互感器内部声音正常，无放电声响及剧烈振动声音，无渗漏油现象，且油位正常，油色正常； 高压熔断器外部瓷瓶完好，两侧母排接头无发热，支持构架无倾斜； 电压互感器二次接线完好，无焦臭味，无松动、脱落现象，控制箱内熔断保险、端子排接线完好，无焦臭味，无变形、变位	触电，路面滑倒
8	避雷器	避雷器套管清洁、完好，内部无放电声音； 放电记录器密封良好，指示正确； 本体接地良好，接地引下线牢固可靠，无锈蚀	巡检过程中不得触及避雷器任何部分，路面滑倒
9	母线引出线	引出线支持绝缘子清洁，无破损，无裂纹和放电闪络现象； 母线接头无发热、无变色	触电，路面滑倒
10	开关站消防设施	消防器材数量和存放符合要求； 消防器材检验不超期，合格证齐全	巡检漏项

表 2-17　组合式开关室标准化巡视卡

巡视步骤	巡视内容	巡视点及标准（或要求）	巡视危险点
1	开关室大门	开关室大门关闭严密，锁具完好； 大门上方悬挂的开关室电压等级和名称标示牌清晰准确	巡检漏项
2	开关室环境	雨雪天气检查开关室房屋无渗漏水现象； 室内应无散落器材，没有危险品； 室内照明灯和事故照明灯完好，光线充足	巡检漏项

续表 2-17

巡视步骤	巡视内容	巡视点及标准(或要求)	巡视危险点
3	组合式封闭开关柜整体外观	组合式封闭开关柜编号及名称标示清晰,且与设备相符; 五防挂锁正确装设,柜体清洁,无倾斜、位移; 柜门关闭严密,开关现地操作机构完好	巡检漏项
4	组合式封闭开关柜运行情况	设备运行无异常放电声响; 分合闸转换开关完好,无卡住现象,分合闸指示灯与设备实际工况一致; 储能开关在投入位置,储能指示白灯亮; 柜门上电流表完好,其测量值与远方监控值基本相符; 中间继电器完好,各触头无粘连、卡住等现象;DXN－T户内高压带电显示装置完好,三相带电显示与实际运行工况一致; 二次保险3RD～4RD无熔断; 空气开关DK正确投入; 端子排接线完好,无烧焦、发黑变色、松动、脱落现象	触电
5	隔离开关及地刀操作机构	隔离开关及地刀操作机构完好,无锈蚀; 行程开关传动无脱落,接线完好,无松动	触电
6	组合式封闭PT柜整体外观	组合式封闭PT柜编号及名称标示清晰,且与设备相符; 五防挂锁正确装设,柜体清洁,无倾斜、位移,柜门关闭严密	触电
7	组合式封闭PT柜运行情况	设备运行无异常放电声响; 电压表测量切换把手完好,其测量值与远方监控值基本相符,三相电压无异常; 二次保险无熔断,端子排接线完好,无焦臭味,无松动、变形、变位、脱落现象	触电
8	组合式封闭柜接地装置	与柜体连接的接地扁钢完好牢固,无锈蚀,无断裂	触电
9	消防设施	消防设施齐备、完好、合格	巡检漏项
10	巡检完毕	检查巡视检查记录无漏项; 开关室大门上锁	巡检漏项,防止小动物进入

表 2-18　开关站标准化巡视评价表

巡视步骤	巡视内容	巡视点及标准(或要求)	(巡视点数)满分	得分
1	开关站大门	开关站铁门锁具完好,栏杆上悬挂“高压危险”、“禁止翻越”等安全警示牌	(2)4	
2	真空断路器(301QF)	断路器编号及名称标示清晰,且与设备相符,外观清洁,各部件无破裂、锈蚀,本体无位移,基础螺丝无松动; 外壳接地扁钢完好牢固,无锈蚀、断裂; 断路器分合位置指示正确,并与当时实际运行工况相符,无异常放电声响; 母排无异常弯曲变形,各连接部分接触良好,无过热、变色现象; 绝缘子无裂纹,无破损、放电痕迹	(11)22	
3	操作机构箱(301QF)	操作机构箱门平整、开启灵活、关闭严密,无锈蚀; “远方/现地”把手在“远方”位置; 二次接线完好,无松动、脱落,无焦臭味; 储能电机电源开关 DK 投入,储能指示显示“已储能”	(5)10	
4	隔离刀闸(3011QS/3012QS)	隔离刀闸编号及名称标示清晰,且与设备相符,外观清洁; 本体无位移,基础螺丝无松动; 接地扁钢完好牢固,无锈蚀、断裂; 绝缘子完好无裂纹、破损,无放电现象,无灰尘积淀; 隔离开关触头接触良好、严密,无发热、变形现象; 操作杆及传动机构完好无损,无锈蚀,无变形、变位及松动脱落现象; 五防挂锁正确装设	(9)18	
5	接地刀闸(3011D/2D/3D)	接地刀闸编号及名称标示清晰,且与设备相符,外观清洁,本体无位移; 接地扁钢完好牢固,无锈蚀、断裂; 接地刀闸动静触头无烧伤痕迹、无变形、无锈蚀、无倾斜;合闸时接触严密、良好(设备运行时不可见); 操作杆及传动机构完好无损,无锈蚀,无变形、变位及松动脱落现象; 五防挂锁正确装设	(7)14	

续表 2-18

巡视步骤	巡视内容	巡视点及标准(或要求)	(巡视点数)满分	得分
6	电流互感器(电度计量用)	电流互感器编号及名称标示清晰,且与设备相符,外观清洁; 各连接部件牢固,基础螺丝无松动,本体无位移; 接地扁钢完好牢固,无锈蚀、断裂; 电流互感器内部声音正常,无放电声响及剧烈振动声音,无渗漏油现象,油位正常,油色正常; 母排无异常弯曲变形,各连接部分接触良好,无过热、变色现象,支持绝缘子无渗漏油现象,无裂纹,无破损放电痕迹; 电流互感器二次接线完好,无焦臭味,无松动、脱落现象	(15)30	
7	电压互感器 9TV	电压互感器编号及名称标示清晰,且与设备相符,外观清洁; 各连接部件牢固,基础螺丝无松动,本体无位移; 接地扁钢完好牢固,无锈蚀、断裂; 电压互感器内部声音正常,无放电声响及剧烈振动声音,无渗漏油现象,且油位正常,油色正常; 高压熔断器外部瓷瓶完好,两侧母排接头无发热,支持构架无倾斜; 电压互感器二次接线完好,无焦臭味,无松动、脱落现象,控制箱内熔断保险、端子排接线完好,无焦臭味,无变形、变位	(16)32	
8	避雷器	避雷器套管清洁、完好,内部无放电声音; 放电记录器密封良好,指示正确; 本体接地良好,接地引下线牢固可靠,无锈蚀	(5)10	
9	母线引出线	引出线支持绝缘子清洁,无破损,无裂纹和放电闪络现象, 母线接头无发热、无变色	(2)4	
10	开关站消防设施	消防器材数量和存放符合要求; 消防器材检验不超期,合格证齐全	(3)6	
11	相关知识 1 相关知识 2		20	
(总点数)总分			(75)170	

注:百分制得分 = (评价表得分/评价表总分) ×100。

表 2-19　组合式开关室标准化巡视评价表

巡视步骤	巡视内容	巡视点及标准(或要求)	(巡视点数)满分	得分
1	开关室大门	开关室大门关闭严密,锁具完好; 大门上方悬挂的开关室电压等级和名称标示牌清晰准确	(3)6	
2	开关室环境	雨雪天气检查开关室房屋无渗漏水现象; 室内应无散落器材,没有危险品; 室内照明灯和事故照明灯完好,光线充足	(4)8	
3	组合式封闭开关柜整体外观	组合式封闭开关柜编号及名称标示清晰,且与设备相符; 五防挂锁正确装设,柜体清洁,无倾斜、位移; 柜门关闭严密,开关现地操作机构完好	(5)10	
4	组合式封闭开关柜运行情况	设备运行无异常放电声响; 分合闸转换开关完好,无卡住现象,分合闸指示灯与设备实际工况一致; 储能开关在投入位置,储能指示白灯亮; 柜门上电流表完好,其测量值与远方监控值基本相符; 中间继电器完好,各触头无粘连、卡住等现象;DXN－T户内高压带电显示装置完好,三相带电显示与实际运行工况一致; 二次保险 3RD～4RD 无熔断; 空气开关 DK 正确投入; 端子排接线完好,无烧焦、发黑、变色、松动、脱落现象	(14)28	
5	隔离开关及地刀操作机构	隔离开关及地刀操作机构完好,无锈蚀; 行程开关传动无脱落,接线完好,无松动	(4)8	
6	组合式封闭PT柜整体外观	组合式封闭 PT 柜编号及名称标示清晰,且与设备相符; 五防挂锁正确装设,柜体清洁,无倾斜、位移,柜门关闭严密	(4)8	
7	组合式封闭PT柜运行情况	设备运行无异常放电声响; 电压表测量切换把手完好,其测量值与远方监控值基本相符,三相电压无异常; 二次保险无熔断,端子排接线完好,无焦臭味,无松动、变形、变位、脱落现象	(6)12	

续表 2-19

巡视步骤	巡视内容	巡视点及标准(或要求)	(巡视点数)满分	得分
8	组合式封闭柜接地装置	与柜体连接的**接地扁钢**完好牢固,无锈蚀,无断裂	(1)2	
9	消防设施	**消防设施**齐备、完好、合格	(1)2	
10	巡检完毕	检查**巡视检查记录**无漏项; **开关室大门**上锁	(2)4	
11	相关知识1 相关知识2		20	
(总点数)总分			(44)108	

注:百分制得分=(评价表得分/评价表总分)×100。

任务2.4　调速器及油压装置与励磁装置运行中的巡视与维护

【教学目标】

1. 技能目标

能在水电厂值班员的监护下,按照电力行业及现场运行规程的内容及要求,依次对调速器、油压装置、励磁装置的各部位进行巡视检查;发现问题,作好记录,并向值长作口头汇报。

2. 知识目标

熟悉调速器与励磁装置的作用、主要部件及工作原理;熟悉调速器与励磁装置的主要运行参数、运行方式。

【任务描述】

得值长令,学生以副值班员的身份,在水电厂运行人员的监护下,按照调速器及油压装置、励磁装置及励磁变标准化巡视实操表中的巡视内容、巡视点及要求(或标准),采用眼观、耳闻、鼻嗅及手摸的方法,依次对调速器及油压装置、励磁装置及励磁变等进行巡视检查,并将巡视结果记录在实操表中。

【任务准备】

1. 知识准备

(1)调速器的主要作用有哪些?它是如何分类的?

(2)BWT 型调速器由哪几个部分组成？试述各部分的结构和工作原理。

(3)励磁装置的主要作用有哪些？有哪几种类型？

(4)自并励静止整流器励磁装置由哪几部分组成？各部分是怎样布置的？各部分有何作用？

(5)调速器及油压装置有哪些基本运行方式？举例说明 BWT－1000－2.5 调速器及油压装置的运行方式。

(6)微机调速器有哪些操作方式？分别在哪些场合下使用？

(7)微机调速器一般在何种运行方式下运行？“机手动”运行方式在什么情况下使用？如何操作？

(8)微机调速器进入哪些画面需要输入密码？进入试验画面可进行哪些试验？

(9)机组紧急停机时，步进电机伺服系统是怎样工作的？与正常停机有何不同？

(10)自并励静止整流器励磁系统中有哪些设备？是怎样布置的？

(11)励磁装置分别在什么情况下使用“自动”、“电手动”、“机手动”运行方式？在“电手动”、“机手动”方式运行时，必须注意哪些问题？

(12)调速器及油压装置运行中的巡视与维护项目有哪些？

(13)励磁装置运行中的巡视与维护项目有哪些？

(14)熟悉实习水电厂的调速器标准化巡视卡。

(15)熟悉实习水电厂的励磁装置标准化巡视卡。

2. 工具准备

所需工具见表 2-20。

表 2-20　所需工具

序号	工具材料名称	数量	用途
1	巡视检查记录本	一本	巡检记录
2	红外测温仪	一只	测量温度
3	安全帽	一顶	保证人体绝缘
4	巡视手电筒	一只	局部照明

【任务实操】

调速器及油压装置、励磁装置及励磁变标准化巡视实操表，见表 2-21 及表 2-22。学员 2 人为一组，正确地戴好安全帽，扣好袖口，盘好头发，携带手电筒、测温仪、巡视实操表等进入主厂房。在运行人员的监护下，依次进行巡视，对合格项，在巡视结果栏打“√”，对有缺陷或异常项，在巡视结果栏用文字详细说明。巡视中运用正确的巡视方法，不漏项，不绕行。巡视完成后，向值长汇报巡视结果。

表2-21 调速器及油压装置标准化巡视实操表

巡视步骤	巡视内容	巡视点及标准(或要求)	巡视结果
1	调速器整体外观	调速器整体清洁完好; 调速器各阀门、管路无渗漏,1106阀、1107阀、1308阀在全关位置	
2	电调柜	导叶开度指示表计完好无损,指针无异常波动,指示值正确,与机组LCU柜导叶开度仪上开度指示一致; 转速指示表计完好无损,指针无异常波动,指示值正确,与机组LCU柜电脑测速仪上指示一致; 触摸屏完好无损,且显示设备状态、各运行参数与实际情况一致; 手/自动切换开关在“自动”位置; 导叶增/减开关在“0”位置; 按钮无损坏、松动等现象; 正常情况下,“自动运行”按钮指示灯、“停机复归”按钮指示灯亮,“紧急停机”按钮指示灯、“手动运行”按钮指示灯、“备用”按钮指示灯熄灭; 柜内清洁、完好,各模块、连线、继电器无过热、松动等现象; 交流电源开关、直流电源开关、步进电机电源开关在合位; 端子排接线无烧焦、发黑变色、异味、松脱等异常现象	
3	机械柜	调速器步进电机和位移转换器动作灵活、平稳,无振动或抽动现象; 操作油压力表指示正常; 紧急停机电磁阀状态正常,无发热现象; 主配压阀、转换阀(引导阀)无发卡、漏油现象; 紧急停机电磁阀指示灯熄灭,未动作; 各杠杆、传动机构正常,管路无渗漏油现象; 柜外“液动/手动”切换把手在“液动”位置	
4	压力油罐	压力油罐压力表计完好无损,指针无异常波动,指示值在1.80~2.30 MPa之间; 油色清亮透明,无混浊变色现象; 油位在油标上下限之间(油标指示器标线,以集油槽与压力油罐把合面向上量380 mm为零位线,压力在2.30 MPa时不高于+80 mm,压力在1.80 MPa时不低于-80 mm); 补气阀(1306)、排气阀、排油阀在“全关”位置; 各管路、管接头、压力变送器等无渗漏油和漏气现象	

续表 2-21

巡视步骤	巡视内容	巡视点及标准(或要求)	巡视结果
5	集油槽(回油箱)	集油槽油色清亮透明,无混浊变色现象; 油位在油标上下限之间	
6	压力变送器	压力变送器完好无异常,接线无松动脱落,显示值在1.80~2.30 MPa之间,与电接点压力表显示值基本一致,能自动控制螺杆油泵的启动(1.80 MPa启动)或停止(2.30 MPa停止)	
7	电接点压力表	电接点压力表(后备压力表)指示值在1.80~2.30 MPa之间,与压力变送器显示值基本一致; 电接点压力表(事故压力表)未动作(设定值:事故低油压1.55 MPa,过高油压2.40 MPa)	
8	油泵电机	电机引线及接地完好; 运转正常,无异常振动,无过热现象	
9	油泵控制箱	控制面板电源指示灯亮; 压油泵控制把手在“自动”位置; 柜内开关在“ON”位置; 各元件无过热、异味、断线等异常现象	

表 2-22 励磁装置及励磁变标准化巡视实操表

巡视步骤	巡视内容	巡视点及标准(或要求)	巡视结果
1	励磁屏整体外观	励磁屏柜清洁完好,柜门关闭紧密,各指示灯、表计指示与机组状态相对应,无异常声响、无保护告警,信号指示正确	
2	EU30励磁控制器	励磁控制器面板电源指示灯亮,运行灯以每秒一次闪亮; 液晶屏显示电压给定(UFG)、机端电压(UF1)、转子电流(IL1)、可控硅控制角(ANG)为动态值	
3	集中指示器	集中指示器三只熔断器正常灯亮,操作电源指示灯和开关合闸灯亮	
4	电压、电流表计	各表计完好无损,指针无异常波动,指示值与工控电脑液晶屏显示动态参数接近	
5	工控电脑液晶屏	工控电脑液晶屏完好无损,显示各参数为动态值,无故障显示	

续表 2-22

巡视步骤	巡视内容	巡视点及标准(或要求)	巡视结果
6	操作按钮	各操作按钮无损坏,无松动,连线、保护盖无脱落	
7	双路供电盒	双路供电盒无发热、无异响、无异味;OUT 灯、AC 灯、DC 灯亮,交、直流并联供电	
8	屏后屏内	柜内清洁完好,各熔断器指示灯灭,屏内元器件无松动、无异响、无异味、无发热、无变色等现象; DK1 与各连接母排接触点无松动、无异响、无异味、无发热、无变色现象; 运行时,散热风扇运行正常,风机手动开关在"断开"位置; 在"合闸"位置的开关有:CK1 交流电源开关、CK2 直流电源开关、CK3 充磁合闸开关、交流环网至 ACⅡ段(1 号机励磁屏后)、直流环网至 DCⅠ段(1 号机励磁屏后)、直流环网至 2 号机(1、3 号机励磁屏后)、交流环网至 2 号机(1、3 号机励磁屏后)	
9	励磁变压器整体外观	励磁变压器外观完好无损,铭牌标示清晰完好,油漆无脱落,各部无渗漏油,外壳接地导体完好,接地牢固	
10	励磁变压器运行特征	运行时励磁声音均匀恒定,无异常声响和声音增大现象	
11	励磁变压器油色、油位	油色清亮透明,无混浊乳化、变色现象;油位在上下限范围内	
12	励磁变压器高压导线及其支持构件	励磁变压器高压导线、瓷瓶清洁无异常,无破裂、放电痕迹以及渗漏油现象,支持构件牢固,无破损锈蚀和变形变位现象	
13	励磁变压器温度表	励磁变压器温度表外观完好,无异常,工作引线完好,无断裂损坏,油温指示在正常范围(油温最高不大于 70 ℃,一般不大于 65 ℃)	
14	励磁变压器散热风扇	防护罩安装牢固,风扇叶片外观完好,无断裂、松动,且清洁无异常,运行时无卡涩和擦刮等异常声响;风扇电机引线完好,无烧伤、断线现象,转向正确,运转时无异音、异味和异常振动	

【相关知识】

调速器与励磁装置一般布置在水电厂主厂房的发电机层。调速器在新建电厂常用微机型的，老电厂常用机械式的，二者差别较大，但调速器的油压装置二者基本相同；励磁装置在新电厂常用微机型的，老电厂常用电磁式的，二者差别较大。此处只介绍微机型调速器和微机型励磁装置。

2.4.1 调速器与励磁装置的作用及构成

2.4.1.1 调速器的作用及构成

1. 作用与类型

1）作用

水轮机调速器是水电站水轮机的重要控制设备，它能独立地、或与电站二次回路或微机监控系统相配合，开启或关闭水轮机导叶以及调节导叶的开度和转轮桨叶的角度，以达到控制流入水轮机的水流量及水流状态，调整水轮机输出机械功率的大小，完成水轮发电机组的开机、停机、增减负荷、紧急停机等任务。

（1）并网前调整机组的转速或频率。

当水轮发电机组单机运行或在机组启动过程中，须通过调速器进行发电机转速的调整。改变水轮机的输出功率将会改变发电机的转速，或改变发电机机端电压的频率，使之接近电网频率，为机组的并列创造条件。

（2）并网后调整机组的输出功率。

当水轮发电机组并网运行时，须通过调速器进行发电机输出的有功功率的调整。改变水轮机的输出功率将会改变发电机的有功功率输出。由于电力系统的负荷是随机变化的，发电机输出功率必然随机变化，因此机组在并列运行期间，须通过调速器的测频元件检测系统频率。若系统频率偏低，调速器动作，增大水轮机导叶开度，使水轮机输出的机械功率增大，发电机的有功功率输出增加，进而使系统频率增加。若系统频率偏高，调速器动作，减小水轮机导叶开度，使水轮机输出的机械功率减小，发电机的有功功率输出减小，进而使系统频率降低。即系统负荷变化时，通过调速器动作改变水轮机的进水流量，以达到改变发电机输出功率、保持频率稳定的目的。顺便指出，在系统负荷发生变化时，依靠系统中各发电机的调速器自动实现的频率调整，称为一次调频。但是，在系统负荷发生较大变化时，仅靠一次调频是不能使系统频率稳定在允许的范围内的，须通过其他措施对系统频率作进一步的调整，这种调频称为二次调频。

（3）解列或甩负荷时紧急停机。

当系统负荷突然减少或因事故使发电机断路器跳闸时，水轮机输出功率将大大超过发电机的电磁力，使机组转速大大升高。此时，如不及时关闭水轮机导叶，将使机组的转动部件因过速而损坏。因此，调速器应能在机组即将飞车的情况下，通过调速器动作来快速关闭水轮机导叶，防止出现飞车事故，保证机组的安全。

2）类型

按照调速器的频率测量、计算决策和前级功率放大的实现方式可分为：

(1)机械型。早期投入使用的调速器均为机械型调速器,其测频元件是离心飞摆。

(2)电气型。电气型调速器的电控部分早期使用的是分立元件电路,现已广泛采用可编程控制器(微型计算机)来实现,测频元件分别由测频回路和可编程控制器(微型计算机)软件测频。目前,新建的水电厂或经改造后的老电厂一般都使用微机型调速器。

按照调速器液压部分油压的高低可分为:

(1)常规油压型调速器。常规油压型调速器液压部分的工作油压均为2.5 MPa或4.0 MPa,压力容器采用油气接触的普通压力罐。机械液压调速器和传统的电气液压调速器均属于常规油压型调速器。

(2)高油压型调速器。高油压型调速器液压部分的工作油压一般在10~16 MPa之间,压力容器采用油气分离的囊式蓄能器。1997年初,第一台工作油压为16 MPa、操作功为50 000 N·m的GYT-5000型高油压水轮机调速器在四川的双柏水电站投入运行,截至2005年底,中小型高油压水轮机调速器已在全国各地的水电站投入运行。

2. BW(S)T微机型调速器的构成

BW(S)T步进式微机型水轮机调速器的调节器是以可编程控制器为核心部件,以步进电机或交流伺服电机为电液转换机构的单(双)调节微机调速器。型号中B代表步进电机,W代表微机,S代表双调节,T代表调速器。该型调速器适用于大中小各型混流式、轴流式、贯流式水轮发电机组的调节。额定工作油压为2.5 MPa、4.0 MPa、6.3 MPa,主配压阀直径为80 mm、100 mm、150 mm、200 mm、250 mm,交直流电源同时供电,交流电源采用AC 220 V(110 V)±15%,直流电源采用DC 220 V(110 V)±15%。

BW(S)T型调速器可使水轮发电机组在各种工况下稳定运行,可实现机组的自动或手动开机、停机、并网运行、调节机组负荷、事故紧急停机等,具备自动、电手动和机械手动三种操作方式。调速器具有速度与加速度检测、转速控制、开度控制、功率控制、电力系统频率自动跟踪、快速同步、导叶电气开限、参数自适应、在线自诊断、容错及故障处理、故障滤波等功能。调速器能现地和远方进行机组的手/自动开停机和紧急停机;能接收监控系统的控制信号,并向电站监控系统实时传递调速系统有关信息。

BW(S)T型为双重调节型,具有导叶调整和桨叶调整两部分。二者之间由电气协联,机械部分不设协联装置,二者原理和结构基本相同。其中,导叶调整部分具有紧急停机装置,并可根据用户要求提供分段关闭装置。而桨叶调整部分没有紧急停机装置和分段关闭装置。有关结构及工作原理参见有关水轮机调节方面的书籍。

1)BWT调速器工作原理

某水电厂采用BWT-1000型调速器,BWT型调速器由基于PLC的微机调节器、步进电机伺服系统、油压装置等组成,其系统如图2-26所示。

(1)微机调节器。

BWT步进式微机型调速器的调节器均采用32位或16位CPU的可编程控制器,其操作系统为嵌入式实时多任务操作系统,采用标准的模块化结构,可多处理器并行运行,速度快,扩展、升级容易,采用工程化编程语言,易于用户检修、维护,PLC各模块可以带电拔插。

调节器的可编程控制器可选用法国施耐德系列或者日本三菱系列。

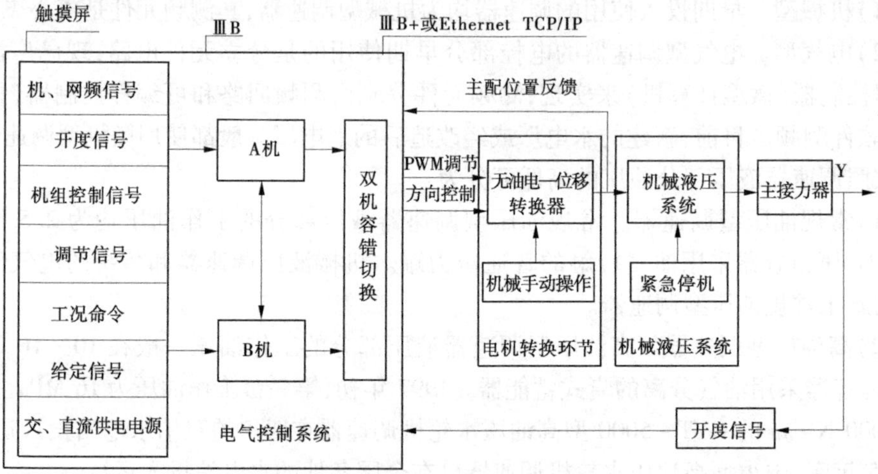

图2-26　BWT型调速器系统图

BWT步进式微机型调速器的操作显示终端采用14 in彩色触摸式工业平板PC机或液晶触摸屏、中文操作界面，界面设计采用了各种防误操作措施，以避免无意触摸而产生误操作，进入操作画面、参数设置画面、试验画面、操作系统均需输入不同级别的密码(超级密码、系统管理员密码、维护密码、运行密码)方可操作。

进入试验画面可进行静特性试验、空载频率摆动试验、空载频率摆扰试验、接力器不动时间测定、甩负荷试验、过程监视(记录导叶开度、频率、并网信号)等试验功能。

故障追忆功能可记录调速器故障前后6 min的关键量的曲线，供故障分析用。关键量包括导叶开度、机组频率、机组有功、导叶平衡值、并网信号等。

操作记录和故障记录功能可记录各操作和故障的名称、时间、日期等。

还可进行实时数据和状态显示、参数设置和查询、参数和试验报告打印。

(2)步进电机伺服系统。

步进电机伺服系统是指由步进电机作为电气－机械位移转换部件(也称步进式电液转换器)构成的数字－机械液压伺服系统。这种伺服系统又分为两种形式，一种为步进式电液转换器＋机械液压随动系统，即步进式电液转换器本身是一个数字－机械位移伺服系统；另一种为具有自动复中特性的数字－机械位移转换元件＋机械液压随动系统，步进式电液转换器是一种具有自动复中特性的数字－机械位移转换元件。两种型式在中小型微机调速器中都有应用。

具有自动复中特性的步进式电液转换器，简称为无油电液转换器，该装置将步进电机与滚珠螺旋副结合在一起，完全实现了无油电液转换，不存在滤油精度对油质的要求，且输出力大，对引导阀的控制稳定可靠，确保了机组安全运行。

步进电机伺服系统主要由步进式电液转换器、引导阀活塞10、引导阀衬套11、主配压阀活塞12、主配压阀阀体13、紧急停机电磁阀17、双联滤油器16、分段关闭装置18～20(选配)等构成，如图2-27所示。其中，步进式电液转换器可采用步进电机或交流伺服电机驱动，由于它具有自动复中特性，并且不用油，故又称为无油电液转换器，其主要由步进电机/交流伺服电机1(含驱动器)滚珠螺旋副3、连接套5、复中上弹簧4和复中下弹簧9

等组成,如图2-27所示。

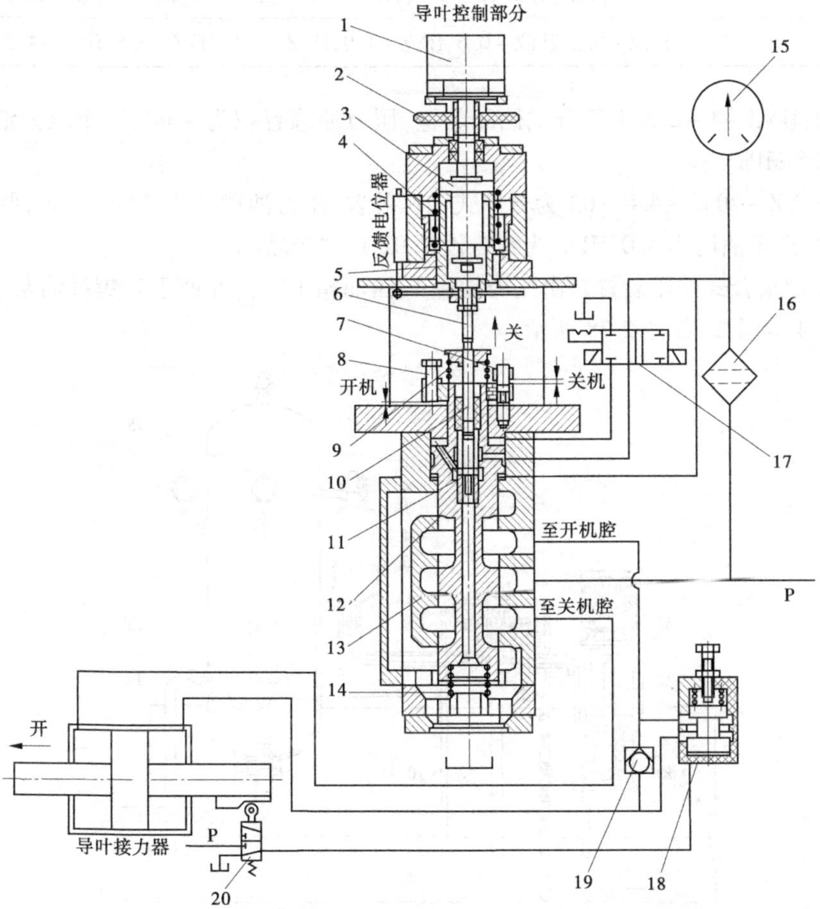

1—步进电机/交流伺服电机;2—手轮;3—滚珠螺旋副;4—复中上弹簧;5—连接套;6—调整杆;7—关机时间调整螺杆;8—开机时间调整螺杆;9—复中下弹簧;10—引导阀活塞;11—引导阀衬套;12—主配压阀活塞;13—主配压阀阀体;14—主配压阀弹簧;15—压力表;16—双联滤油器;17—紧急停机电磁阀;18—分段关闭主阀;19—分段关闭单向阀;20—分段关闭先导阀

图2-27 BWT型微机调速器步进电机伺服系统

(3)油压装置。

调速器的操作需要压力油,油压装置为调速器提供压力油源。油压装置提供的压力油必须有足够的能量,且工作可靠,供油油质符合技术要求。

油压装置按其布置方式分为分离式和组合式两种。分离式是将压力油罐与回油箱分开布置,组合式是将压力油罐与回油箱装在一起。中小型调速器一般采用组合式结构。

我国油压装置已经标准化,如表2-23所示。其型号由四部分组成:第一部分为英文字母,YZ为分离式,HYZ为组合式;第二部分为阿拉伯数字,分子表示压力油罐的总容积(m^3),分母表示压力油罐的个数(无分母为1个);第三部分为阿拉伯数字,表示油压装置的额定油压(MPa);第四部分为数字,表示制造厂代号和表征该产品特性或系列的代号及改型产品,由各厂自行规定,如无制造厂代号,则表示产品是按统一设计图样生产。

表 2-23　油压装置标准规格

分离式	YZ－1、YZ－1.6、YZ－2.5、YZ－4、YZ－6、YZ－8、YZ－10、YZ－12.5
组合式	HYZ－0.3、HYZ－0.6、HYZ－1.0、HYZ－1.6、HYZ－2.5、HYZ－4.0

例如：HYZ－4－2.5 为组合式油压装置，压力油罐容积为 4 m^3，一个压力油罐，额定油压为 2.5 MPa。

又如：YZ－20/2－4.0－02 为分离式油压装置，压力油罐总容积为 20 m^3，两个 10 m^3 压力油罐，额定油压为 4.0 MPa，为统一设计 02 系列产品。

HYZ 型组合式油压装置是由压力油罐 1、回油箱 12、中间油罐 3、螺杆油泵 7、补气阀 5、安全阀 4 等组成，如图 2-28 所示。

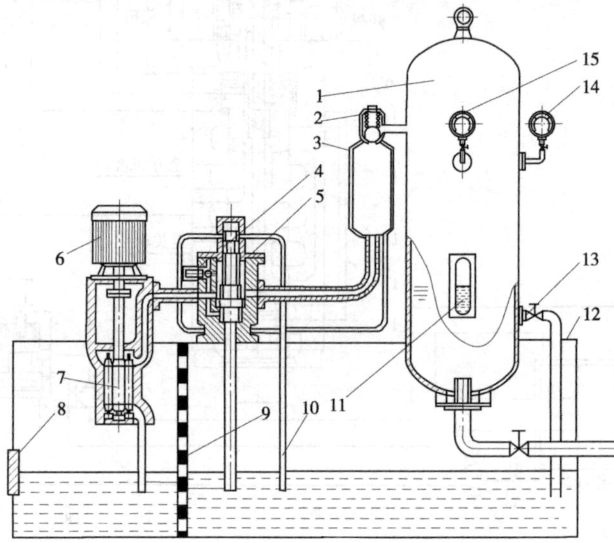

1—压力油罐；2—止回阀；3—中间油罐；4—安全阀；5—补气阀；6—油泵电机；
7—螺杆油泵；8—油位标尺；9—滤网；10—吸油管；11—油位计；12—回油箱；
13—阀门；14—压力信号器；15—电接点压力表

图 2-28　HYZ 型油压装置

压力油罐是一个圆筒形两端封闭的容器，内有压缩空气（占总容积的 2/3）和透平油（占总容积的 1/3），在高压压缩空气的作用下，压力油罐里的油产生巨大的能量操作机组或其他液压设备。

回油箱是储存无压力油的箱形容器，用以收集调速器的回油或漏油。油箱里面装有滤网，把整个油箱分隔成回油区和净油区，为油泵提供清洁的油源。油泵、压力油罐均装在它的上面。

中间油罐和补气阀是小型调速器油压装置的独特结构，它们与油泵联合工作，自动完成向压力油罐供油和补气的任务，并维持压力油罐内正常的油气比（1∶2）。

安全阀的作用是保证压力油罐内的油压不超过允许的最高压力，防止油泵过载和确保压力油罐的安全。当压力超过允许值时，安全阀自动打开，油液将排回回油箱。止回阀的作用是防止油泵停转时压力油罐内的压力油倒流。

螺杆油泵用来将回油箱内的油抽到压力油罐,保证调速器或其他用油设备的用油。

BWT 步进式水轮机调速器的结构形式有机电分柜式和机电合柜式两种。

2)BWT 步进电机伺服系统工作原理

当微机调节器输出关闭方向信号(数字脉冲)时,步进电机驱动滚珠螺旋副带着连接套向上运动,使引导阀活塞也向上移动,主配压阀活塞上腔的控制窗口接通排油,在下腔压力油的作用下推动主配压阀活塞上升,直到主配压阀的控制窗口被引导阀活塞下阀盘重新封闭,主配压阀活塞便稳定在一个新的平衡位置,此时接力器关机侧油腔与压力油接通,接力器活塞向关小导叶方向运动。调速器增大导叶的过程读者自行分析或参阅蔡燕生主编的《水轮机调节》(第2版)(黄河水利出版社出版)一书。

当导叶调整至与导叶开度给定值相等时,微机调速器无调节信号输出,步进电机突然断电,失去控制力矩,又因为滚珠丝杠无自锁功能,故在复中弹簧的复中力作用下,电位移转换装置快速回到中间位置,同时带动引导阀回到中间位置,主配压阀也回到中间位置,从而接力器停止调整,机组便稳定在当时的导叶开度运行。

紧急停机回路工作原理为:紧急停机时,紧急停机阀处于右位,主配压阀活塞上腔油液经紧急停机阀排至回油箱,在主配压阀活塞下腔的油压作用下,主配压阀向上运动,接力器活塞向关闭方向移动,导叶关闭。

2.4.1.2 励磁装置的作用及构成

1. 励磁装置的作用与工作原理

1)励磁装置的主要作用

(1)正常运行时,根据负荷的变化,自动调节发电机的励磁电流,维持发电机的端电压为额定值;

(2)当电力系统发生短路故障使发电机电压严重下降时,励磁系统应能强行励磁,即迅速提高励磁电流到额定值;

(3)当发电机组因故障甩负荷而使电压过分升高时,励磁系统能快速地灭磁,以限制发电机端电压的过度升高;

(4)能调节各并联运行的同步发电机,使之能合理地分配无功功率。

励磁装置本身应结构简单、运行可靠、操作维护方便。

2)自并励静止整流器励磁装置的工作原理

现代水轮发电机常用自并励静止整流器励磁系统,该系统的励磁电流取自于发电机本身,由并联在发电机端的励磁变压器1提供交流电流,由静止整流器2整成直流后,经灭磁开关3,通过电刷与集电环装置(图中未画出)送入水轮发电机的励磁绕组,向发电机励磁绕组提供的励磁电流大小的调节,由励磁调节器4控制静止整流器2的导通角完成。其中,励磁变压器1、静止整流器2、灭磁开关3、发电机励磁绕组构成励磁功率整流系统(功率环),测量用电压、电流互感器,励磁调节器4,静止整流器2构成励磁控制系统(控制环)。自并励静止整流器励磁系统工作原理如图2-29所示。

自并励静止整流器励磁系统的特点如下:

(1)机组长度降低,励磁系统结构简单,造价低;

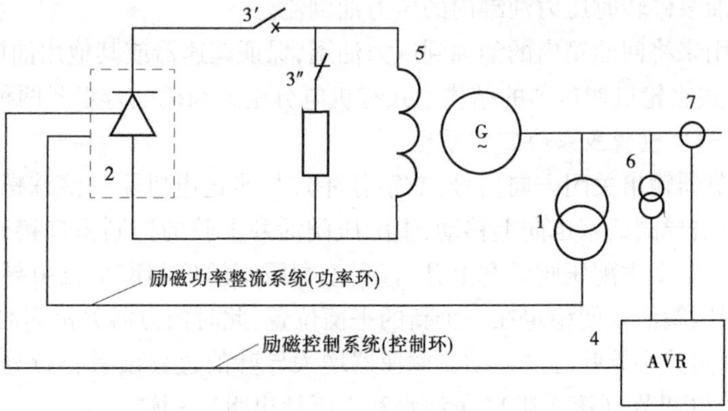

1—励磁变压器;2—静止整流器;3′、3″—灭磁开关;4—励磁调节器;
5—发电机转子绕组;6—电压互感器;7—电流互感器

图 2-29 自并励静止整流器励磁系统工作原理图

(2)调节容易,维护方便,励磁可靠性高;

(3)整流器设在发电机励磁绕组回路内,励磁响应快,调压性能好,并可实现逆变快速灭磁;

(4)整流装置的电源电压在电力系统发生故障时将随发电机端电压下降而下降,影响暂态过程的强励能力,但随着快速继电保护装置和其他相应技术的发展和完善,自并励静止整流器励磁系统的许多性能都优于交流励磁机励磁系统。

自并励静止整流器励磁系统目前已成为国内生产的水轮发电机的主要励磁系统,汽轮发电机采用自并励静止整流器励磁系统已成为发展趋势。

传统的直流励磁机励磁系统中直流电机换向、火花问题难以解决,大中型水电厂已不再使用,目前仍在一些小型水轮发电机中使用。此外,交流励磁机静止整流器励磁装置、交流励磁机旋转整流器励磁装置,主要在大型火力发电厂使用,此处不再赘述,读者可查阅有关励磁方面的书籍。

2. 自并励静止整流器励磁装置的构成

自并励静止整流器励磁装置中的设备,通常整流变压器布置在通风良好的变压器室内或室外,励磁功率单元布置在功率柜内,灭磁开关及非线性电阻布置在灭磁柜内,励磁调节器布置在调节柜内,测量用电压互感器、电流互感器则根据现场特点有不同的布置方式。对于小容量励磁装置,常将功率整流单元、灭磁单元、调节单元统一布置在一个励磁柜内。

1)励磁调节器

调节器根据发电机电压及运行工况,自动调节励磁功率单元输出的励磁电流大小,一般采用微机/微机/模拟三通道结构,包括两个自动电压调节通道(A、B)和一个手动调节通道(C)。三个通道从测量到脉冲输出完全独立,使用主从工作方式,一个电压调整通道作为主通道,另一个备用,手动调节通道作为第二备用通道。通道结构如图 2-30 所示。生产厂家还可提供其他通道组合方式。

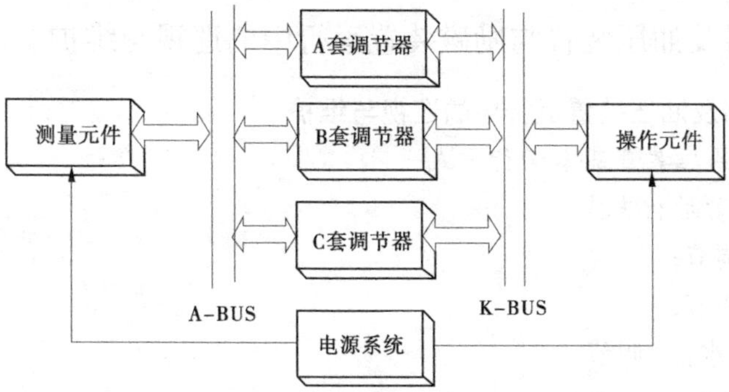

图 2-30 励磁调节器的构成

2）功率整流单元

功率整流单元是向同步发电机励磁绕组提供大小可调的直流电流的励磁电源部分，一般采用晶闸管全控桥式整流电路，通过调节晶闸管触发脉冲的控制角 α，可改变整流电路的直流输出。当 $0° < \alpha < 90°$ 时，整流桥处于整流状态，改变控制角 α，可以调节励磁电流大小；当 $90° < \alpha < 180°$ 时，电路处在逆变状态，可以实现对发电机的自动灭磁。

3）灭磁开关及非线性电阻单元

（1）励磁绕组对恒定电阻放电的灭磁开关，如图 2-31 所示。灭磁开关两触头 Q_{M1}、Q_{M2} 位置不对应，当继电保护动作时，通过发电机出口断路器联动跳开 Q_{M1}，Q_{M2} 闭合，投入电阻进行灭磁。灭磁电阻 R_m 越大，电流衰减越快，灭磁时间越短，但绕组电压也大，使滑环电压增大，容易引起跳火。

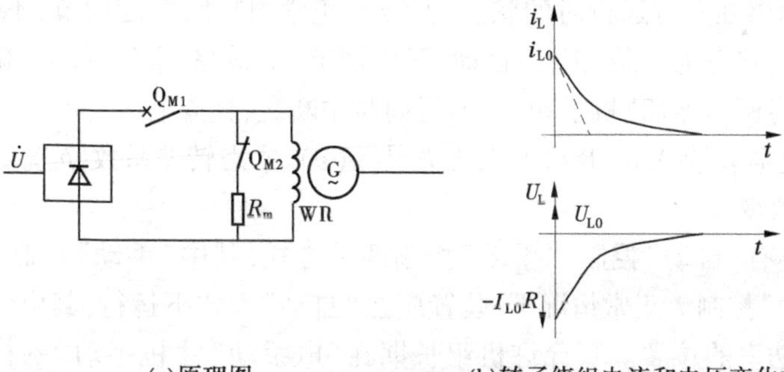

(a)原理图 (b)转子绕组电流和电压变化规律

图 2-31 恒定电阻的灭磁开关

（2）励磁绕组通过灭弧栅灭磁的灭磁开关。这种灭磁开关在主触头上并联有用金属做成的灭弧栅，在开断励磁电流时，电弧被灭弧栅分成多个短弧，两灭弧栅之间的电压不随电流变化，形成一个比较理想的非线性电阻，便于快速灭弧。电流较小时，电弧不能维持，突然中断会引起过电压，实际的灭弧栅还要并联电阻来限制过电压。

（3）利用晶闸管整流桥的逆变灭磁开关。当晶闸管整流桥的导通角 $90° < \alpha < 180°$ 时，电路处在逆变状态，即可实现对发电机的自动灭磁。

如 GER3000 励磁柜为一小型励磁装置，内装调节器一台，三相全控整流功率模块一个，灭磁开关一个，刀开关一个，快速熔断器一组，过压保护组件一组，冷却风机一组。

2.4.2 调速器及油压装置与励磁装置运行中的巡视与维护

2.4.2.1 调速器及油压装置运行中的巡视与维护

1. 调速器及油压装置基本运行方式

1) 调速器自动运行方式

(1) 按功率调节;

(2) 按频率调节;

(3) 按水头(水位)调节;

(4) 按开度调节;

(5) 水轮 - 水泵运行。

2) 调速器手动运行方式

(1) 机械手动;

(2) 电气手动。

3) 油压装置油泵的基本运行方式

(1) 自动(备用)运行;

(2) 手动运行。

4) 油压装置补气装置的运行方式

(1) 自动补气;

(2) 手动补气。

5) BWT - 1000 - 2.5 调速器及油压装置运行方式举例

(1) 微机调速器在并网运行时的状态为负载、正常、自动、开度调节、不跟踪、水位手动。空载运行时的状态为空载、正常、自动、开度调节、不跟踪、水位手动。微机调速器在运行中不得随意将调速器切“机手动”。不得同时中断交、直流电源。

(2) 微机调速器装置 A 机、B 机的人工失灵区(ε)、永态转差系数(b_p)、人工水头等运行参数不得随意改变。

(3) 调速器具有“自动”控制、“手动”控制两种方式,其中“手动”控制又分为“电手动”控制、“机手动”控制。正常情况下,装置应在“自动”方式下运行,其电气开度限制应设置在最大输出功率的位置。不允许机组长期在“电手动”、“机手动”的控制方式下运行,在“自动”或“电手动”运行方式下严禁转动步进电机上方的旋转手轮。只有在微机调速器 CPU 故障且机械控制部分正常时,调速器才可改为“电手动”控制;当调速器输出模块故障或微机调速器不能正常工作且机械控制部分正常时,调速器可改为“机手动”控制。在“电手动”、“机手动”控制方式运行时,必须获得电厂技术负责人的批准,并有专人在调速器旁监视。

(4) 微机调速器面板上的故障信号可按装置的“故障复归”键进行复归。当装置的 A 机、B 机都有故障时,应将调速器切至“机手动”控制后再复归信号。

(5) 微机调速器装置的主从机可以人为或自动进行切换,操作其“A 机/B 机”选择开关时,调速器相应切换到 A 机、B 机运行。主机故障时,无故障的从机则自动升为主机。进行双机切换时,不允许将主机从“正常机”切至“故障机”。进行双机切换后,应检查相应的指示灯转换正常,并将"A 机/B 机"选择开关进行相应的切换。

(6)正常情况下,调速器油压装置的两台油泵都应在"自动"方式下运行,分别为"主态"和"从态",由可编程控制器自动实现对其状态的转换。

(7)油压装置的补气装置应在"自动"状态。

2. 调速器及油压装置运行中的巡视与维护

1)基本要求

(1)现场运行规程应对调速器及油压装置的巡视检查、定期维护项目和要求作出规定。

(2)按规定进行巡视检查和定期维护工作,并作好记录。

(3)调速器在"机械手动"方式运行时,调速器旁应有专人负责。

(4)油压装置压力油罐手动补气时,应监视压力油罐油位和油压,补气未完,操作人员不得离开现场。

2)调速器及其油压装置运行中的巡视检查

(1)各表计、信号灯指示正常,开关位置正确,各电气元器件无过热,无异味、断线等异常现象。

(2)调速器运行稳定,无异常抽动和振动现象。

(3)调速器各阀门、管路无渗漏,阀门位置正确。

(4)调速器各杆件、传动机构工作正常,钢丝绳无脱落、发卡、断股现象,销子及紧固件无松动或脱落。

(5)滤油器压差应在规定的范围内,否则应进行滤油器切换,并对滤网进行清扫。

(6)油压装置油压、油位正常,油质应定期化验,保持合格,油温在允许范围内(10 ~ 50 ℃)

(7)各管路、阀门、油位计无漏油、漏气现象,各阀门位置正确。

(8)油泵运转正常,无异常振动,无过热现象。

(9)油泵应至少有一台在"自动",一台在"备用"。油泵安全阀开启,关闭压力应正确,动作时无啸叫。

(10)自动补气装置应完好,失灵时应手动补气。

(11)漏油箱油位正常,油泵运行正常。

3)调速器及油压装置的定期维护

(1)定期进行调速器自动、手动切换试验,并检查电磁阀动作情况及有关指示信号。

(2)定期对滤油器进行切换、清扫。

(3)对有关部位进行定期加油。

(4)定期对油泵进行主、备用切换。

(5)定期对漏油泵进行手动启动试验。

(6)定期对自动补气阀组进行启动试验。

2.4.2.2 励磁装置运行中的巡视与维护

1. 励磁装置运行方式

(1)励磁调节器为微机/微机/模拟三通道型,包括两个数字式自动通道(A、B)和一个模拟式手动通道(C)。

①三个调节通道及测量元件、操作元件、电源等装于一个调节柜内。测量元件包括中间变压器、中间变流器、电流/电压变换器等;操作元件包括操作开关、继电器、可编程控制器等;电源包括厂用电源切换装置、开关电源等。

②三通道以主从方式工作,正常方式时A通道为主通道,测量信号通过机端电压互感器(2YH)和励磁电流互感器(4LH)取得,B通道及C通道为备用通道,测量信号通过机端电压互感器(1YH)和励磁电流互感器(4LH)取得。当A通道出现故障时,自动切换到备用通道(B)运行。同样,若B通道投入运行后出现故障,自动切换到C通道运行。从整流变压器副边电流互感器取得的励磁电流信号及从整流变压器副边同步变压器取得的同步信号为三通道公用。

③A、B通道可相互跟踪,C通道总是自动跟踪当前运行通道(A或B)。

④在正常运行工况下,调节器按发电机电压偏差或按励磁电流偏差进行调节,通过输出脉冲的相位变化,控制可控整流桥输出的励磁电压,以保持发电机端电压或励磁电流恒定。当系统出现异常情况时,相应的励磁限制功能将起作用,使发电机运行在一个安全的范围。若调节器本身出现故障,通过硬件"看门狗"和单片机的故障检测,自动切换至备用通道运行。调节通道之间的信息交换以及各种开关量、模拟量的输入输出均通过开关量总线和模拟量总线实现。

(2)自并激励磁系统的励磁电流、电压取至发电机机端,经过励磁变压器降压、全控整流桥变流的直流励磁电流,由晶闸管触发脉冲的相位进行控制。一般情况下,这种控制是以保持发电机机端电压恒定为目标的,但当发电机发生过励、欠励、V/Hz超值等越限情况时,调节器还将进行相应的限制操作,确保发电机运行在正常范围之内。在发电机并网后,随着系统电压的变化,励磁装置将对发电机的无功功率进行自动调节。

①励磁装置交流电源由机旁动力屏和励磁变压器LB中压侧通过自动切换装置来提供。励磁系统使用的交流电源包括风机电源、监控系统使用的变送器电源、调节器电源、照明及加热器电源。

②励磁装置的直流控制电源为DC 220 V,从灭磁柜引入,作为起励回路、灭磁开关操作回路和DC 24 V的开关电源模块的供电电源。

③励磁装置的弱电操作电源为DC 24 V,包括调节器操作回路电源、可编程控制器电源,以及触发脉冲回路电源。

④弱电操作电源由厂用切换装置及直流操作电源并联供电,任一路电源消失不会影响励磁装置的正常工作。

2. 励磁装置基本运行规定

机组在正常运行时,应将励磁调节装置投入运行。

机组处于备用中,自动励磁调节装置也应处于备用状态,且应满足:

(1)设备内无危及安全运行的异物;

(2)装置的绝缘电阻不低于0.5 MΩ;

(3)高压熔断器柜在"投入"位置,二次熔断器在"投入"位置;

(4)直流操作控制电源熔断器投入。

下列情况之一可停用自动励磁调节装置和强励装置：

(1)发电机短路干燥；

(2)发电机—变压器组对线路递升加压时；

(3)开机并列时若系统频率、电压极低，足以引起强励动作，可退出强励；

(4)发电机只带厂用电时，应退出强励；

(5)在励磁回路的直流操作电源熔断器投入的情况下作发电机出口断路器的试合试分时停用强励。

在正常情况下，应尽量带自动励磁调节装置开机。

励磁装置主要性能参数如下：

(1)励磁电压响应时间：上升不大于0.08 s，下降不大于0.15 s。

(2)发电机静态调压精度优于0.5%。

(3)在发电机空载时，频率变化1%，发电机电压变化不大于额定值的0.25%。

(4)零起升压超调不大于10%，调节时间不大于5 s，振荡次数不大于3次。

(5)10%阶跃响应超调量不大于阶跃量的50%，调节时间不大于5 s，振荡次数不大于3次。

(6)额定功率因数时，突甩额定负荷，电压超调不大于15%，调节时间不大丁5 s，振荡次数不人于3次。

(7)调节范围：从发电机残压到大于110%发电机额定电压。

(8)调节速率：每秒0.3% ~1%发电机额定电压。

(9)调差系数整定范围为0 ~15%，按1%的档距分档，共16档；准确的软件计算保证了调差优良的线性度。

(10)励磁系统的延迟时间小于0.03 s。

(11)交流电源的电压偏差范围为额定值的 -15% ~ +15%，频率偏差范围为 -3 ~ +2 Hz。

(12)直流电源电压偏差范围为 -20% ~ +10%。

(13)在约为空载励磁电流10%的起励电流下能可靠起励，当残压满足自激条件时，也可残压起励。

3.微机励磁装置巡视与维护

现场运行规程应明确规定励磁设备的巡视检查周期和具体项目。具体项目主要有：

(1)检查各表计是否指示正常，信号显示是否与实际工况相符。

(2)检查各有关励磁设备元器件，应在运行对应位置。

(3)检查各整流功率柜运行状况及均流状况。

(4)各电磁部件无异声及过热现象。

(5)各通流部件的接点、导线及元器件无过热现象，检查各熔断器是否异常。

(6)各机械部件位置正确，接触点接触良好，无过热现象，挂钩挂好，各部螺栓、销钉连接良好。

(7)检查通风用元器件、冷却系统工作是否正常。

(8)静止励磁装置的工作电源、备用电源、起励电源、操作电源等应正常可靠，并能按规定要求投入或自动切换。

整流励磁装置功率柜的维护工作,应在该功率柜停运的情况下进行。晶闸管整流器的散热器应定期清扫,风扇应定期切换运行。

励磁装置工作在“手动”位置时,注意无功功率的变化。

励磁装置巡视举例如下:

(1)在正常运行中,EU30 励磁控制器面板电源指示灯亮,运行灯闪亮。

(2)EU30 显示电压给定(UFG)、机端电压(UF1)、转子电流(IL1)、可控硅控制角(ANG)为动态值。

(3)屏面上信号集中指示器内三只熔断器正常灯亮,操作电源指示和开关合闸灯亮。

(4)双路供电盒 OUT、AC、DC 灯亮,四只模块散热风扇运转无异音。

(5)工控电脑液晶屏显示各参数为动态值,并无故障显示。

(6)机端电压、转子电压、转子电流表指示值与工控电脑液晶屏显示动态参数接近。

(7)检查 DK1 和各连接母排接触点及屏内元器件无发热、变色现象。

2.4.3 调速器及油压装置与励磁装置标准化巡视卡举例

下面是某水电厂依据《水轮机调速器及油压装置运行规程》(DL/T 792—2001)和《水轮发电机运行规程》(DL/T 751—2001),并结合该厂设备的具体情况制定的水轮机调速器及其油压装置、励磁装置标准化巡视卡(主要部分),见表 2-24、表 2-25。

表 2-24　调速器及其油压装置标准化巡视卡(主要部分)

巡视步骤	巡视内容	巡视点及标准(或要求)	巡视危险点
1	调速器整体外观	调速器整体清洁完好; 调速器各阀门、管路无渗漏,1106 阀、1107 阀、1308 阀在全关位置	摔倒、碰伤
2	电调柜	导叶开度指示表计完好无损,指针无异常波动,指示值正确,与机组 LCU 柜导叶开度仪上开度指示一致; 转速指示表计完好无损,指针无异常波动,指示值正确,与机组 LCU 柜电脑测速仪上指示一致; 触摸屏完好无损,且显示设备状态、各运行参数与实际情况一致; 手/自动切换开关在“自动”位置; 导叶增/减开关在“0”位置; 按钮无损坏、松动等现象; 正常情况下,“自动运行”按钮指示灯、“停机复归”按钮指示灯亮,“紧急停机”按钮指示灯、“手动运行”按钮指示灯、“备用”按钮指示灯熄灭; 柜内清洁、完好,各模块、连线、继电器无过热、松动等现象; 交流电源开关、直流电源开关、步进电机电源开关在合位; 端子排接线无烧焦、发黑变色、异味、松脱等异常现象	触电,误操作,摔伤、碰伤

续表 2-24

巡视步骤	巡视内容	巡视点及标准(或要求)	巡视危险点
3	机械柜	调速器步进电机和位移转换器动作灵活、平稳,无振动或抽动现象; 操作油压力表指示正常; 紧急停机电磁阀状态正常,无发热现象; 主配压阀、转换阀(引导阀)无发卡、漏油现象; 紧急停机电磁阀指示灯熄灭,未动作; 各杠杆、传动机构正常,管路无渗漏油现象; 柜外"液动/手动"切换把手在"液动"位置	触电,误操作,摔伤、碰伤
4	压力油罐	压力油罐压力表计完好无损,指针无异常波动,指示值在1.80~2.30 MPa之间; 油色清亮透明,无混浊变色现象; 油位在油标上下限之间,(油标指示器标线,以集油槽与压力油罐把合面向上量380 mm为零位线,压力在2.30 MPa时不高于+80 mm,压力在1.80 MPa时不低于-80 mm); 补气阀(1306)、排气阀、排油阀在"全关"位置; 各管路、管接头、压力变送器等无渗漏油和漏气现象	误操作,摔伤、碰伤
5	集油槽(回油箱)	集油槽油色清亮透明,无混浊变色现象; 油位在油标上下限之间	摔伤、碰伤
6	压力变送器	压力变送器完好无异常,接线无松动脱落,显示值在1.80~2.30 MPa之间,与电接点压力表显示值基本一致,能自动控制螺杆油泵的启动(1.80 MPa启动)或停止(2.30 MPa停止)	摔伤、碰伤
7	电接点压力表	电接点压力表(后备压力表)指示值在1.80~2.30 MPa之间,与压力变送器显示值基本一致; 电接点压力表(事故压力表)未动作(设定值:事故低油压1.55 MPa,过高油压2.40 MPa)	摔伤、碰伤
8	油泵电机	电机引线及接地完好; 运转正常,无异常振动,无过热现象	衣服、头发被设备缠绕
9	油泵控制箱	控制面板电源指示灯亮; 压油泵控制把手在"自动"位置; 柜内开关在"ON"位置; 各元件无过热、异味、断线等异常现象	误操作,触电

表 2-25　励磁装置及励磁变标准化巡视卡(主要部分)

巡视步骤	巡视内容	巡视点及标准(或要求)	巡视危险点
1	励磁屏整体外观	励磁屏柜清洁完好,柜门关闭紧密,各指示灯、表计指示与机组状态相对应,无异常声响,无保护告警,信号指示正确	触电,误操作
2	EU30 励磁控制器	励磁控制器面板电源指示灯亮,运行灯以每秒一次闪亮; 液晶屏显示电压给定(UFG)、机端电压(UF1)、转子电流(IL1)、可控硅控制角(ANG)为动态值	触电,误操作
3	集中指示器	集中指示器三只熔断器正常灯亮,操作电源指示灯和开关合闸灯亮	触电
4	电压、电流表计	各表计完好无损,指针无异常波动,指示值与工控电脑液晶屏显示动态参数接近	误读数
5	工控电脑液晶屏	工控电脑液晶屏完好无损,显示各参数为动态值,无故障显示	误按、误碰其他操作按钮
6	操作按钮	各操作按钮无损坏,无松动,连线、保护盖无脱落	误按、误碰其他操作按钮
7	双路供电盒	双路供电盒无发热、无异响、无异味;OUT 灯、AC 灯、DC 灯亮,交、直流并联供电	触电,衣服、头发被设备缠绕
8	屏后屏内	柜内清洁完好,各熔断器指示灯灭,屏内元器件无松动、无异响、无异味、无发热、无变色等现象; DK1 与各连接母排接触点无松动、无异味、无异响、无发热、无变色等现象; 运行时,散热风扇运行正常,风机手动开关在“断开”位置; 在“合闸”位置的开关有:CK1 交流电源开关、CK2 直流电源开关、CK3 充磁合闸开关、交流环网至 ACⅡ段(1 号机励磁屏后)、直流环网至 DCⅠ段(1 号机励磁屏后)、直流环网至 2 号机(1、3 号机励磁屏后)、交流环网至 2 号机(1、3 号机励磁屏后)	触电,衣服、头发被设备缠绕
9	励磁变压器整体外观	励磁变压器外观完好无损,铭牌标示清晰完好,油漆无脱落,各部无渗漏油,外壳接地导体完好,接地牢固	触电
10	励磁变压器运行特征	运行时励磁声音均匀恒定,无异常声响和声音增大现象	触电
11	励磁变压器油色、油位	油色清亮透明,无混浊乳化、变色现象; 油位在上下限范围内	触电

续表 2-25

巡视步骤	巡视内容	巡视点及标准(或要求)	巡视危险点
12	励磁变压器高压导线及其支持构件	励磁变压器高压导线、瓷瓶清洁无异常,无破裂、放电痕迹以及渗漏油现象,支持构件牢固,无破损锈蚀和变形变位现象	触电
13	励磁变压器温度表	励磁变压器温度表外观完好,无异常,工作引线完好,无断裂损坏,油温指示在正常范围(油温最高不大于 70 ℃,一般不大于 65 ℃)	触电
14	励磁变压器散热风扇	防护罩安装牢固,风扇叶片外观完好,无断裂、松动,且清洁无异常,运行时无卡涩和擦刮等异常声响; 风扇电机引线完好,无烧伤、断线现象,转向正确,运转时无异音、异味和异常振动	触电

【教学评价】

学生按照规定的巡视路线,逐一对巡视点进行巡视,每巡视一个点记 2 分,其中巡视点指示正确记 1 分,巡视点状态描述正确记 1 分;现场巡视时,若违反安全规程,则该巡视内容记 0 分。调速器及油压装置、励磁装置标准化巡视评价表见表 2-26 及表 2-27。

表 2-26 调速器及油压装置标准化巡视评价表

巡视步骤	巡视内容	巡视点及标准(或要求)	(巡视点数)满分	得分
1	调速器整体外观	**调速器整体**清洁完好; **调速器各阀门**、**管路**无渗漏,**1106 阀**、**1107 阀**、**1308 阀**在全关位置	(6)12	
2	电调柜	**导叶开度指示表计**完好无损,**指针**无异常波动,**指示值**正确,与**机组 LCU 柜导叶开度仪上开度指示**一致; **转速指示表计**完好无损,**指针**无异常波动,**指示值**正确,与**机组 LCU 柜电脑测速仪上指示**一致; **触摸屏**完好无损,且**显示**设备状态、各运行参数与实际情况一致; **手/自动切换开关**在"自动"位置; **导叶增/减开关**在"0"位置; **按钮**无损坏、松动等现象; 正常情况下,**"自动运行"按钮指示灯**、**"停机复归"按钮指示灯**亮,**"紧急停机"按钮指示灯**、**"手动运行"按钮指示灯**、**"备用"按钮指示灯**熄灭; **柜内**清洁、完好,**各模块**、**连线**、**继电器**无过热、松动等现象; **交流电源开关**、**直流电源开关**、**步进电机电源开关**在合位; **端子排接线**无烧焦、发黑变色、异味、松脱等异常现象	(27)54	

续表 2-26

巡视步骤	巡视内容	巡视点及标准(或要求)	(巡视点数)满分	得分
3	机械柜	调速器步进电机和位移转换器动作灵活、平稳,无振动或抽动现象; 操作油压力表指示正常; 紧急停机电磁阀状态正常,无发热现象; 主配压阀、转换阀(引导阀)无发卡、漏油现象; 紧急停机电磁阀指示灯熄灭,未动作; 各杠杆、传动机构正常,管路无渗漏油现象; 柜外"液动/手动"切换把手在"液动"位置	(11)22	
4	压力油罐	压力油罐压力表计完好无损,指针无异常波动,指示值在 1.80 ~ 2.30 MPa 之间; 油色清亮透明,无混浊变色现象; 油位在油标上下限之间(油标指示器标线,以集油槽与压力油罐把合面向上量 380 mm 为零位线,压力在 2.30 MPa 时不高于 +80 mm,压力在 1.80 MPa 时不低于 -80 mm); 补气阀(1306)、排气阀、排油阀在"全关"位置; 各管路、管接头、压力变送器等无渗漏油和漏气现象	(11)22	
5	集油槽(回油箱)	集油槽油色清亮透明,无混浊变色现象; 油位在油标上下限之间	(2)4	
6	压力变送器	压力变送器完好无异常、接线无松动脱落,显示值在 1.80 ~ 2.30 MPa 之间,与电接点压力表显示值基本一致,能自动控制螺杆油泵的启动(1.80 MPa 启动)或停止(2.30 MPa 停止)	(5)10	
7	电接点压力表	电接点压力表(后备压力表)指示值在 1.80 ~ 2.30 MPa 之间,与压力变送器显示值基本一致; 电接点压力表(事故压力表)未动作(设定值:事故低油压 1.55 MPa,过高油压 2.40 MPa)	(2)4	
8	油泵电机	电机引线及接地完好; 运转正常,无异常振动,无过热现象	(4)8	

续表 2-26

巡视步骤	巡视内容	巡视点及标准(或要求)	(巡视点数)满分	得分
9	油泵控制箱	控制面板电源指示灯亮; 压油泵控制把手在“自动”位置; 柜内开关在“ON”位置; 各元件无过热、异味、断线等异常现象	(4)8	
10	相关知识1 相关知识2		20	
(总点数)总分			(72)164	

注:百分制得分=(评价表得分/评价表总分)×100。

表 2-27 励磁装置及励磁变标准化巡视评价表

巡视步骤	巡视内容	巡视点及标准(或要求)	(巡视点数)满分	得分
1	励磁屏整体外观	励磁屏柜清洁完好,柜门关闭紧密,各指示灯、表计指示与机组状态相对应,无异常声响,无保护告警,信号指示正确	(7)14	
2	EU30 励磁控制器	励磁控制器面板电源指示灯亮,运行灯以每秒一次闪亮; 液晶屏显示电压给定(UFG)、机端电压(UF1)、转子电流(IL1)、可控硅控制角(ANG)为动态值	(6)12	
3	集中指示器	集中指示器三只熔断器正常灯亮,操作电源指示灯和开关合闸灯亮	(3)6	
4	电压、电流表计	各表计完好无损,指针无异常波动,指示值与工控电脑液晶屏显示动态参数接近	(3)6	
5	工控电脑液晶屏	工控电脑液晶屏完好无损,显示各参数为动态值,无故障显示	(3)6	
6	操作按钮	各操作按钮无损坏,无松动,连线、保护盖无脱落	(3)6	
7	双路供电盒	双路供电盒无发热、无异响、无异味;OUT灯、AC灯、DC灯亮,交、直流并联供电	(6)12	

续表 2-27

巡视步骤	巡视内容	巡视点及标准(或要求)	(巡视点数)满分	得分
8	屏后屏内	**柜内**清洁完好,各**熔断器指示灯**灭,**屏内元器件**无松动、无异响、无异味、无发热、无变色等现象; **DK1 与各连接母排接触点**无松动、无异响、无异味、无发热、无变色等现象; 运行时,**散热风扇**运行正常,**风机手动开关**在"断开"位置; 在"合闸"位置的开关有:**CK1 交流电源开关**、**CK2 直流电源开关**、**CK3 充磁合闸开关**、**交流环网至 ACⅡ段**(1 号机励磁屏后)、**直流环网至 DCⅠ段**(1 号机励磁屏后)、**直流环网至 2 号机**(1、3 号机励磁屏后)、**交流环网至 2 号机**(1、3 号机励磁屏后)	(19)38	
9	励磁变压器整体外观	**励磁变压器**外观完好无损,**铭牌标示**清晰完好,**油漆**无脱落,**各部**无渗漏油,**外壳接地导体**完好,**接地**牢固	(6)12	
10	励磁变压器运行特征	运行时**励磁声音**均匀恒定,无异常声响和声音增大现象	(1)2	
11	励磁变压器油色、油位	**油色**清亮透明,无混浊乳化、变色现象;**油位**在上下限范围内	(2)4	
12	励磁变压器高压导线及其支持构件	**励磁变压器高压导线**、**瓷瓶**清洁无异常,无破裂、放电痕迹以及渗漏油现象,**支持构件**牢固,无破损锈蚀和变形变位现象	(3)6	
13	励磁变压器温度表	**励磁变压器温度表**外观完好,无异常,**工作引线**完好,无断裂损坏,**油温指示**在正常范围(油温最高不大于 70 ℃,一般不大于 65 ℃)	(3)6	
14	励磁变压器散热风扇	**防护罩**安装牢固,**风扇叶片**外观完好,无断裂、松动,且清洁无异常,运行时无卡涩和擦刮等异常**声响**;**风扇电机引线**完好,无烧伤、断线现象,**转向**正确,运转时无异**音**、异**味**和异常**振动**	(8)16	
15	相关知识 1 相关知识 2		20	
(总点数)总分			(73)166	

注:百分制得分 = (评价表得分/评价表总分) × 100。

任务2.5 继电保护与监控装置运行中的巡视与维护

【教学目标】

1. 技能目标

能在水电厂值班员的监护下，按照电力行业及现场运行规程的内容及要求，依次对继电保护、监控装置的各部位进行巡视检查；发现问题，作好记录，并向值长作口头汇报。

2. 知识目标

熟悉继电保护装置与机组LCU装置的主要部件、作用、工作原理及巡视项目与基本要求。

【任务描述】

得值长令，学生以副值班员的身份，在水电厂运行人员的监护下，按照发电机保护屏、机组LCU监控屏标准化巡视实操表中的巡视内容、巡视点及要求（或标准），采用眼观、耳闻、鼻嗅及手摸的方法，依次对发电机保护屏、机组LCU监控屏等进行巡视检查，并将巡视结果记录在巡视实操表中。

【任务准备】

1. 知识准备

（1）继电保护的作用是什么？由哪几部分组成？由什么装置来实现？

（2）中小容量发电机、变压器一般配置有哪些保护？

（3）微机监控系统的作用是什么？主要检测和控制的项目有哪些？

（4）水电厂微机监控系统通常分为上位机和现地控制单元两层，每一层又按哪些功能分散布置？

（5）微机保护装置的巡视检查项目有哪些？维护项目有哪些？

（6）保护及二次设备的缺陷分为哪几类？分别怎样处理？

（7）发电机保护有哪些运行规定？

（8）操作员站和现地LCU有哪些运行规定？

（9）操作员站运行方式是怎样规定的？

（10）现地LCU运行方式是怎样规定的？

（11）现地LCU上的紧急停机按钮有何作用？

（12）现地控制方式和远方控制方式如何进行切换？

（13）在微机监控系统中如何保证控制操作的正确性和准确性？

（14）当某现地控制单元发生故障时，电厂级微机能否正确工作？而当电厂级微机发生故障时，能否保证整个水电厂的正常工作？

（15）实习厂发电机保护屏巡视内容及要求（或标准）有哪些？

（16）实习厂监控系统机组LCU巡视内容及要求（或标准）有哪些？

2. 工具准备

所需工具如表 2-28 所示。

表 2-28　所需工具

序号	工具材料名称	数量	用途
1	巡视检查记录本	一本	巡检记录
2	红外测温仪	一只	测量温度
3	安全帽	一顶	保证人体绝缘
4	巡视手电筒	一只	局部巡检

【任务实操】

根据发电机保护屏和机组 LCU 监控屏标准化巡视实操表 2-29 和表 2-30，学生 2 人为一组，正确地戴好安全帽，扣好袖口，盘好头发，携带手电筒、测温仪、巡视实操表等进入主厂房。在运行人员的监护下，依次对发电机保护屏和机组 LCU 监控屏进行巡视，对合格项，在巡视结果栏打"√"，对有缺陷或异常项，在巡视结果栏用文字详细说明。巡视中运用正确的巡视方法，不漏项，不绕行。巡视完成后，向值长汇报巡视结果。

表 2-29　发电机保护屏标准化巡视实操表

巡视步骤	巡视内容	巡视点及标准(或要求)	巡视结果
1	保护屏整体外观	发电机**保护屏柜门**关闭紧密，清洁完好； 各**指示灯指示**与机组状态相对应； 无**异常声响**，无**保护告警**； **信号指示**正确	
2	屏内	**HSG300C 数字式发变组保护装置**无异常声响，无异味； **"运行监视"指示灯**亮； **"保护动作"**、**"备用"**、**"告警"**、**"预告信号"**、**"装置故障"指示灯**熄灭； **液晶显示灯光**、**时钟**正常，**循环显示**内容与实际值一致； **HCX－11JN 三相操作箱装置**无异常声响，无异味； **"运行监视"指示灯**亮； **"保护动作"**、**"重合闸动作"指示灯**熄灭； **"合后位置"指示灯**与机组实时状态一致； **"远方/就地"切换开关**在"远方"位置； **"跳/合闸"控制开关**完好，且**指示灯**与机组实时状态一致； **压板**无松动，无烧焦、发黑变色，**位置**正确； 用红外线测温仪测试温度，用比较法进行温度比较；	

续表 2-29

巡视步骤	巡视内容	巡视点及标准(或要求)	巡视结果
2	屏内	压板投入的有 12 条:1XB1 差动保护、1XB2 复合过流保护、1XB3 过电压保护、1XB5 失磁保护、1XB7 转子接地保护、1XB8 定子接地保护、1XB9 负序过流保护、1XB10 跳发电机断路器(全停)、1XB11 跳灭磁开关(全停)、1XB12 水机停车(至调速器)、1XB14 跳出口断路器(缩小范围)、1XB15 跳灭磁开关(缩小范围); 压板未投入的有 7 条:1XB4 调相欠压保护(未用)、1XB6 低压切换励磁过流(未用)、1XB8 逆功率保护(未用)、1XB13(备用)、1XB16 跳厂用变(未用)、XB1(备用)、XB2(备用)	
3	屏后屏内	柜内清洁完好,端子排接线无烧焦、发黑变色、异味、松脱等异常现象; 设备无松动,无烧焦、发黑变色现象,无异常声响,无异味; 空气开关在合闸位置的有 9 个:1ZKK 机端电压开关、1FS 保护装置电源开关、2FS 操作箱电源开关、3FS 温湿度电源开关、4FS 风扇电源开关、空压机漏油泵交流电源开关(1 号机保护屏后)、空压机漏油泵直流电源开关(1 号机保护屏后)、集水井交流电源开关(3 号机保护屏后)、集水井直流电源开关(3 号机保护屏后)	

表 2-30　机组 LCU 监控屏标准化巡视实操表

巡视步骤	巡视内容	巡视点及标准(或要求)	巡视结果
1	监控屏整体外观	监控屏柜门关闭紧密,清洁完好; 各指示灯指示与机组状态相对应; 告警框无保护告警,无异响; 信号指示正确	
2	GER－801 综合电源装置(屏内)	GER－801 综合电源装置无异常声响,无异味; 面板开关有 4 个:"AC"、"PS1"、"PS2","DC"、"PS3"、"PS4"在合位,且开关指示灯亮; 面板指示灯有 5 个:"24 V1"、"5 V"、"24 V2"、"＋12 V"、"－12 V"灯亮; 控制权切换把手在"远方"位置	
3	现地单元监控装置(屏内)	现地单元监控装置无异常,无异味; 模块指示灯亮,与机组实时状态一致; 通信传输正常,指示灯有闪烁	

续表 2-30

巡视步骤	巡视内容	巡视点及标准(或要求)	巡视结果
4	现地操作员面板(屏内)	现地操作员面板完好无损,无死机、发热等现象; 屏上显示与机组实时状态一致(现地操作员面板采用 12 吋液晶触摸屏平板电脑)	
5	自动准同期装置(屏内)	GER－500 型微机自动准同期装置无发热,无异响,无异味; 面板显示屏在启动同期装置时才显示; 电源指示灯亮,运行指示灯以每秒一次闪烁; 通信口指示灯有闪烁	
6	按钮(屏内)	紧急停机按钮无损坏,无松动,有保护盖; 紧急停机复归按钮无损坏,无松动; 事故停机按钮无损坏,无松动; 事故停机复归按钮无损坏,无松动; 开机按钮无损坏,无松动; 停机按钮无损坏,无松动; 连线无脱落、烧焦、发黑、变色等现象	
7	电脑过速继电器(屏内)	TEF400 电脑过速继电器无过热,无异响,无异味; 面板指示显示与机组实时状态一致; 机组发电时,指示灯有 5 个:“d3”、“d4”、“OUT”、“IN1”、“IN2”亮; 机组停机时,指示灯有 3 个:“d1”、“d2”、“OUT”亮	
8	开度行程仪(屏内)	YS－2007 开度行程仪无过热,无异响,无异味; 面板指示显示与机组实时状态一致; 机组发电时,指示灯有 2 个:“AL”、“AHH”亮; 机组停机时,指示灯“AH”亮	
9	继电器(屏内)	各继电器无过热,无异响、无异味; 继电器指示灯亮,且与机组实时状态一致	
10	屏后屏内	屏内应清洁完好; 端子、接线连接无烧焦、发黑、变色等现象; 设备无松动、过热、异响、异味等现象; 现场交流电源输入开关在合闸位置; 现场直流电源输入开关在合闸位置; 交流电源开关在合闸位置; TS 交流电源开关在合闸位置; 直流电源开关在合闸位置; TS 直流电源开关在合闸位置; 水车保护直流开关在合闸位置; KIEN2000 以太网交换机无发热,无异响,无异味; 通信传输正常,指示灯有闪烁	

【相关知识】

2.5.1 微机继电保护与监控装置的作用与构成

2.5.1.1 微机继电保护的作用与构成

1. 继电保护的作用

(1)当电力系统的被保护元件发生故障时,微机保护装置自动、迅速、有选择地将故障元件切除,保证无故障部分迅速恢复正常运行。故障主要是指各种形式的短路。

(2)当电力系统的被保护元件出现异常运行状态时,微机保护及时反映,并根据运行维护条件,动作于发信号、减负荷或延时动作于跳闸。异常运行状态主要是指电气元件电流超过其额定值,即过负荷状态,功率缺额而引起的频率降低,水轮发电机组甩负荷而引起的过电压,电力系统振荡等。

故障和异常运行都可能发展成为系统中的事故。事故会使整个系统或其中一部分的正常工作遭到破坏,造成对用户少送电、断电或电能质量降低到不能允许的程度,甚至造成设备损坏和人身伤亡。

2. 微机继电保护的一般构成

继电保护构成原理虽然很多,但一般说来,整套保护装置是由测量部分、逻辑部分、执行部分组成的,其原理结构如图2-32所示。

图2-32 微机继电保护的结构

1)测量部分

测量部分是测量从被保护对象输入的有关物理量,如电流、电压、温度、压力等,并与给定的整定值进行比较,根据比较结果,确定“是”或“非”的一组逻辑信号,判断保护是否应该启动。这些功能都可由计算机软件完成。

2)逻辑部分

逻辑部分是根据测量部分各输出量的大小、性质、输出的逻辑状态、出现的顺序等,使保护按一定的逻辑关系工作,然后确定是否应该使断路器跳闸或发出信号,并将有关命令传给执行部分。继电保护中常用的逻辑功能有“或”、“与”、“否”、“延时启动”、“延时返回”、“记忆”等,对微机保护装置,这些功能都是由计算机软件完成的。

3)执行部分

执行部分是根据逻辑部分送出的开关量信号,通过出口继电器去完成相关任务,如跳开关、发异常信号等。这些功能由微机外部的出口继电器来完成。

3. 中、小容量发电机及变压器保护装置的配置

某水电厂发电机容量为1 250 kW及1 MW以上,其保护配置有:

(1)发电机定子绕组相间短路及引出线短路故障的主保护——纵差保护。

(2)发电机外部短路故障的后备保护——复合电压(低压或负序)闭锁过电流保护、负序过流保护。

(3)发电机电压过高保护——过电压保护。

(4)发电机失磁的保护——失磁、逆功率保护。

(5)发电机转子接地的保护——转子一点接地保护。

(6)发电机定子接地保护——零序电压保护。。

(7)发电机定子电流超限的保护——过负荷保护。

(8)电压、电流互感器断线保护——TV、TA断线闭锁信号保护。

某水电厂主变压器容量分别为5 000 kVA、1 800 kVA、1 600 kVA,其保护配置有:

(1)反映变压器内部及外部母线引出线短路的主保护——纵差动保护。

(2)反映内部故障的主保护——瓦斯保护。

(3)反映变压器内部及外部母线引出线短路的后备保护——复合电压闭锁的过电流保护。

(4)反映变压器高压侧单相接地的保护——零序电压保护和零序电流保护。

(5)反映变压器充电电流过大的保护——充电保护。

(6)反映变压器过负荷的保护——过负荷保护。

(7)差流越线告警。

(8)变压器温度过高保护。

2.5.1.2 微机监控装置的作用与构成

1.微机监控系统的作用

水电厂微机监控系统是指整个水电厂设备的控制、测量、监视均由微型计算机来完成。主要完成机组的开机、停机和开关设备的控制,自动发电控制、自动调相控制及电厂优化运行,电厂机组、变压器、线路等设备的运行参数的在线监视、越限参数报警、记录、事故语音、历史参数查询、事故记录、报表打印、人机对话,监控系统设备的自检等。监控系统一般由上位机和现地控制单元LCU构成。

上位机一般完成水电站实时运行参数的采取与处理、远方控制,对运行参数进行调节,完成优化运行、报警及事故记录,顺序事件记录、控制记录、电站历史数据、状态的查询,报表处理与打印,事故追忆,计算统计,实时显示电站设备运行状态和参数等功能,接收现地控制单元传来的数据,并向现地控制单元发出控制调度指令。运行值班人员通过上位机的显示器进行监视和操作,运行值班人员必须熟悉桌面上的菜单和按钮等的操作。

现地控制单元LCU,一般是完成被控对象,如机组、开关站、变压器、线路、公用辅助设备等的数据采取、控制、调节工作,把采取的数据、状态送到上位机并接收上位机的指令。

1)运行值班人员通过微机监控系统对水电厂设备的监测项目

(1)水电厂机组的监测。

水电厂机组的监测内容一般包括发电机三相电压、三相电流、机组频率、有功功率、功率因数、励磁电压、有功电能、无功电能、定子温度、轴承温度、轴承油位、技术供水水压、蜗壳压力、顶盖压力、尾水管压力真空、主轴的摆度、导叶开度等。

(2)水电厂主变压器的监测。

主变压器的监测内容一般有三相电压、三相电流、功率因数、有功功率、无功功率、温度等。

(3)水电厂开关站电气设备的监测。

水电厂开关站电气设备的监测内容主要包括出线回路监测、母线检测。出线回路监测内容一般有三相电压、三相电流、频率、功率因数、有功功率、无功功率、有功电能、无功电能等。母线监测内容一般有母线三相电压、频率等。

(4)水电厂进水口拦污栅及上下游水位的监测。

水电厂进水口拦污栅的监测内容一般为拦污栅前后压差。上下游水位的监测内容为水电站上、下游的水位。

(5)水电厂辅助设备的监测。

水电厂辅助设备的监测分为技术供水监测,内容通常为技术供水水压;高低压压缩空气监测,内容为高压压缩空气气压和低压压缩空气气压;渗漏排水监测,内容为渗漏排水集水井水位;调速器压力油系统监测等。

(6)水电厂厂用电的监测。

水电厂厂用电的监测内容主要是厂用变压器的三相电压、三相电流、功率因数、有功功率、无功功率、有功电能等。

2)运行值班人员通过微机监控系统对水电厂设备的控制项目

(1)机组的开机、停机和开关设备的控制。

(2)自动发电控制、自动调相控制。

(3)水电厂优化运行。

水电厂设备的运行状态,运行参数可由微机监控系统自动按设计好的日、月、年运行报表打印出来。内容包括整个水电厂的运行状态、运行参数,水电厂机组的运行状态、运行参数,水电厂升压站的运行状态、运行参数,水电厂厂用电设备的运行状态、运行参数。

微机监控系统还可自动完成数据采集,并打印出运行日志。

2. 微机监控系统的构成

水电厂微机监控系统通常采用分层分布式结构,分为上位机和现地控制单元两个层级,其中上位机按功能(如操作员工作站、工程师工作站等)分散布置,现地控制单元按控制对象(如水轮发电机组、开关站、公用设备、溢洪闸门等)分散布置。现地控制单元直接面向控制对象。上位机虽然没有直接面对控制对象,但对整个水电厂内所有现地控制单元进行控制、管理,是水电厂微机监控系统的核心。水电站监控系统上位机与现地控制单元的关系,如图2-33所示。此外,一些基础自动化元件,如温度传感器或变送器、压力传感器或变送器、液位传感器或变送器、流量传感器或变送器、转速信号器、振动摆度传感器和位移传感器等,犹如人的眼睛、耳朵、鼻子和手脚,为监控系统提供数据,供计算机判断,若它们出现故障或异常,整个微机监控系统就无法正常工作。

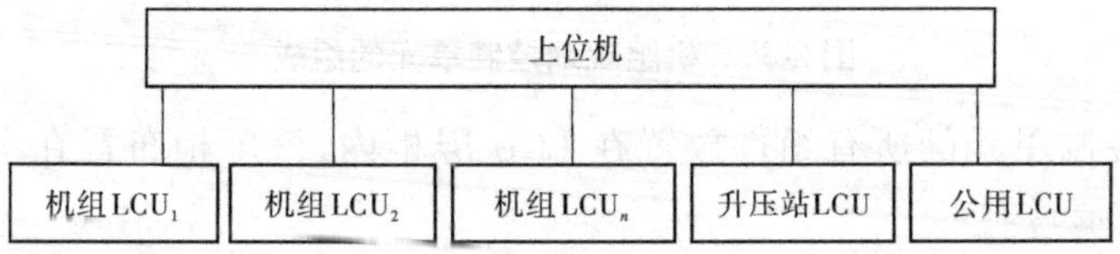

图2-33 上位机与现地控制单元的关系图

上位机一般由工业控制计算机、显示器、键盘和打印机等组成。工业控制计算机是在工业环境下使用的计算机,该机数据储存多,管理能力强,人机界面好,且值班人员易掌握。显示器是上位机的一种外部设备,用于运行画面和数据显示、画面切换、功率调整等。键盘是上位机所配的键盘,主要用于对计算机的操作。打印机也是上位机的一种外部设备,用于打印水电站设备的运行报表、运行参数及事故参数。另外,为保证水电站微机监控系统用电不间断,设有 UPS 不间断电源装置。上位机的工业控制计算机、显示器、键盘和打印机等,布置在水电厂中央控制室的值班桌上,运行人员使用时十分方便,如图 2-34 所示。

图 2-34 上位机布置在中央控制室的情形

现地控制单元则采用可编程控制器 PLC,它擅长顺序控制。可编程控制器大多数采用模块式 PLC,便于组合成各系统,便于维护、更换、扩展,有电源模块、CPU 模块、开关量输入模块、开关量输出模块、A/D 模块、D/A 模块、计数模块、通信模块等,用于水轮发电机组的控制与监视;对于油泵等辅助设备,可采用整体式 PLC,集中布置在一个箱子里,结构紧凑。在微机监控系统中,温度巡检仪一般是由单片机构成的。

机组现地控制单元一般由可编程控制器 PLC、智能交流参数测量仪、电量和非电量变送器等构成,完成机组的开停机顺序控制,机组状态、数据采集、参数显示等功能,如图 2-35所示。

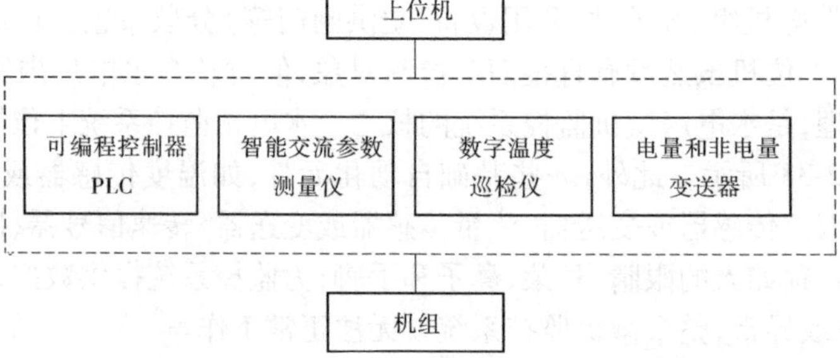

图 2-35 机组现地控制单元的组成

机组现地控制单元的所有组件放置在 LCU 屏柜内,该屏柜布置在主厂房的发电机层,如图 2-36 所示。

升压站现地控制单元一般由可编程控制器 PLC、智能交流参数测量仪、电量和非电量变送器等构成,完成变压器、线路断路器的控制,变压器、线路断路器状态、数据采集,参数

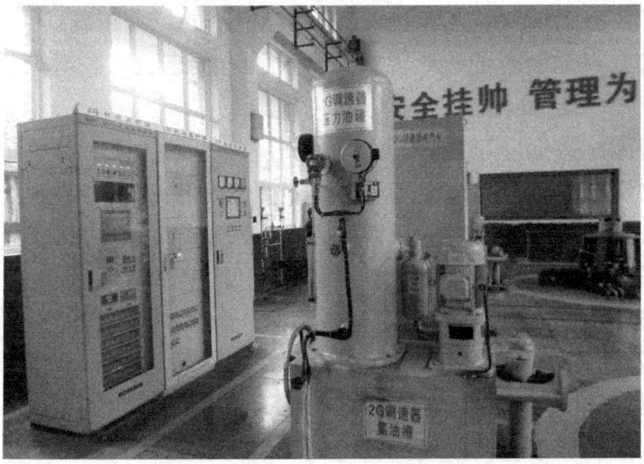

图 2-36　机组现地控制单元布置在发电机层的情形

显示等功能，如图 2-37 示。升压站现地控制单元的所有组件放置在 LCU 屏柜内，该屏柜一般布置在中央控制室。

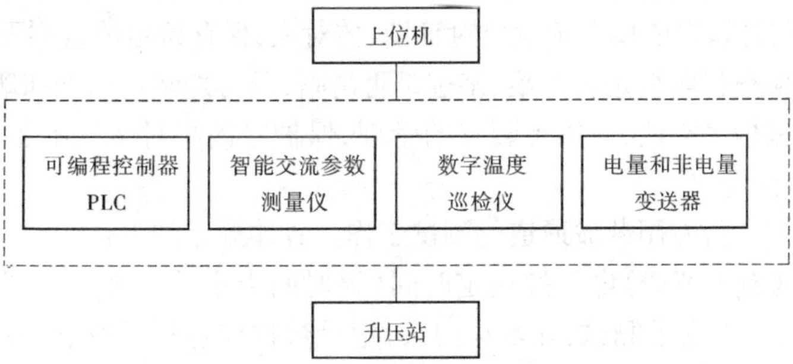

图 2-37　升压站现地控制单元的组成

一般用可编程控制器 PLC 制成的控制箱，完成水电厂公用辅助设备油气水系统的控制，公用辅助设备状态、数据采集，中央音响信号控制等，如图 2-38 所示。控制箱布置在相关设备附近。

2.5.2　微机保护与监控装置的巡视与维护

2.5.2.1　微机保护装置的巡视与维护

1. 微机保护装置的巡视检查与维护项目

1）巡视检查项目

（1）继电保护及二次回路各元件应接线牢固，无过热、异味、冒烟现象，标识清晰准确，继电器外壳无破损，连接点无抖动，内部无异常声响。

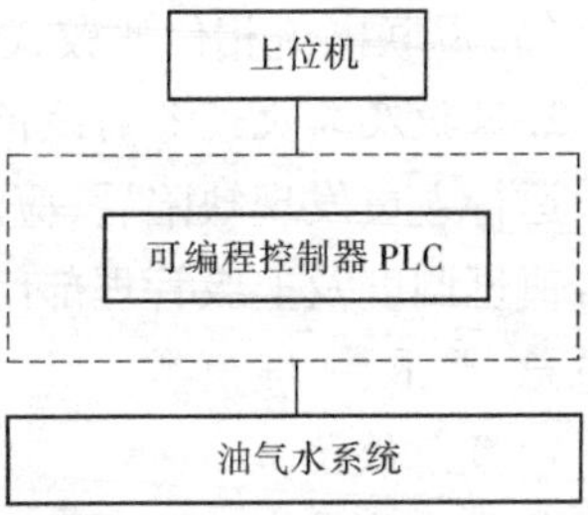

图 2-38　油气水系统、音响信号现地控制单元的组成

（2）交直流切换装置工作正常。

（3）继电保护与自动装置的运行状态、运行监视（液晶显示、各种信号灯指示）正常，无异常信号。

(4)继电保护及自动装置屏上各小开关、切换把手的位置正确。

(5)继电保护及自动装置的连接片投退情况符合要求，压接牢固，长期不用的连接片应取下。

(6)高频通道测试数据应正常。

(7)记录有关继电保护及自动装置计数器的动作情况。

(8)屏内TV、TA回路无异常。

(9)微机保护的打印机运行正常，不缺纸或无打印记录。

(10)微机保护装置的定值区位和时钟正常。

(11)电能表指示正常。

(12)中央信号正常，无光字、告警信号。

(13)保护屏、控制屏下孔洞封堵严密。

2)运行维护项目

(1)应定期对计算机保护装置进行采样值检查、可查询的开关量状态检查和时钟校对，检查周期一般不超过一个月，并应作好记录。

(2)每年在迎峰度夏前打印一次全厂各计算机型继电保护装置定值，与存档的正式定值单核对，并在打印定值单上记录核对日期、核对人，保存该定值直到下次核对。

(3)应每月检查打印纸是否充足、字迹是否清晰，及时加装打印纸和硒鼓墨粉。

(4)加强对保护室空调、通风等装置的管理，保护室内相对湿度不超过75%，环境温度应在5～30 ℃范围内。

(5)应按规定进行专用载波通道的测试工作。具体规定如下：

①无人值班(有人值守)电厂按规定时间(该时间由本单位排定，线路两端一般应错开4 h以上)进行一次通道测试，并填写记录，记录数据应包括天气、收发信信号灯、电平指示、告警灯情况等。

②在下列情况下，应增加一次通道测试：a. 开关转代及恢复原开关运行时，对转代线路；b. 线路停电转运行时，对本线路；c. 保护工作完毕投入运行时，对本线路。

③天气情况恶劣(大雾或线路覆冰)时，通道测试工作由24 h一次改为4 h一次，直至天气状况恢复且通道测试正常。

(6)母联电流相位比较式母差保护应定期检测差电流。

2. 保护及二次设备的缺陷分类与处理

运行人员发现缺陷后，应对缺陷进行初步分类，根据现场规程进行应急处理，并立即报告值班调度及上级管理部门。设备缺陷按严重程度和对安全运行造成的威胁大小，分为危急、严重、一般三类。

1)危急缺陷

危急缺陷是指性质严重、情况危急、直接威胁安全运行的隐患，运行人员应立即采取应急措施，并尽快予以消除。

一次设备失去主保护时，一般应停运相应设备；保护存在误动风险时，一般应退出该保护；保护存在拒动风险时，应保证有其他可靠保护作为运行设备的保护。

以下缺陷属于危急缺陷：

(1)电压互感器回路开路；
(2)二次回路或二次设备着火；
(3)保护、控制回路直流消失；
(4)保护装置故障或保护异常退出；
(5)保护装置电源灯灭或电源消失；
(6)收发信机运行灯灭、装置故障、裕度告警；
(7)控制回路断线；
(8)电压切换不正常；
(9)电流互感器断线告警、差流越限，线路保护电压互感器回路断线告警；
(10)保护开入异常变位，可能造成保护不正确动作；
(11)直流接地；
(12)其他威胁安全运行的情况。

2)严重缺陷

严重缺陷是指设备缺陷情况严重，有恶化发展趋势，影响保护正常动作，对电网和设备安全构成威胁，可能造成事故的缺陷。

严重缺陷可在保护专业人员到达现场进行处理时再申请退出相应保护。缺陷未处理期间，运行人员应加强监视，保护有误动作风险时应及时处理。

以下缺陷属于严重缺陷：
(1)保护通道异常；
(2)保护装置只发出告警或异常信号，未闭锁保护；
(3)录波器装置故障、频繁启动或电源消失；
(4)保护装置液晶显示屏异常；
(5)操作箱指示灯不亮，但未发控制回路断线信号；
(6)保护装置动作后报告打印不完整或无事故报告；
(7)就地信号正常，后台或中央信号不正常；
(8)切换灯不亮，但未发电压互感器短线告警；
(9)母线保护隔离开关辅助接点开入异常，但不影响母线保护正确动作；
(10)无人值守变电站保护信息通信中断；
(11)频繁出现又能自动复归的缺陷；
(12)其他可能影响保护正确动作的情况。

3)一般缺陷

一般缺陷是指上述危急、严重缺陷以外的，一般情况较轻的，保护能继续运行，对安全运行影响不大的缺陷。

以下缺陷属于一般缺陷：
(1)打印机故障或打印格式不对；
(2)电磁继电器外壳变形、损坏，不影响其内部；
(3)GPS装置失灵或时间不对，保护装置时钟无法调整；
(4)保护屏上按钮接触不良；

(5)有人值守变电站保护信息通信中断；

(6)能自动复归的偶然缺陷；

(7)其他对安全运行影响不大的缺陷。

3. 发电机保护的运行规定及运行方式

(1)发电机不允许无保护运行，严禁同时停用差动保护和复合电压启动过流保护运行。在差动保护退出期间，复合电压过流保护作为机组的主保护。

(2)当发电机失去励磁时，若失磁保护未动作，应立即将发电机有功负荷减为零，然后解列。

(3)发电机组作短路试验前，应将纵差保护暂时退出，并将发电机后备保护时间定值作相应调整。试验完毕后，纵差保护、后备保护应恢复正常工作的技术设定值，其他相应事项应根据工作票要求执行。

(4)发电机组检修时，如在电流互感器二次回路上工作，应将二次侧电流端子可靠短路接地，工作完后立即恢复接线。

(5)运行中，如在发电机电压互感器回路上有工作，应事先停用发电机失磁保护、复合电压过流保护及水轮机电气过速保护，并应考虑对励磁系统和测量装置的影响，工作完毕，正常无异常后再启用上述保护。

(6)发电机及其保护在进行试验或校验前，复合电压启动过流保护压板和负序过流保护压板应在“打开”位置。

(7)正常情况下，水轮发电机组的所有保护均应启用。

4. 发电机保护的配置和定值的整定举例

某小型水轮发电机保护配置及保护动作值的整定及动作后果如下：

1)发电机保护的配置

(1)发电机内部短路故障的主保护：纵差保护。

(2)发电机短路故障的后备保护：复合电压(低压或负序)闭锁过电流保护、负序过电流保护。

(3)发电机电压过高的保护：过电压保护。

(4)发电机失磁的保护：失磁、逆功率保护。

(5)发电机转子接地的保护：转子一点接地保护。

(6)发电机定子接地的保护：零序电压保护。

(7)发电机定子电流超限的保护：过负荷保护。

(8)电压、电流互感器断线的保护：TV、TA 断线闭锁信号保护。

2)发电机保护动作值的整定及动作后果

保护动作值的整定及动作后果见表 2-31。

2.5.2.2 微机监控装置的巡视与维护

1. 监控系统运行规定

1)总则

(1)微机监控系统是电站安全生产的重要设备，它由高科技的电子产品组成，现场操作和使用必须严格按照规程进行，否则可能造成设备元器件的永久性损坏。

表2-31 发电机电气保护定值及动作后果

保护名称	TV与TA	定值名称	定值	时限	动作后果
纵差保护	1LH、6LH	动作电流	1.2 A	0 s	跳QF、跳FMK、停机
		比率制动系数	0.3		
		速断电流	28.8 A		
低压复合过电流保护	1YH、2LH	负序动作电压	6 V	3 s	跳QF、跳FMK
		负序电流	5.4 A		
		低电压动作电压	70 V		
		动作电流	5.2 A		
过电压保护	1YH	动作电压	150 V	0.3 s	跳QF、跳FMK、停机
失磁保护	1YH、2LH	逆无功	62.3 kVA	0.3 s	跳QF、跳FMK、停机
		动作电压	8.0 V		
定子过负荷保护	2LH	动作电流	4.4 A	5.0 s	信号
定子接地保护	1YH	动作电压	10 V	10.0 s	信号
转子一点接地保护		转子接地电阻	2.0 kΩ	3.0 s	信号
PT断线	1YH	计算机逻辑判定			信号

(2)必须保证监控系统运行工作电源的供电可靠性。各LCU都配有交直流双路电源,装置配有电源插箱,能实现双路电源的自动切换及失电告警。

(3)计算机设备一经投运,禁止在运行中随意拔插模板或信号电缆插头及各种连接电缆插头等,以防损坏设备元器件,甚至造成事故。

(4)计算机系统的接地问题对于系统的正常运行至关重要。系统各盘柜及信号电缆都必须实现一点接地,并经机旁汇流铜排与全厂地网连接。

(5)计算机设备应注意防水、防潮、防尘、防震、防火、防鼠、防雷等危害到计算机系统安全运行的因素存在。

(6)计算机设备一经就位,任何人员不得随意挪动、改变其位置,以免损坏设备。

(7)无相关技术管理部门授权,任何人无权修改和备份系统原程序以及各种数据库。

2)操作员站的运行规定

(1)操作员站布置在中央控制室,是电厂的监控中心,运行人员通过人机界面、显示器、键盘、鼠标等与微机监控系统进行人机联系,实现对电厂机电设备的实时监视和控制。

(2)中央控制室环境温度应控制在5~35 ℃,湿度在30%~85%,应经常利用空调将温度和湿度进行调节,尽可能不让温度和湿度处于最高或最低限。

(3)操作台(控制台)内部空调是保证两台主计算机正常工作的重要设备,应经常检查工作是否正常。温度设定范围控制在10~25 ℃,内部设备应无结露现象。

(4)操作员站一经启动投入运行,不允许非法关闭其窗口,从而使监控系统退出运行。

(5)正常情况下,严禁随意切断操作员站的电源。

(6)交班班次退出登录后,接班班次应立即以自己的用户名和密码登录主机。

3)现地LCU的运行规定

(1)现地LCU一般布置在机组旁,设备对使用环境的要求是温度0~45 ℃,湿度5%~95%(不凝露)。

(2)现地LCU的控制权,正常运行中应处于"远方"控制方式。

(3)当LCU与操作员站通信中断或操作员站故障退出时,才允许将LCU的控制权切至"现地",而当与操作员站恢复联系后,应立即将LCU的控制权切至"远方",服从操作员站的控制与管理。

(4)LCU独立运行时,应派专人在LCU屏旁进行监视。

(5)严禁在LCU正在控制时进行控制权限的切换。

(6)运行中,不允许退出LCU监控系统窗口。

(7)禁止修改同期装置的设定参数。

2.监控系统的运行方式

1)微机监控系统的基本运行方式

(1)中央控制室集中控制是最经常的运行方式。

(2)只有当中央控制室操作员站发生通信中断或故障退出的情况下,才采取现地LCU控制,通信或故障恢复后应立即将控制方式切回中央控制室集中控制。

(3)微机监控系统对油、水、气、前池等辅助设备一般不进行控制操作,只进行信号监视和数据的采集、处理。

2)机组负荷调节方式

(1)由运行人员在中央控制室给定调节,可以设定调节或手动调节;

(2)直接在机组现地LCU上给定调节;

(3)由AGC自动给定调节(有些厂可能未投入使用)。

3)操作员站运行方式

(1)操作员站两台监控计算机,采用双机冗余和一机双屏显示模式,互为热备用工作方式。在两台计算机上均可对被控对象进行监视和控制操作。

(2)正常运行时,主机应工作在监视和控制状态,从机工作在监视状态,不允许随意切换主从机的运行方式。

(3)操作员站的四个监控显示器,分别按主接线、1~n号机组的运行状态进行显示。

4)现地控制单元的运行方式

(1)操作员工作站出故障,控制流程由现地LCU继续执行。

(2)现地LCU配置有可编程控制器模件,其中通信模件通过串口通信板与交流采集装置、电度表等现场各智能设备进行通信，通过一台12吋彩色液晶触摸屏实现现地人机接口。

(3)LCU柜上"远方/现地"开关在"远方"，只能接收上位机控制命令，在"现地"只能接收操作面板上发出的控制操作命令。正常运行时，现地控制单元"远方/现地"开关必须切在"远方"位置运行。

在机组现地LCU柜上设有紧急停机按钮，具有最高事故处理优先权，并采用常规的硬布线逻辑控制，仅供事故处理时用。

3. 监控系统的维护保养

1)上位机的维护保养及方法

(1)监控系统的管理与维护由经过培训后的专人负责，运行值班人员不能随意试图退出监控系统。

(2)运行中的监控系统可通过数据显示的变化、实时运行曲线的查看、设备位置对应的显示、微调方式下发电机出力的增减来测试系统的输入/输出是否正常。

(3)为保证设备正常运行的安全可靠，微机监控装置必须定期进行测试维护工作，发现问题要及时通知专责维修人员进行处理。

(4)监控系统应由运行班组(每月15日)定期进行系统的例行检测和卫生维护，具体内容和方法包括：

①通过上位机的各种画面切换显示，初步检查上位机监控程序是否正常运行。

②通过上位机的实时趋势及历史记录曲线，检查数据是否完整。

③通过上位机的报表系统查询各种数据，检查记录是否完整。

④通过上位机主接线显示数值与现场数据比较，检查模拟量数据测量部分是否正常。

⑤通过上位机的设备状态显示与现场设备实际状态比较，检查是否有位置不对应。

⑥在操作过程中出现不正常，并且上位机简报中有提示时，可根据提示进行判断处理，根据需要通知专责维修。

2)现地控制单元的维护保养及方法

(1)现地LCU的管理与维护由经过培训后的专人负责，运行值班人员不能随意试图退出其运行。

(2)运行中的现地LCU可通过数据显示的变化、模块运行指示灯的显示，检查其输入/输出是否正常。

(3)运行班组应定期(每月15日)进行现地LCU的例行检测和卫生维护。

(4)值班运行人员在正常巡视设备时应检查现地控制单元CPU模块、通信模块指示灯是否有故障指示，如发现系统出现不正常，应及时通知专责维修，并如实报告或记录现场情况，以便分析处理，尽快消除故障。

2.5.3 发电机保护屏与机组LCU的标准化巡视卡举例

下面是某水电厂依据《微机继电保护装置运行管理规程》(DL/T 587—2007)和《水电厂微机监控系统运行及维护规程》(DL/T 1009—2006)，并结合该厂设备的具体情况制定的水轮发电机保护屏与机组LCU监控屏标准化巡视卡(主要部分)，见表2-32和表2-33。

表 2-32　发电机保护屏标准化巡视卡（主要部分）

巡视步骤	巡视内容	巡视点及标准（或要求）	巡视危险点
1	保护屏整体外观	发电机保护屏柜门关闭紧密，清洁完好； 各指示灯指示与机组状态相对应； 无异常声响，无保护告警； 信号指示正确	摔伤、碰伤
2	屏内	HSG300C 数字式发变组保护装置无异常声响，无异味； "运行监视"指示灯亮； "保护动作"、"备用"、"告警"、"预告信号"、"装置故障"指示灯熄灭； 液晶显示灯光、时钟正常，循环显示内容与实际值一致； HCX－11JN 三相操作箱装置无异常声响，无异味；"运行监视"指示灯亮； "保护动作"、"重合闸动作"指示灯熄灭； "合后位置"指示灯与机组实时状态一致； "远方/就地"切换开关在"远方"位置； "跳/合闸"控制开关完好，且指示灯与机组实时状态一致； 压板无松动，无烧焦、发黑变色，位置正确； 用红外线测温仪测试温度，用比较法进行温度比较； 压板投入的有 12 条：1XB1 差动保护、1XB2 复合过流保护、1XB3 过电压保护、1XB5 失磁保护、1XB7 转子接地保护、1XB8 定子接地保护、1XB9 负序过流保护、1XB10 跳发电机断路器（全停）、1XB11 跳灭磁开关（全停）、1XB12 水机停车（至调速器）、1XB14 跳出口断路器（缩小范围）、1XB15 跳灭磁开关（缩小范围）； 压板未投入的有 7 条：1XB4 调相欠压保护（未用）、1XB6 低压切换励磁过流（未用）、1XB8 逆功率保护（未用）、1XB13（备用）、1XB16 跳厂用变（未用）、XB1（备用）、XB2（备用）	触电，误操作，摔伤、碰伤
3	屏后屏内	柜内清洁完好，端子排接线无烧焦、发黑变色、异味、松脱等异常现象； 设备无松动，无烧焦、发黑变色现象，无异常声响、无异味； 空气开关在合闸位置的有 9 个：1ZKK 机端电压开关、1FS 保护装置电源开关、2FS 操作箱电源开关、3FS 温湿度电源开关、4FS 风扇电源开关、空压机漏油泵交流电源开关（1 号机保护屏后）、空压机漏油泵直流电源开关（1 号机保护屏后）、集水井交流电源开关（3 号机保护屏后）、集水井直流电源开关（3 号机保护屏后）	触电，误操作

表2-33 机组LCU监控屏标准化巡视卡(主要部分)

巡视步骤	巡视内容	巡视点及标准(或要求)	巡视危险点
1	监控屏整体外观	监控屏柜门关闭紧密,清洁完好; 各指示灯指示与机组状态相对应; 告警框无保护告警,无异响; 信号指示正确	触电,误操作
2	GER-801综合电源装置(屏内)	GER-801综合电源装置无异常声响,无异味; 面板开关有4个:"AC"、"PS1"、"PS2","DC"、"PS3"、"PS4"在合位,且开关指示灯亮; 面板指示灯有5个:"24 V1"、"5 V"、"24 V2"、"+12 V"、"-12 V"灯亮; 控制权切换把手在"远方"位置	触电,误操作
3	现地单元监控装置(屏内)	现地单元监控装置无异常,无异味; 模块指示灯亮,与机组实时状态一致; 通信传输正常,指示灯有闪烁	触电,误操作
4	现地操作员面板(屏内)	现地操作员面板完好无损,无死机、发热等现象; 屏上显示与机组实时状态一致(现地操作员面板采用12吋液晶触摸屏平板电脑)	触电,误操作
5	自动准同期装置(屏内)	GER-500型微机自动准同期装置无发热,无异响、异味; 面板显示屏在启动同期装置时才显示; 电源指示灯亮,运行指示灯以每秒一次闪烁; 通信口指示灯有闪烁	触电,误操作
6	按钮(屏内)	紧急停机按钮无损坏,无松动,有保护盖; 紧急停机复归按钮无损坏,无松动; 事故停机按钮无损坏,无松动; 事故停机复归按钮无损坏,无松动; 开机按钮无损坏,无松动; 停机按钮无损坏,无松动; 连线无脱落、烧焦、发黑、变色等现象	触电,误操作
7	电脑过速继电器(屏内)	TEF400电脑过速继电器无过热,无异响、异味; 面板指示显示与机组实时状态一致; 机组发电时,指示灯有5个:"d3"、"d4"、"OUT"、"IN1"、"IN2"亮; 机组停机时,指示灯有3个:"d1"、"d2"、"OUT"亮	触电,误操作

续表 2-33

巡视步骤	巡视内容	巡视点及标准(或要求)	巡视危险点
8	开度行程仪(屏内)	YS－2007 开度行程仪无过热,无异响、异味; 面板指示显示与机组实时状态一致; 机组发电时,指示灯有 2 个:“AL”、“AHH”亮; 机组停机时,指示灯“AH”亮	触电,误操作
9	继电器(屏内)	各继电器无过热,无异响、异味; 继电器指示灯亮,且与机组实时状态一致	触电,误操作
10	屏后屏内	屏内应清洁完好; 端子、接线连接无烧焦、发黑、变色等现象; 设备无松动、过热、异响、异味等现象; 现场交流电源输入开关在合闸位置; 现场直流电源输入开关在合闸位置; 交流电源开关在合闸位置; TS 交流电源开关在合闸位置; 直流电源开关在合闸位置; TS 直流电源开关在合闸位置; 水车保护直流开关在合闸位置; KIEN2000 以太网交换机无发热,无异响、异味; 通信传输正常,指示灯有闪烁	触电

【教学评价】

学生按照规定的巡视路线,逐一对巡视点进行巡视,每巡视一个点记 2 分,其中巡视点指示正确记 1 分,巡视点状态描述正确记 1 分;现场巡视时,若违反安全规程,则该巡视内容记 0 分。发电机保护屏及机组 LCU 监控屏标准化巡视评价表见表 2-34 和表 2-35。

表 2-34　发电机保护屏标准化巡视评价表

巡视步骤	巡视内容	巡视点及标准(或要求)	(巡视点数)满分	得分
1	保护屏整体外观	发电机保护屏柜门关闭紧密,清洁完好; 各指示灯指示与机组状态相对应; 无异常声响,无保护告警; 信号指示正确	(5)10	

续表2-34

巡视步骤	巡视内容	巡视点及标准(或要求)	(巡视点数)满分	得分
2	屏内	HSG300C 数字式发变组保护装置无异常声响,无异味; “运行监视”指示灯亮; “保护动作”、“备用”、“告警”、“预告信号”、“装置故障”指示灯熄灭; 液晶显示灯光、时钟正常,循环显示内容与实际值一致; HCX－11JN 三相操作箱装置无异常声响,无异味; “运行监视”指示灯亮; “保护动作”、“重合闸动作”指示灯熄灭; “合后位置”指示灯与机组实时状态一致; “远方/就地”切换开关在“远方”位置; “跳/合闸”控制开关完好,且指示灯与机组实时状态一致; 压板无松动,无烧焦、发黑变色,位置正确; 用红外线测温仪测试温度,用比较法进行温度比较; 压板投入的有12条:1XB1差动保护、1XB2复合过流保护、1XB3过电压保护、1XB5失磁保护、1XB7转子接地保护、1XB8定子接地保护、1XB9负序过流保护、1XB10跳发电机断路器(全停)、1XB11跳灭磁开关(全停)、1XB12水机停车(至调速器)、1XB14跳出口断路器(缩小范围)、1XB15跳灭磁开关(缩小范围); 压板未投入的有7条:1XB4调相欠压保护(未用)、1XB6低压切换励磁过流(未用)、1XB8逆功率保护(未用)、1XB13(备用)、1XB16跳厂用变(未用)、XB1(备用)、XB2(备用)	(21)42	
3	屏后屏内	柜内清洁完好,端子排接线无烧焦、发黑变色、异味、松脱等异常现象; 设备无松动,无烧焦、发黑变色现象,无异常声响,无异味; 空气开关在合闸位置的有9个:1ZKK机端电压开关、1FS保护装置电源开关、2FS操作箱电源开关、3FS温湿度电源开关、4FS风扇电源开关、空压机漏油泵交流电源开关(1号机保护屏后)、空压机漏油泵直流电源开关(1号机保护屏后)、集水井交流电源开关(3号机保护屏后)、集水井直流电源开关(3号机保护屏后)	(4)8	
4	相关知识1 相关知识2		20	
(总点数)总分			(30)80	

注:百分制得分=(评价表得分/评价表总分)×100。

表2-35 机组LCU监控屏标准化巡视评价表

巡视步骤	巡视内容	巡视点及标准(或要求)	(巡视点数)满分	得分
1	监控屏整体外观	监控屏柜门关闭紧密,清洁完好; 各指示灯指示与机组状态相对应; 告警框无保护告警,无异响; 信号指示正确	(4)8	
2	GER-801综合电源装置(屏内)	GER-801综合电源装置无异常声响,无异味; 面板开关有4个:"AC"、"PS1"、"PS2","DC"、"PS3"、"PS4"在合位,且开关指示灯亮; 面板指示灯有5个:"24 V1"、"5 V"、"24 V2"、"+12 V"、"-12 V"灯亮; 控制权切换把手在"远方"位置	(12)24	
3	现地单元监控装置(屏内)	现地单元监控装置无异常,无异味; 模块指示灯亮,与机组实时状态一致; 通信传输正常,指示灯有闪烁	(3)6	
4	现地操作员面板(屏内)	现地操作员面板完好无损,无死机、发热等现象; 屏上显示与机组实时状态一致(现地操作员面板采用12吋液晶触摸屏平板电脑)	(2)4	
5	自动准同期装置(屏内)	GER-500型微机自动准同期装置无发热,无异响、异味; 面板显示屏在启动同期装置时才显示; 电源指示灯亮,运行指示灯以每秒一次闪烁; 通信口指示灯有闪烁	(5)10	
6	按钮(屏内)	紧急停机按钮无损坏,无松动,有保护盖; 紧急停机复归按钮无损坏,无松动; 事故停机按钮无损坏,无松动; 事故停机复归按钮无损坏,无松动; 开机按钮无损坏,无松动; 停机按钮无损坏,无松动; 连线无脱落、烧焦、发黑变色等现象	(7)14	
7	电脑过速继电器(屏内)	TEF400电脑过速继电器无过热,无异响、异味; 面板指示显示与机组实时状态一致; 机组发电时,指示灯有5个:"d3"、"d4"、"OUT"、"IN1"、"IN2"亮; 机组停机时,指示灯有3个:"d1"、"d2"、"OUT"亮	(10)20	

续表 2-35

巡视步骤	巡视内容	巡视点及标准(或要求)	(巡视点数)满分	得分
8	开度行程仪(屏内)	YS-2007 开度行程仪无过热,无异响、异味; 面板指示显示与机组实时状态一致; 机组发电时,指示灯有2个:"AL"、"AHH"亮; 机组停机时,指示灯"AH"亮	(5)10	
9	继电器(屏内)	各继电器无过热,无异响、异味; 继电器指示灯亮,且与机组实时状态一致	(2)4	
10	屏后屏内	屏内应清洁完好; 端子、接线连接无烧焦、发黑变色等现象; 设备无松动、过热、异响、异味等现象; 现场交流电源输入开关在合闸位置; 现场直流电源输入开关在合闸位置; 交流电源开关在合闸位置; TS 交流电源开关在合闸位置; 直流电源开关在合闸位置; TS 直流电源开关在合闸位置; 水车保护直流开关在合闸位置; KIEN2000 以太网交换机无发热,无异响、异味; 通信传输正常,指示灯有闪烁	(13)26	
11	相关知识1 相关知识2		20	
(总点数)总分			(63)146	

注:百分制得分=(评价表得分/评价表总分)×100。

项目3　机电运行的操作与调整

【教学内容及目标】

采用手动方式或自动方式，正确地开启水轮发电机组，并入电网，调整负荷；采用手动方式或自动方式，正常停机，在事故情况下，事故停机或紧急事故停机。根据操作票正确地将线路、变压器退出运行，以及进行母线切换等操作。正确地填写电气设备的倒闸操作票。通过这些操作及操作票，进一步熟悉设备的结构、原理、性能、安装地点，设备的相互连接关系等知识，同时培养规则意识、安全意识，养成与人合作、遵章守纪、一丝不苟的习惯。

【教学环境与工具】

水电厂主厂房、升压站、开关站、开关室、多媒体教室等，同时准备好标准化作业卡、手电筒、测温仪、望远镜、安全帽、绝缘靴、绝缘棒、接地线、验电器等工器具。

任务3.1　水轮发电机组的操作与调整

【教学目标】

1. 技能目标

能在运行值班员的监护下，按照电力行业及现场运行规程的要求进行手动停机及事故停机、手动开机及自动开机操作。

2. 知识目标

了解机组的五种状态、特征及在流程图中的位置，熟悉手动正常停机及事故停机的主要步骤；熟悉手动开机及自动开机的主要步骤；熟悉发电机功率调整的方式，了解发电机绝缘电阻的测试。

【任务描述】

得值长操作令，学生以副值班员的身份，在水电厂运行人员的监护下，做好安全措施，携带操作工器具，按照机组手动停机及开机标准化作业实操表中的操作内容、操作要求（或标准），对水轮发电机组进行操作，并将操作结果记录在实操表中。

【任务准备】

1. 知识准备

（1）水轮发电机组可能的状态有哪几种？各种状态的特征是什么？找出它们在开停

机流程中的位置。

(2)机组正常手动停机一般有哪些步骤？紧急停机一般有哪些步骤？

(3)机组启动一般应具备哪些条件？

(4)机组开机前有哪些检查与操作？

(5)机组手动开机一般分为哪三个主要步骤？其中，机组并列操作又有哪三个步骤？

(6)机组的额定运行方式有哪些基本特征？

(7)机组并网运行时，如何调整有功功率和无功功率？单机运行时，如何调整机组转速和电压？

(8)如何测量发电机绕组绝缘电阻？如何判断绕组绝缘电阻合格？

(9)编制一张你实习所在水电厂的正常停机标准化作业卡。

2. 工具准备

所需工具如表 3-1 所示。

表 3-1　所需工具

序号	工具材料名称	数量	用途
1	安全帽	一顶	保证头部安全
2	手电筒	一只	用于照明
3	对讲机	两只	便于联系
4	工作手套	一双	操作

【任务实操】

机组手动停机或手动开机标准化作业实操表，见表 3-2、表 3-3。学员 2 人为一组，正确地戴好安全帽，扣好袖口，盘好头发，携带工具、实操表等进入主厂房。在运行人员的监护下依次操作，对合格项，在操作情况栏打“√”，对有缺陷或异常项，在操作情况栏用文字详细说明。操作中不漏项、动作规范。操作完成后，向值长汇报操作情况。

表 3-2　机组手动停机标准化作业实操表

作业步骤	作业内容	作业标准或要求	操作情况
1	停机前的检查	检查机组无事故和故障信号，各装置电源工作正常，满足机组手动停机要求	
2	人员就位	派有经验专人到主厂房全面监视机组停机情况	

续表 3-2

作业步骤	作业内容	作业标准或要求	操作情况
3	手动解列机组	操作步骤： (1)操作调速器电柜负荷增/减把手，缓慢减有功负荷； (2)操作励磁屏就地减磁按钮，缓慢减无功负荷； (3)减有功、无功负荷至零后，操作保护屏上 101QF 至分闸位置； (4)检查101QF 确在分闸位置； (5)操作励磁屏灭磁按钮灭磁，确认机组失压	
4	手动关闭导叶	将调速器手动/自动把手切换至“手动”位置 将调速器导叶开度机构把手切换至“全关”位置	
5	手动关闭蝶阀	(1)将蝶阀操作箱操作把手切至“手动”位置； (2)点击“关蝶阀”按钮启动蝶阀至全关； (3)待蝶阀至全关后，将蝶阀操作箱操作把手切至“自动”位置	
6	手动刹车	(1)观察监控屏上过速继电器，待机组转速≤35%时，关闭1305 阀，打开1303 阀； (2)监视机组转速≤5%时，机组处于停机状态后，关闭1303 阀，打开1305 阀	
7	手动关闭冷却水	顺时针旋转手动操作1202 阀至全关，检查机组冷却水压力变送器压力为零	
8	恢复刹车系统	恢复刹车制动后，检查机组刹车闸块 4 块全部落下	
9	对照工具、材料卡清点工器具	现场无遗留工具	

表3-3 机组手动开机标准化作业实操表

作业步骤	作业内容		作业标准或要求	操作情况
1	手动开机前,机组检查	①停机记录和上位机部分	检查机组停机记录为正常自动停机,停机时间未超过72 h。上位机1#屏和2#屏指示正常,查看机组光字牌,无事故和故障信号。查看机组控制流程图,机组处于停机状态	
		②断路器、隔离开关、互感器	检查101QF装置有无标示牌、接地线,101QF断路器指示灯绿灯亮、红灯熄,断路器在分闸位置,101QF断路器储能指示白灯亮,断路器已储能。1011D在分闸位置,1011QS、1012QS、1013QS在合闸位置。1TV、2TV正常,高、低压熔断器完好且在投入位置	
		③机组主机部分	进风口和出风口无堵塞,风道畅通。上下滑环无裂痕,表面光滑。碳刷完好,碳刷在刷架内能自由活动。碳刷和滑环接触面接触良好,励磁引线和刷架连接牢靠。滑环和转子引线连接牢靠。剪断销信号器连接牢靠。风闸闸块1、2、3、4全部落下,风闸模块灯亮	
		④油压装置和调速器部分	油压装置动力电源三相熔断器完好,均在投入位置。油压装置控制箱电源指示灯亮,切换开关在自动位置。调速器总供油阀全开,油压在1.8~2.3 MPa,压油罐油标指示有1/3的透平油和2/3的高压气,油面正常。调速器切换把手在“自动”位置,调速器电柜交流、直流220 V电源开关投入,调速器微机模块工作正常,指示灯亮,通信正常。触摸屏完好。开度指示表指示为零,导叶开度行程仪显示为零,导叶全关	
		⑤监控装置部分	监控屏220 V交流、直流电源投入,24 V、12 V、5 V开关投入,红色指示灯亮。监控屏控制权在“远方”位置。LCU模块工作正常,指示灯亮,通信正常。触摸屏切换正常,无死机。自动准同期装置工作灯亮,通信灯闪烁,液晶屏完好。转速信号装置转速≤5%灯亮,导叶开度行程仪导叶全关灯亮。24 V开出继电器正常,蝶阀全关继电器灯亮	
		⑥保护装置部分	保护装置220 V交流、直流电源投入,运行灯亮,无事故和故障信号。操作控制箱运行灯亮。断路器“远方/现地”控制切换把手在“远方”位置,101QF绿灯亮,在分闸位置。装置各保护连接片均在投入位置,连接牢靠	

续表 3-3

作业步骤	作业内容		作业标准或要求	操作情况
1	手动开机前，机组检查	⑦励磁装置部分	励磁装置220 V交流、直流电源投入，EU30调节控制箱运行灯亮，通信灯亮，工作正常。触摸屏切换正常，无事故和故障信号，无死机。可控硅快熔保险完好。励磁变箱体和绝缘瓷瓶无裂痕，无渗漏油。高、低压引线连接牢靠。励磁变冷却风机装置电源投入	
		⑧附属设备部分	机组上导、下导、水导油盆油位指示在油标的6～8之间。油色为淡黄色。总冷却水1201阀全开。低压气系统压力正常，在0.5～0.7 MPa	
		⑨蝶阀装置部分	蝶阀动力保险三相完好，在投入位置，蝶阀控制箱电源指示灯绿灯亮，控制切换把手在“自动”位置。蝶阀无故障信号	
2	打开冷却水		打开1202阀至全开，监视冷却水变送器压力在0.2～0.3 MPa。上导、水导油盆冷却水压正常	
3	手动开启蝶阀		将蝶阀控制箱操作把手切换至“手动”，点击“开启”按钮，监视开启过程正常后将操作把手切换至“自动”位置	
4	手动开机至空转		点击调速器上的触摸屏，显示当前状态为“电手动”，点击“开机”按钮。待转速正常后，将调速器上的触摸屏切换至“自动”位置	
5	机组并网		点击上位机机组控制流程图，点击机组至“发电”并确认	
6	调整负荷		机组至“发电”后，根据前池水位缓慢调整有功、无功负荷	
7	对照工具、材料卡清点工器具		现场无遗留工具	

【相关知识】

水轮发电机组可能的状态有检修状态、停机状态、空转状态、空载状态、发电状态五种状态。

机组检修状态的特征是：①机组已停机；②机组出口隔离刀闸在断开位置；③机组出口开关在断开位置；④机组出口开关柜上的储能开关已拉开；⑤机组出口 PT 隔离刀闸已

拉开;⑥发电机励磁系统已退出备用;⑦机组现地单元(LCU)已退出备用;⑧机组继电保护屏已退出备用;⑨机组调速器及压油装置已退出备用;⑩机组蝶阀及配套设备已退出备用;⑪机组冷却水阀门(1201,1202)已关闭;⑫机组蜗壳排水阀全开。

机组停机状态的特征是:①发电机出口开关(断路器)在分闸状态;②灭磁开关在分闸状态;③机组转速为零;④无安全措施。

机组空转状态的特征是:①机组已恢复备用;②机组开机后处于额定转速运转;③灭磁开关在分闸状态;④发电机出口开关(断路器)在分闸状态。

机组空载状态的特征是:①机组已运行在"空转状态";②灭磁开关已合上;③发电机出口开关(断路器)在分闸状态。

机组发电状态的特征是:①机组已运行在空载状态;②发电机出口开关(断路器)已合上。

除了上述五种状态,通称为"不定态"。机组停机状态、机组空转状态、机组空载状态、机组发电状态和机组不定态在机组开机流程与停机流程图中的位置如图3-1、图3-2所示。

3.1.1 水轮发电机组的停机操作

3.1.1.1 机组正常停机

(1)接到停机命令后,进行卸负荷。即关小导叶开度至"空载"位置(减有功负荷至零),减小励磁电流(减无功负荷至零)。

(2)当有功、无功负荷卸完后,跳开发电机主断路器。

(3)降低发电机电压至零,跳开灭磁开关。

(4)关于开度限制,关闭导叶至"全关"位置。

(5)待转速降至额定转速的35%时,投入机组机械制动(刹车)。

(6)停辅机:关闭冷却水;关密封水;开围带;投导叶锁锭,关闭发电机通风机。

(7)向值长汇报。

采用微机监控的水电站上述停机程序可由运行人员在上位机或者现地监控单元上以一个停机命令完成,即"一键停机",流程图见图3-1。

注意:不同水电站的机组停机操作步骤大致相同,但不同的控制方式、机组型式等因素导致机组停机过程有些不相同,应具体参照水电站运行规程。

3.1.1.2 机组事故停机和紧急事故停机

1.机组事故停机

当发电机在运行中发生下列故障时,机组应能够自动进行事故停机:

(1)发电机电气事故,发电机保护动作。

(2)机组事故(如轴承温度过高达到75 ℃,调速器油压事故性降低等)。

机组发生上述故障时,相应的保护动作,自动跳开发电机主断路器、灭磁开关,机组作事故停机,并发出事故信号。

2.机组紧急事故停机

当发电机在运行中发生下列故障时,机组应能够自动进行紧急事故停机:

(1)机组转速达到140%额定转速。

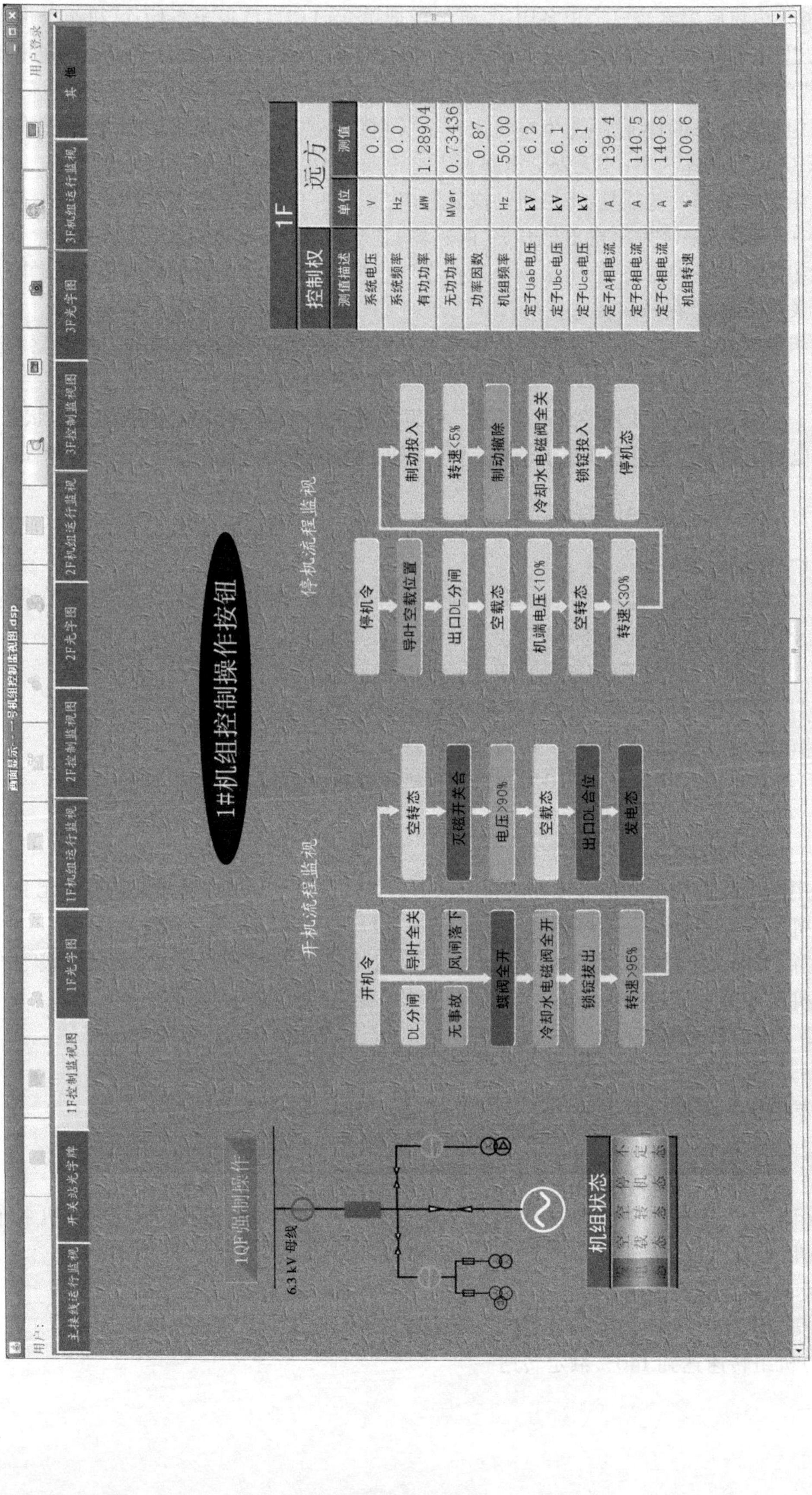

图 3-1　机组开机状态下的流程图

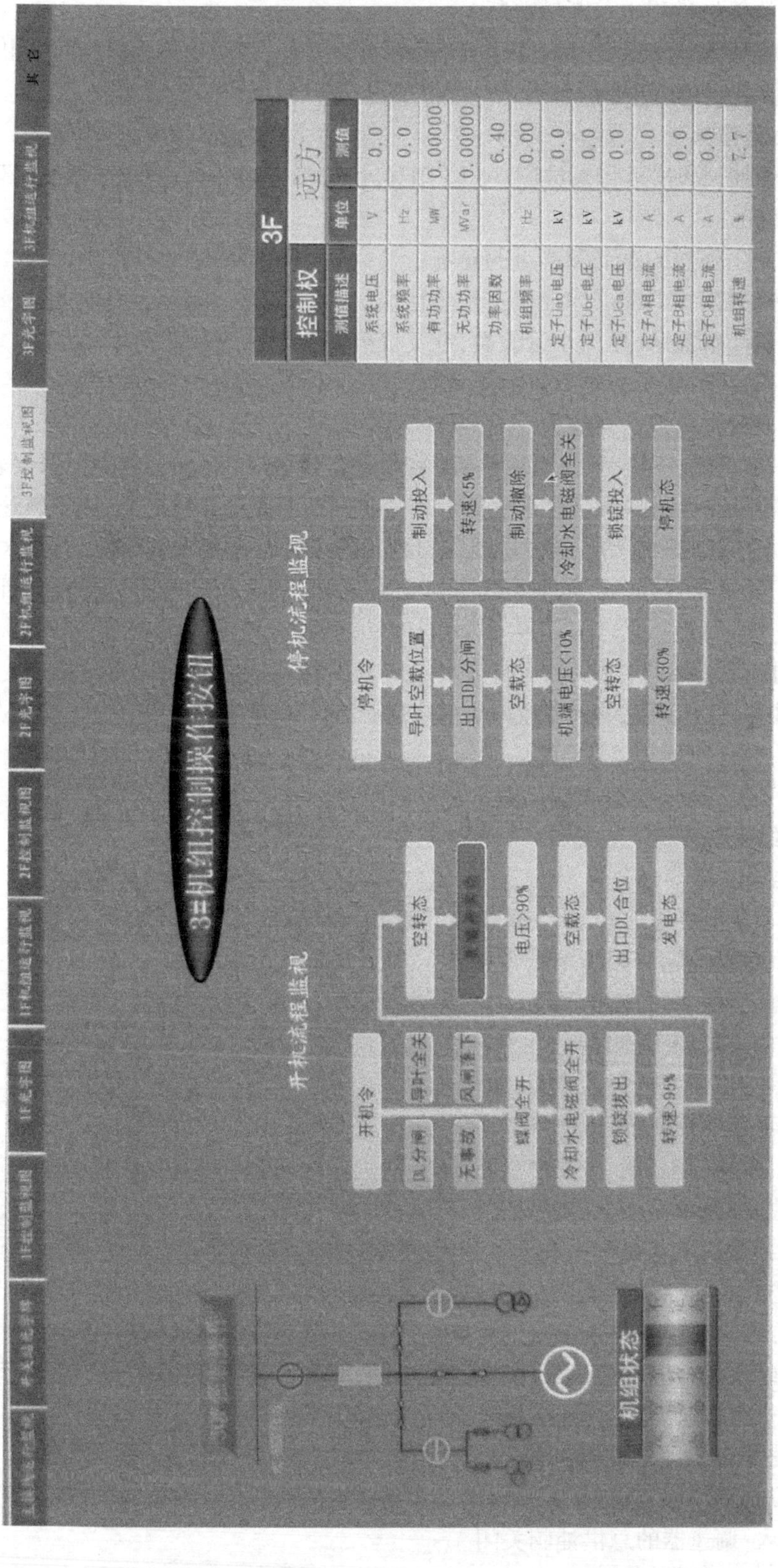

图 3-2　机组停机状态下的流程图

(2)在事故停机过程中剪断销剪断。

紧急事故停机除自动跳开发电机主断路器、灭磁开关,机组作事故停机并发出紧急事故信号外,还要关闭机组主阀。

3. 手动紧急停机

当发生下列情况时,运行人员应立即关闭导叶、降低励磁,将发电机与系统解列,并进行手动紧急停机:

(1)机组发生强烈的振动和严重的异响。

(2)发电机引出线电缆爆炸或接头发热冒烟。

(3)水轮机严重漏水,压力水管破裂,危及机组安全。

(4)发电机定子、转子冒烟着火。

(5)发生人身事故或自然灾火。

应特别注意,事故停机、紧急事故停机、手动紧急停机时,运行人员应根据仪表、断路器位置指示、断路器分闸弹簧张紧程度等综合紧急判断断路器确已分闸,机组转速确已降至35% n_e 以下方能刹车制动。若发电机出口断路器未分开而贸然刹车制动,强大的气隙旋转磁场将在转子轮毂、铁芯、阻尼绕组上感生涡流并严重发热,可能引起发电机燃烧的严重后果。

事故停机或紧急事故停机后,运行人员不应立即将保护复归而应及时报告上级领导或调度等待处理,并作好记录。事故停机后应进行全面检查分析,找出原因,进行处理。

3.1.2 水轮发电机组的开机操作

3.1.2.1 机组手动开机

1. 机组启动应具备的条件

(1)水轮机主阀在全开位置,主阀开启位置指示灯亮。

(2)导水机构全关,开限指示指零。

(3)机组无事故,事故继电器未动作。

(4)制动闸已复归,复归指示灯亮。

(5)冷却水、润滑水已投入流量,水压正常。

(6)制动系统气压正常(0.4~0.7 MPa)。

(7)开机准备工作就绪,开机准备指示灯亮。

(8)发电机回路断路器在断开位置。

(9)发电机励磁的灭磁开关在断开位置,励磁电压调整在零位。

(10)继电保护和自动控制回路确认已验收合格。

2. 开机前的检查与操作

启动前,确认机组应在停机状态,即发电机出口开关(断路器)在分闸状态,灭磁开关在分闸状态,机组转速为零,无安全措施。同时,应作下列检查与操作工作。

1)调速器检查

调速器应处于全关位置;开度限制指示指零;转速调整指示零位,功率给定整定为额定值;锁锭投入;调速器的总供油阀关闭。

2)油压装置检查

压力油槽油位、油压、油质正常;集油箱油位、油质正常;压力继电器整定值正确,动作可靠;油泵工作平稳。

3)制动系统检查

制动风闸落下,退出制动位置;信号灯亮;制动柜(架)各阀在机组投入运行位置;低压气正常。

4)主阀操作

(1)开主阀前必须先手动拔出人工锁锭。

(2)主阀开启前先开旁通阀,向蜗壳充水,直到主阀两边平压。

(3)平压后主阀若为球阀,开启前必须使球阀的工作密封退出;主阀若为蝶阀,开启前必须先排空气围带中的压缩空气。

(4)主阀开启操作可在中控室或机旁进行。第一次操作必须按操作票手动进行。主阀全开,开启位置指示灯亮。

(5)进水主阀全开后旁通阀关闭。

(6)主阀操作也可一次全自动完成。

5)冷却水、润滑水供水操作

打开各冷却水、润滑水(水润滑的水轮机导轴承需要润滑水)的供水总阀门;调整供水量与水压,使之维持正常。

6)顶转子操作

新装机组或大修机组,自投产之日算起的停机时间,第一年超过 24 h,一年后超过 72 h,规定机组启动前必须顶转子,以使润滑油进入推力轴承与镜板的摩擦面。

顶转子操作按以下步骤进行:

(1)检查调速器在全关位置,锁锭投入。

(2)操作制动柜上高压三通旋塞阀(或阀门),切换到顶转子位置;制动闸的排油阀在全关位置。

(3)关闭高压油泵的回油阀,打开供油阀,启动高压泵,压力油压升到规定定值。顶起转子 4 ~6 mm,保持 2 ~3 min。

(4)打开高压油泵的回油阀和制动闸的排油阀,使制动闸复归,指示灯亮,并到现场查看制动阀落下。

(5)检查制动闸复归情况,关闭制动闸的排油阀,将制动柜上的阀门切换到正常运行位置。

(6)切断电动启动的高压油泵电源。

3. 机组开机操作

当机组满足开机条件时,可按以下三个步骤开机。

1)机组启动

(1)打开冷却水,若出现冷却水中断信号,经过延时,投入备用冷却水,若仍无冷却水信号,发出冷却水中断信号。

(2)打开密封水,若延时后无密封水信号,发出密封水故障信号。

(3)打开调速器总供油阀,拔出接力器锁锭,将调速器手动、自动切换手柄,切到手动位置。调整调速器开度限制至“空载”开度,机组转速升至额定值。

2)机组并列

机组并列操作有以下三个步骤。

(1)发电机升压。

若选用准同期并列方式,则当机组转速升至80%额定转速时,合上发电机灭磁开关MK,起励,并调整励磁使发电机电压逐步升压至额定电压。升压时应注意如下事项:

①三相定子电流应等于零。

②升压过程中,应防止空载电压过高。发电机在额定转速、额定电压时,应检查励磁电流的调节手柄是否在空载位置,同时比较此时的励磁电流和电压值是否与正常空载值相近。

③三相定子电压值大小应平衡。

(2)发电机同期(投准同期装置)。

发电机同期并列方式有准同期与自同期两种。

①准同期。准同期是指当发电机转速接近额定转速后,先加励磁建立发电机电压,调整发电机与系统满足准同期并列条件后再合上断路器与系统并网的方式。采用准同期的优点是冲击电流小,缺点是操作复杂、技术要求高。

②自同期。自同期是指当发电机转速接近额定转速(相差±2%)时,在不加励磁的情况下,先合上发电机的主断路器,然后再合上励磁开关MK加励磁的并网方式。采用自同期的优点是操作简单,在系统发生故障的情况下,备用机组可迅速并入系统,但并网时冲击电流较大。

发电机的同期方式一般采用准同期。

当发电机端电压升至90%额定电压时,投入准同期装置准备并列。并列工作必须由正值以上的运行人员承担,防止操作不当,造成非同期合闸事故。同期操作时,由电压差表、频率差表、同期表、同期闭锁继电器监视。

准同期并列必须满足以下条件:

①待并发电机的电压与电网(系统)电压相等,其偏差不大于额定电压的±5%;

②待并发电机的频率与电网频率相等,其频率偏差不大于±0.25 Hz;

③待并发电机与电网相位相同,其相位角偏差在±10°以内。

发电机暂态电抗很小,系统与待并发电机两者较小的电压差将会造成较大的冲击电流。若偏离了上述三个条件,进行非同期并列,在很大的冲击电流作用下会造成事故,严重时会烧坏发电机,甚至扭断主轴。

(3)发电机并列(合发电机出口断路器)。

当机组满足准同期并列条件后,用准同期装置发出合闸命令,合上发电机出口断路器。

准同期并列的操作方法有手动准同期、半自动准同期、自动准同期三种,小型水电站的水轮发电机多采用手动和半自动准同期。对于乡村小型水电站,还使用简易的灯光法同期并列方式。

手动准同期装置由以下表计组成:

①组合式同期表。其中包括电压差表、频率差表和同期表三部分。电压差表和频率差表反映两个系统的电压差值和频率差值,表针指示正向(向上)或反向(向下)偏转,即为待并系统高于或低于运行系统的电压和频率值。同期表指针转向顺时针为待并系统相角超前运行系统,逆时针为待并系统相角滞后运行系统。

②同期检查继电器。用来鉴定两个系统的同期条件。当同相的相角差在0~±30°范围内时触点闭合并列。可防止操作人员对整步表判断不正确,在相角差较大时误并列。

③同期闭锁解除转换开关。该开关的触点与同期检查继电器的触点并联,当置同期闭锁解除转换开关于投入同期闭锁位置时,该开关的触点断开,则同期检查继电器的触点串接于合闸小母线之间,当同期并列条件不满足时,继电器动作,其动断触点断开,闭锁了断路器控制回路;当置同期闭锁解除转换开关于解除闭锁位置时,该开关的触点闭合,同期检查继电器触点被短接,当同期条件不满足时,仍开放合闸回路。

④同期表转换开关。有三个位置:“断开”、“粗略”、“精确”。开关在“断开”位置,同期表计退出,以防止同期表和同期检查继电器因长时间带电而损坏;开关在“粗略”位置时,分别接入电压表和频率表,以监视电压和频率,而同期表不接入,此时比较的是电压的大小和频率,如果是发电厂则可以通过粗调使电压的大小和频率相同;开关置于“精确”位置时,分别接入电压表、频率表和同期表,此时比较的是电压的大小、频率及相位,如果是发电厂则可以通过细调使相位也一致。

⑤同期开关。同期开关有“投入”和“断开”两个位置,切至“投入”位置时是将同期电压引至同期电压小母线上。由于在同一时间内只允许对一台断路器进行并列操作,每个同期点断路器均装有同期开关,并共用一个操作把手。操作把手只有在同期开关位于“断开”位置时才能抽出,以保证在同一时间内只对一台断路器进行并列操作。

⑥断路器控制开关。手动操作断路器控制开关,使断路器分闸或合闸。

⑦同期电压小母线。组合式同期表、同期表转换开关、同期开关等表计均接在此母线上。

手动准同期操作步骤如下:

①合上待并发电机的隔离开关(有的机组无隔离开关);

②操作调速器的开度限制机构,使待并发电机的频率与系统频率近似相等,其偏差在允许范围内;

③合上灭磁开关MK,给发电机励磁;

④调整待并发电机的励磁电流,使电压与系统电压近似相等,其偏差在允许范围内;

⑤将同期表转换开关切至“投入”位置,将两侧电压引至同期电压小母线上;

⑥将同期闭锁解除转换开关切至同期闭锁投入位置,即投入同期检查继电器;

⑦将同期表转换开关切到“粗略”位置,使电压表和频率表投入,监测电压表和频率表读数。对于水力发电厂,还要根据电压表和频率表的读数进行粗调(粗调励磁电流和进水量),使发电机电压和频率与系统接近相等;

⑧将同期表转换开关切至“精确”位置,使同期表投入,同期表指针开始旋转。对于水力发电厂,要根据同期表的指针旋转方向进行细调(调节水轮机进水量),调至同期表的指针向顺时针方向缓慢旋转(3~4 r/min);

⑨将断路器控制开关切至“预备合闸”位置，同时观察同期表，待指针快靠近红线（提前5°~10°，这是因为发出合闸命令到断路器合闸需要一定的时间）时，将断路器控制开关切至“合闸”位置，实现同期操作；

⑩合闸成功后红灯闪光，将控制开关置于“合闸后”位置，红灯停止闪光而发平光；

⑪退出同期表转换开关和同期开关；

⑫调整有功和无功负荷。

为了防止非同期并列，有下列情况之一者禁止合闸：

①同期表指针旋转过快时。此时不易掌握适当的合闸时间，往往会造成非同期合闸。

②同期表跳动而不是平稳地摆动经过红线。这可能是同步表内部机构卡阻或接点松动引起表示不正确，也往往造成非同期合闸。

③同期表经过红线不动时。

3）机组调整负荷至额定值

当水轮发电机组并入电网带负荷后，调整有功功率和无功功率到额定值，操作方法如下：

（1）操作开度限制机构，使红针到比预定的与水头相适应的额定出力略大的限制开度。

（2）增加有功功率。操作调速器的转速调整机构黑针，使其指示增大，使导水机构实际开度增大，调整机组有功功率到额定值。

（3）增加无功功率。用增加励磁的方法调整无功功率到额定值，并监视励磁电流不允许超限。

减少有功功率和无功功率的操作与上述相反，机组在运行中可根据电网调度，用上述相同的方法进行功率调整。

关于同步发电机并网运行时有功调整、无功调整和单机运行时频率调整、电压调整的理论分析，读者可参见电机学的有关叙述。

3.1.2.2 机组自动开机（一键开机）

1. 开机前的检查

（1）开调速器总供油阀，拔出接力器锁锭。

（2）将调速器手动、自动切换手柄切换到自动位置。

（3）机组准备工作就绪，准备开机。

（4）发出开机命令使机组启动并升至额定转速，运行人员应密切注意机组情况。水轮机人员要加强现场的监视检查。

2. 一键开机

采用微机监控的水电站上述开机程序可由运行人员在上位机或者现地监控单元上以一个开机命令完成，即“一键开机”。机组将按计算机软件设计的程序，自动开机，并网发电。

3.1.2.3 发电机运行参数的调整

1. 机组的额定运行方式

在“发电机运行监视”画面上，可进行有功功率设置，运行人员点击有功设置、无功设置框，输入所需的功率值，再按“确定”按钮即可；也可进行有功功率调整，运行人员点击功率增减按钮达到所需的功率值，再按“确定”按钮即可。

运行人员在监盘和抄表过程中，如果发现仪表读数或参数变化超出允许范围，或根据上级调度部门调度命令，应当调整设备的运行参数，以维持系统的正常稳定运行。需要调整的参数主要有：发电机出口电压、频率，发电机输出的有功功率、无功功率和功率因数等。

作为机电运行人员，首先应该了解发电机的额定运行方式及参数的允许变化范围。关于发电机的额定运行方式有如下规定：

(1)发电机按额定参数允许长期连续运行。

(2)发电机运行时电压规定如下：

①发电机正常运行时，电压的变动范围要求在额定电压的 ±5% 以内，其连续额定出力不变。发电机电压超过上述范围时，发电机出力都将因定子或转子过热受到限制，无法保证额定出力。

②当定子电压下降到低于额定值的 95% 时，定子电流可相应增加 5%；反之亦然。在此范围内，发电机的定子和转子的温度都不会超过允许值。

③发电机最高允许电压不得超过额定值的 110%，且转子电流不得大于额定值，最低不得低于额定值的 90%。

(3)电网的频率取决于整个电网有功负荷的供求关系。正常运行时，发电机频率变动范围不得超过 ±0.5 Hz，能按额定容量运行。当频率低于 49.5 Hz 时，应加强对发电机各部温度的监视。当频率变动幅度较大时，应及时调整发电机的有功功率。频率和有功功率的调整，一般调速器能自动进行。必要时或调度下令增加及减少有功功率时，运行人员可以通过操作调速器使导叶开度增加或减少水轮机的进水量来改变有功功率。

(4)发电机功率因数一般不超过迟相 0.95，基本保持功率因数在 0.8 ~ 0.9 运行。必要时可在功率因数为 1 的条件下运行，并允许短时间在进相 0.95 ~ 1 范围内运行。当功率因数在额定值至迟相 0.5 内变动时，应注意转子电流不超过最大允许值。功率因数越低，定子电流的无功分量就越大，减弱主磁通的作用也越大，此时为了维持发电机端电压不变，就必须增加转子电流，这可能导致转子线圈温度超过允许值。发电机功率因数的调整主要通过改变有功、无功功率的大小来实现。

(5)发电机三相不平衡电流在连续运行时不得超出 10% I_e(I_e 为发电机额定电流)，同时每一相电流不得超出额定值。当发电机电压降低 5% U_e 时，允许定子电流升高 5% I_e，如电压继续降低，定子电流不得超过 105% I_e。

(6)发电机有功功率一般不允许超过额定功率运行，无功功率根据电压水平进行调整，一般不允许无功功率为零或进相。发电机的电压和无功功率的调整主要通过增减励磁电流来实现。发电机装有自动励磁调整装置，它可以自动增加励磁电流而增加电压或无功功率，以满足负荷的要求。必要时，运行人员可以通过手动增减励磁电流进行调整。

2. 发电机功率调整

1)同步发电机与无穷大电网并联时有功功率调整

增加或者减少导叶开度，即增加或者减少水轮机的进水量，发电机输出有功功率就得到调整。可通过调节调速器转速调整机构来实现，也可在中控室上位机点击“增功”或者

"减功"实现,还可在机旁调速器上"现地"操作实现。

2)同步发电机与无穷大电网并联时无功负荷调整

同步发电机与无穷大电网并联时,改变励磁电流大小即改变发电机无功功率输出大小,可通过调节励磁装置上励磁调整装置来实现。也可在中控室上位机点击"增磁"或者"减磁"实现,还可在机旁励磁装置上"现地"操作实现。

3)同步发电机单机运行时的调整

同步发电机单机运行时,当有功负荷一定时,调节调速器转速调整机构改变进水量大小则改变机组频率;当无功负荷一定时,调节励磁电流大小则改变机组电压高低。

3.1.2.4 发电机绝缘电阻测量

发电机每次启动前及停机后,都要用1 000 ~ 2 500 V 摇表测量定子绕组的绝缘电阻,并作好记录。启动频繁的机组可以适当减少次数,但至少每月应测量一次,以便掌握发电机在运行过程中的绝缘状况。

定子绕组的安全绝缘电阻值,规程上未做具体规定,一般是与前次测量结果比较来进行判断。如果所测得的绝缘电阻较上次降低1/5 ~ 1/3,则认为绝缘不良。在测量绝缘电阻的同时,还应测量发电机绝缘的吸收比。要求吸收比 $R_{60}/R_{15} \geqslant 1.3$,若低于1.3,则说明发电机绝缘已受潮,应予以干燥。R_{60}、R_{15}表示测量绝缘电阻时,手摇兆欧表60 s、15 s时的读数。

对发电机转子绕组及励磁回路的绝缘电阻的测量,使用500 ~ 1 000 V 摇表。发电机转子绕组绝缘电阻往往和励磁回路一起测量,只有当发现问题时才分开测量。在热状态下解列停机后,全部励磁回路的绝缘电阻应不小于0.5 MΩ。

为了防止发电机产生轴电流,轴承对地应该是绝缘的,用1 000 V 摇表测量时,其绝缘电阻应不小于1 MΩ。在轴承油管和水管全部组装好的情况下,用1 000 V 摇表测量时,轴承对地绝缘电阻应不小于0.5 MΩ。

绝缘电阻是随着温度的升高而降低的,为了使测得的数据有可比性,每次测量的结果一般应换算成75 ℃时的绝缘电阻值,换算方法如下:

$$R_{75} = \frac{R_T}{2^{\frac{75-T}{10}}}$$

如测量的绝缘电阻不合格,并判断是因为受潮所致,就必须对发电机进行干燥。发电机干燥的方法有:短路干燥法、自然空转风冷法、通直流电法。

绝缘电阻测量的操作步骤参见本书3.2.2中有关变压器绝缘电阻测量的操作。

3.1.3 机组手动停机与开机标准化作业卡举例

下面是某水电厂依据《水轮机运行规程》(DL/T 710—1999)和《水轮发电机运行规程》(DL/T 751—2001),并结合该厂设备的具体情况制定的水轮发电机组手动正常停机与开机的标准化作业卡(主要部分),见表3-4和表3-5。

表3-4 机组手动停机标准化作业卡(主要部分)

作业步骤	作业内容	作业标准或要求	作业危险点
1	停机前的检查	检查机组无事故和故障信号,各装置电源工作正常,满足机组手动停机要求	机组有事故或故障,各装置电源不正常,在停机过程中可能扩大事故
2	人员就位	派有经验专人到主厂房全面监视机组停机情况	主厂房严禁无人监视停机情况
3	手动解列机组	操作步骤: (1)操作调速器电柜负荷增/减把手,缓慢减有功负荷; (2)操作励磁屏就地减磁按钮,缓慢减无功负荷; (3)减有功、无功负荷至零后,操作保护屏上101QF至分闸位置; (4)检查101QF确在分闸位置; (5)操作励磁屏灭磁按钮灭磁,确认机组失压	减负荷操作过快会造成剪断销剪断
4	手动关闭导叶	将调速器手动/自动把手切换至“手动”位置; 将调速器导叶开度机构把手切换至“全关”位置	操作反方向,机组转速升高
5	手动关闭蝶阀	(1)将蝶阀操作箱操作把手切至“手动”位置; (2)点击“关蝶阀”按钮启动蝶阀至全关; (3)待蝶阀至全关后,将蝶阀操作箱操作把手切至“自动”位置	关闭发卡、电机缺相,关闭过头损坏蝶阀装置
6	手动刹车	(1)观察监控屏上过速继电器,待机组转速≤35%时,关闭1305阀,打开1303阀; (2)监视机组转速≤5%时,机组处于停机状态后,关闭1303阀,打开1305阀	(1)转速过高时刹车会造成刹车片磨损过快或摩擦着火。 (2)机组长时间低转速运行未刹车,会造成机组轴承温度升高
7	手动关闭冷却水	顺时针旋转手动操作1202阀至全关,检查机组冷却水压力变送器压力为零	操作阀门时损坏阀门
8	恢复刹车系统	恢复刹车制动后,检查机组刹车闸块4块全部落下	刹车闸块未落下,下次开机时摩擦状态
9	对照工具、材料卡清点工器具	现场无遗留工具	工具、材料遗留在现场

表 3-5　机组手动开机标准化作业卡(主要部分)

作业步骤	作业内容		作业标准或要求	作业危险点
1	手动开机前,机组检查	①停机记录和上位机部分	检查机组停机记录为正常自动停机,停机时间未超过 72 h。上位机 1#屏和 2#屏指示正常,查看机组光字牌,无事故和故障信号。查看机组控制流程图,机组处于停机态	不认真检查可能造成机组事故,无法开机
		②断路器、隔离开关、互感器	检查 101QF 装置有无标示牌、接地线,101QF 断路器指示灯绿灯亮、红灯熄,断路器在分闸位置,101QF 断路器储能指示白灯亮,断路器已储能。1011D 在分闸位置,1011QS、1012QS、1013QS 在合闸位置。1TV、2TV 正常,高、低压熔断器完好且在投入位置	
		③机组主机部分	进风口和出风口无堵塞,风道畅通。上下滑环无裂痕,表面光滑。碳刷完好,碳刷在刷架内能自由活动。碳刷和滑环接触面接触良好,励磁引线和刷架连接牢靠。滑环和转子引线连接牢靠。剪断销信号器连接牢靠。风闸闸块 1、2、3、4 全部落下,风闸模块灯亮	
		④油压装置和调速器部分	油压装置动力电源三相熔断器完好,均在投入位置。油压装置控制箱电源指示灯亮,切换开关在“自动”位置。调速器总供油阀全开,油压在 1.8 ~ 2.3 MPa,压油罐油标指示有 1/3 的透平油和 2/3 的高压气,油面正常。调速器切换把手在“自动”位置,调速器电柜交流、直流 220 V 电源开关投入,调速器微机模块工作正常,指示灯亮,通信正常。触摸屏完好。开度指示表指示为零,导叶开度行程仪显示为零,导叶全关	
		⑤监控装置部分	监控屏 220 V 交流、直流电源投入,24 V、12 V、5 V 开关投入,红色指示灯亮。监控屏控制权在“远方”位置。LCU 模块工作正常,指示灯亮,通信正常。触摸屏切换正常,无死机。自动准同期装置工作灯亮,通信灯闪烁,液晶屏完好。转速信号装置转速≤5% 灯亮,导叶开度行程仪导叶全关灯亮。24 V 开出继电器正常,蝶阀全关继电器灯亮	
		⑥保护装置部分	保护装置 220 V 交流、直流电源投入,运行灯亮,无事故和故障信号。操作控制箱运行灯亮。断路器“远方/现地”控制切换把手在“远方”位置,101QF 绿灯亮,在分闸位置。装置各保护连接片均在投入位置,连接牢靠	
		⑦励磁装置部分	励磁装置 220 V 交流、直流电源投入,EU30 调节控制箱运行灯亮,通信灯亮,工作正常。触摸屏切换正常,无事故和故障信号,无死机。可控硅快熔保险完好。励磁变箱体和绝缘瓷瓶无裂痕,无渗漏油。高、低压引线连接牢靠。励磁变冷却风机装置电源投入	

续表 3-5

作业步骤	作业内容		作业标准或要求	作业危险点
1	手动开机前,机组检查	⑧附属设备部分	机组上导、下导、水导油盆油位指示在油标的 6 ~ 8 之间。油色为淡黄色。总冷却水 1201 阀全开。低压气系统压力正常,在 0.5 ~ 0.7 MPa	不认真检查可能造成机组事故,无法开机
		⑨蝶阀装置部分	蝶阀动力保险三相完好,在投入位置,蝶阀控制箱电源指示灯绿灯亮,控制切换把手在“自动”位置。蝶阀无故障信号	
2	打开冷却水		打开 1202 阀至全开,监视冷却水变送器压力在 0.2 ~ 0.3 MPa。上导、水导油盆冷却水水压正常	未开冷却水或压力不够造成机组瓦温升高
3	手动开启蝶阀		将蝶阀控制箱操作把手切换至“手动”,点击“开启”按钮,监视开启过程正常后将操作把手切换至“自动”位置	蝶阀开启过程中发出声响、发卡,电源缺相,开启过头损坏装置和烧坏电机
4	手动开机至空转		点击调速器上的触摸屏,显示当前状态为“电手动”,点击“开机”按钮。待转速正常后,将调速器上的触摸屏切换至“自动”位置	机组转速上升,有异常声响
5	机组并网		点击上位机机组控制流程图,点击机组至“发电”并确认	非同期并列,机组发出异常声响,剧烈震动
6	调整负荷		机组至“发电”后,根据前池水位缓慢调整有功、无功负荷	调整过快,剪断销剪断
7	对照工具、材料卡清点工器具		现场无遗留工具	工具、材料遗留在现场

【教学评价】

学生按照规定的操作路线,逐一对机组进行操作,每操作正确一个点记 2 分;现场巡视时,若违反安全规程,则该巡视内容记 0 分。机组手动停机与手动开机标准化作业评价见表 3-6 和表 3-7。

表 3-6　机组手动停机标准化作业评价表

作业步骤	作业内容	作业标准或要求	(操作点数)满分	得分
1	停机前的检查	检查机组**无事故和故障信号**,**各装置电源**工作正常,满足机组手动停机要求	(2)4	
2	人员就位	派有经验**专人到主厂房全面监视机组停机**情况	(1)2	
3	手动解列机组	操作步骤: (1)操作**调速器电柜负荷增/减把手**,缓慢减有功负荷; (2)操作**励磁屏就地减磁按钮**,缓慢减无功负荷; (3)减有功、无功负荷至零后,操作**保护屏上 101QF** 至分闸位置; (4)检查101QF 确在分闸位置; (5)操作**励磁屏灭磁按钮**灭磁,确认机组失压	(5)10	
4	手动关闭导叶	将**调速器手动/自动把手**切换至"手动"位置; 将**调速器导叶开度机构把手**切换至"全关"位置	(1)2	
5	手动关闭蝶阀	(1)将**蝶阀操作箱操作把手**切至"手动"位置; (2)点击**"关蝶阀"按钮**启动蝶阀至全关; (3)待蝶阀至全关后,将**蝶阀操作箱操作把手**切至"自动"位置	(3)6	
6	手动刹车	(1)观察监控屏上过速继电器待机组转速≤35%时,关闭1305 阀,打开1303 阀; (2)监视机组转速≤5%时,机组处于停机状态后,关闭1303 阀,打开1305 阀	(4)8	
7	手动关闭冷却水	顺时针旋转手动操作1202 阀至全关,检查机组**冷却水压力变送器**压力为零	(2)4	
8	恢复刹车系统	恢复刹车制动后,检查机组**刹车闸块 4 块**全部落下	(1)2	
9	对照工具、材料卡清点工器具	现场无遗留**工具**	(1)2	
10	相关知识 1 相关知识 2		20	
(总点数) 总分			(20)60	

注:百分制得分 =(评价表得分/评价表总分)×100。

表 3-7 机组手动开机标准化作业评价表

作业步骤	作业内容		作业标准或要求	(操作点数)满分	得分
1	手动开机前,机组检查	①停机记录和上位机部分	检查机组停机记录为正常自动停机,停机时间未超过 72 h。上位机 1#屏和 2#屏指示正常,查看机组光字牌,无事故和故障信号。查看机组控制流程图,机组处于停机状态	(4)8	
		②断路器、隔离开关、互感器	检查 101QF 装置有无标示牌、接地线,101QF 断路器指示灯绿灯亮、红灯熄,断路器在分闸位置,101QF 断路器储能指示白灯亮,断路器已储能。1011D 在分闸位置,1011QS、1012QS、1013QS 在合闸位置。1TV、2TV 正常,高、低压熔断器完好且在投入位置	(13)26	
		③机组主机部分	进风口和出风口无堵塞,风道畅通。上下滑环无裂痕,表面光滑。碳刷完好,碳刷在刷架内能自由活动。碳刷和滑环接触面接触良好,励磁引线和刷架连接牢靠。滑环和转子引线连接牢靠。剪断销信号器连接牢靠。风闸闸块 1、2、3、4 全部落下,风闸模块灯亮	(10)20	
		④油压装置和调速器部分	油压装置动力电源三相熔断器完好,均在投入位置。油压装置控制箱电源指示灯亮,切换开关在自动位置。调速器总供油阀全开,油压在 1.8 ~ 2.3 MPa,压油罐油标指示有 1/3 的透平油和 2/3 的高压气,油面正常。调速器切换把手在"自动"位置,调速器电柜交流、直流 220 V 电源开关投入,调速器微机模块工作正常,指示灯亮,通信正常。触摸屏完好。开度指示表指示为零,导叶开度行程仪显示为零,导叶全关	(9)18	
		⑤监控装置部分	监控屏220 V 交流、直流电源投入,24 V、12 V、5 V 开关投入,红色指示灯亮。监控屏控制权在"远方"位置。LCU 模块工作正常,指示灯亮,通信正常。触摸屏切换正常,无死机。自动准同期装置工作灯亮,通信灯闪烁,液晶屏完好。转速信号装置转速≤5% 灯亮,导叶开度行程仪导叶全关灯亮。24 V 开出继电器正常,蝶阀全关继电器灯亮	(14)28	
		⑥保护装置部分	保护装置220 V 交流、直流电源投入,运行灯亮,无事故和故障信号。操作控制箱运行灯亮。断路器"远方/现地"控制切换把手在"远方"位置,101QF 绿灯亮,在分闸位置。装置各保护连接片均在投入位置,连接牢靠	(7)14	

续表 3-7

作业步骤	作业内容		作业标准或要求	(操作点数)满分	得分
1	手动开机前,机组检查	⑦励磁装置部分	励磁装置220 V交流、直流电源投入,EU30调节控制箱运行灯亮,通信灯亮,工作正常。触摸屏切换正常,无事故和故障信号,无死机。可控硅快熔保险完好。励磁变箱体和绝缘瓷瓶无裂痕,无渗漏油。高、低压引线连接牢靠。励磁变冷却风机装置电源投入	(10)20	
		⑧附属设备部分	机组上导、下导、水导油盆油位指示在油标的6~8之间。油色为淡黄色。总冷却水1201阀全开。低压气系统压力正常,在0.5~0.7 MPa	(4)8	
		⑨蝶阀装置部分	蝶阀动力保险三相完好,在投入位置,蝶阀控制箱电源指示灯绿灯亮,控制切换把手在"自动"位置。蝶阀无故障信号	(4)8	
2	打开冷却水		打开1202阀至全开,监视冷却水变送器压力在0.2~0.3 MPa。上导、水导油盆冷却水水压正常	(3)6	
3	手动开启蝶阀		将蝶阀控制箱操作把手切换至"手动",点击"开启"按钮,监视开启过程正常后将操作把手切换至"自动"位置	(3)6	
4	手动开机至空转		点击调速器上的触摸屏,显示当前状态为"电手动",点击"开机"按钮。待转速正常后,将调速器上的触摸屏切换至"自动"位置	(3)6	
5	机组并网		点击上位机机组控制流程图,点击机组至"发电"并确认	(1)2	
6	调整负荷		机组至"发电"后,根据前池水位缓慢调整有功、无功负荷	(1)2	
7	对照工具、材料卡清点工器具		现场无遗留工具	(1)2	
8	相关知识1 相关知识2			20	
(总点数)总分				(87)194	

注:百分制得分=(评价表得分/评价表总分)×100。

任务 3.2 电气设备(变压器)的操作

【教学目标】

1. 技能目标

能在运行值班员的监护下,按照电力行业及现场运行规程的要求进行电气设备(变压器)的操作。

2. 知识目标

掌握电气设备状态及设备操作的基本顺序,熟悉倒闸操作的基本要求与管理规定,熟悉倒闸操作的基本步骤及操作票管理要求,熟悉倒闸操作术语,掌握一般停送电的操作原则,掌握变压器绝缘电阻测试的步骤和注意事项。

【任务描述】

得值长操作令,学生以副值班员的身份,在水电厂运行人员的监护下,做好安全措施,携带操作工器具,按照水电厂线路由运行转检修标准化作业实操表中的操作内容、操作要求(或标准),对 4B 由运行转检修进行模拟操作,并将操作结果记录在实操表中。

【任务准备】

1. 知识准备

(1)发电厂及变电站电气设备的状态通常有哪四种? 各有何特征?

(2)倒闸操作的主要内容有哪些?

(3)倒闸操作基本术语分哪两类? 各有哪些内容?

(4)倒闸操作常对哪些设备进行? 各有哪些注意事项?

(5)倒闸操作流程中"三级审核"指的是什么? 为什么要进行"三级审核"?

(6)倒闸操作流程中"唱票复诵"、"执行操作"项是怎样进行的?

(7)变压器绝缘电阻摇测有哪些基本步骤、注意事项?

(8)更改变压器分接头有哪几个步骤?

(9)熟悉倒闸操作标准化作业卡。

2. 工具准备

4B 由运行转检修工具材料清单如表 3-8 所示。

表 3-8 4B 由运行转检修工具材料清单

序号	工具材料名称	数量	用途
1	安全帽	一顶	保证人体绝缘安全
2	绝缘手套	一双	保证人体绝缘安全
3	隔离开关操作杆	一根	操作隔离开关分合
4	高压验电器	一只	验电
5	三相短路接地线	一组	保证人身安全
6	标示牌	一个	提示、注意

【任务实操】

根据4B由运行转检修标准化作业实操表(见表3-9),学员2人为一组,正确地戴好安全帽,扣好袖口,盘好头发,携带工具、实操表等进入开关站。在运行人员的监护下依次操作,对合格项,在操作情况栏打"√",对有缺陷或异常项,在操作情况栏用文字详细说明。操作中不漏项、动作规范。操作完成后,向值长汇报操作情况。

表3-9　4B由运行转检修标准化作业实操表

作业步骤	作业内容	作业标准或要求	操作情况
1	收到工作票	收到××××××号4B由"运行"转"检修"工作票,认真阅读工作内容、安全措施	
2	填写操作票	填写一份4B由"运行"转"检修"操作票,操作票任务正确,操作顺序符合"安全规程"安全技术措施要求	
3	通知用户准备停电	通知4B停电涉及的用户,做好停电准备	
4	变压器停电退出运行至冷备用	点击上位机主接线4B高压侧209#断路器至"分闸",点击确认; 查看4B高压侧209#断路器确已分闸; 点击上位机主接线4B低压侧107#断路器至"分闸",点击确认; 查看4B低压侧107#断路器确已分闸; 将209#断路器开关柜机械五防装置由"工作"切换至"分断闭锁"位置; 拉开4B高压侧2091隔离刀闸; 检查4B高压侧2091隔离刀闸三相确在断开位置; 合上4B高压侧2091D接地刀闸; 检查4B高压侧2091D接地刀闸三相确在合闸位置; 将209#断路器开关柜机械五防装置由"分断闭锁"切换至"检修"位置; 将209#断路器储能开关切换至"切除"位置; 209#断路器分合闸转换开关合闸一次,使断路器释能; 检查209#断路器弹簧操作机构确已失能; 将107#断路器开关柜机械五防装置由"工作"切换至"分断闭锁"位置; 拉开4B低压侧1071隔离刀闸; 检查4B低压侧1071隔离刀闸三相确在分闸位置; 合上4B低压侧1071D接地刀闸; 检查4B低压侧1071D接地刀闸三相确在合闸位置; 将107#断路器开关柜机械五防装置由"分断闭锁"切换至"检修"位置; 将107#断路器储能开关切换至"切除"位置; 107#断路器分合闸转换开关合闸一次,使断路器释能; 检查107#断路器弹簧操作机构确已失能	

续表 3-9

作业步骤	作业内容	作业标准或要求	操作情况
5	变压器高、低压侧验电	用 10 kV 验电器在 4B 高压侧分别三相验电； 用 6 kV 验电器在 4B 低压侧分别三相验电	
6	变压器高、低压侧放电	对 4B 10 kV 侧放电； 对 4B 6 kV 侧放电	
7	变压器高、低压侧装设接地线	在 4B 高压侧与 2091 隔离刀闸之间装设一组三相短路接地线； 检查三相短路接地线装设正确、接触牢靠； 在 4B 低压侧与 107#断路器之间装设一组三相短路接地线； 检查三相短路接地线装设正确、接触牢靠	
8	退出二次回路	拉开 4B 保护高压侧 10 TV 分支电源空气开关 1－1ZKK； 拉开 4B 保护低压侧 4 TV 分支电源空气开关 1－2ZKK； 拉开 4B 线路高压侧 10 TV 分支电源空气开关 2ZKK； 拉开 4B 保护直流电源空气开关 1－1FS； 拉开 4B 保护装置直流电源空气开关 1－2FS； 拉开 4B 高压侧直流操作电源空气开关 1－3FS； 拉开 4B 低压侧直流操作电源空气开关 1－4FS； 拉开 4B 线路直流操作电源空气开关 2FS	
9	悬挂标示牌，装设遮栏	在 2091 刀闸操作把手上悬挂“禁止合闸，有人工作”标示牌，在停电设备周围装设遮栏； 在 1071 刀闸操作把手上悬挂“禁止合闸，有人工作”标示牌，在停电设备周围装设遮栏； 在 4B 本体上悬挂“在此工作”标示牌	
10	对照工具、材料卡清点工器具	现场无遗留工具	

【相关知识】

3.2.1 电气设备（变压器）的倒闸操作

在运行工作中，运行人员要随时根据设备的运行状态及调度的命令改变系统的运行方式或设备的状态，以保证电力生产的安全性及经济性。例如将某线路由运行转检修，将某变压器由热备用转冷备用等，我们把这种调节行为称为倒闸操作。或者说，倒闸操作就是将电气设备由一种状态转换为另一种状态或改变系统的运行方式所进行的一系列操作。

发电厂及变电站电气设备(含变压器)的状态通常有以下四种：

(1)运行状态。设备的断路器及隔离开关均在合位，保护及自动装置按规定投入或退出，控制、保护、信号、合闸、储能等二次电源均投入，设备的远方/就地开关在远方位置。

(2)热备用状态。设备的断路器在分位，隔离开关在合位，保护按规定投入或退出，重合闸装置退出，控制、保护、信号、合闸、储能等二次电源均投入。对于小车断路器，小车柜应在工作位置，断路器在分位，控制小开关和二次插把投入。设备的远方/就地开关在远方位置。

(3)冷备用状态。设备的断路器及隔离开关均在分位，保护按规定投入或退出，重合闸装置退出，控制、保护、信号、合闸、储能等二次电源均投入。对于小车断路器，小车柜应在试验位置，断路器在分位，控制小开关和二次插把投入。设备的远方/就地开关在远方位置。

(4)检修状态。设备的断路器及隔离开关均在分位，重合闸装置退出，本路保护联跳他路断路器压板退出，他路保护、自动装置联跳本路断路器压板退出，本路其他保护压板均按要求投入或退出，控制、保护、信号、合闸、储能等二次电源均退出，且按规定做好安全措施(接地、装设遮栏、悬挂标示牌等)。对于小车断路器，小车柜应在检修位置，断路器在分位，控制小开关拉开，二次插把取下。设备的远方/就地开关在就地位置。

3.2.1.1 倒闸操作的主要内容

倒闸操作涉及一次设备及二次设备的操作，主要内容如下：

(1)电力线路的停电、送电操作；

(2)变压器的停电、送电操作；

(3)倒母线操作；

(4)电网的解列、并列操作；

(5)电力系统中性点接地方式的倒换；

(6)继电保护和自动装置的启用、停用等。

3.2.1.2 倒闸操作的相关术语

在电气运行过程中，发电厂及变电站的值班员要和当值调度员及其他人员进行联系和交流，为了准确地表达交流信息，克服语言障碍，避免误听、误操作等，必须采用统一的专用术语。

1. 调度运行术语

1)调度管理

调度指令：值班调度员对其管辖设备发布的操作指令。

许可操作：在改变电气设备的运用状态和运行方式前，根据有关规定，由有关人员提出操作项目的申请，值班调度员同意其操作。

2)调度指令

发布指令：值班调度员正式给各值班人员发布的调度指令。

接受指令:值班人员正式接受值班调度员发布给他的调度指令。

复诵指令:值班人员在接受值班调度员发布给他的调度指令时,依照指令的步骤和内容,给值班调度员复诵一遍。

回复指令:值班人员在执行完值班调度员发布给他的调度指令后,向值班调度员报告已经执行完调度指令的步骤、内容和时间。

拒绝指令:值班人员发现值班调度员给他发布的调度指令是错误的,如果执行将危害人身、设备和系统的安全,可拒绝接受该项调度指令。

操作指令:值班调度员给值班人员发布的有关操作指令。

逐项操作指令:值班调度员给值班人员发布的操作指令是具体的逐项操作项目,要求值班人员按照指令的操作步骤和内容逐项进行操作。

分项操作指令:对一个操作任务涉及两个及以上厂、站的操作,如联络线停、送电操作,采取调度命令一项(或几项),有关厂、站操作一项(或几项),并立即向调度汇报执行结果后,调度方能继续下达下一步操作命令的操作指令。

综合操作指令:值班调度员给值班人员发布的操作指令是综合的操作任务。其具体的逐项操作步骤和内容,以及安全措施,均由值班人员自行拟定。

当进行调度业务联系时,数字"1、2、3、4、5、6、7、8、9、0"的读音为:"幺、两、三、四、五、六、拐、八、九、洞"。

2. 操作指令术语

1)逐项操作指令术语

逐项操作指令术语见表3-10。

表3-10　逐项操作指令术语

被操作设备	操作术语	被操作设备	操作术语
断路器(二次小开关、跌落式熔断器)	合上、拉开	接地线	装设、拆除
隔离开关(二次小刀闸)	合上、拉开	继电保护及自动装置	投入、退出
熔断器	插上、取下	发电机(发变组)、联络线	并列、解列
切换小开关、双掷小刀闸	将×××从××切至××	环形网络	解环、合环

2)综合操作指令术语

(1)变压器的综合操作指令。

将×号变压器由运行转热备用:拉开该变压器各侧断路器。

将×号变压器由运行转冷备用:拉开该变压器各侧断路器,拉开该变压器各侧隔离开关。

将×号变压器由运行转检修:拉开该变压器的各侧断路器、隔离开关和在该变压器上可能来电的各侧,装设接地线(或合上接地隔离开关)。

将×号变压器由检修转运行:拆除该变压器上各侧接地线(或拉开接地隔离开关),合上变压器各侧隔离开关和断路器。

(2)母线的综合操作指令。

将××kV××母线由运行转检修:对单母线接线或双母线中的一台半断路器接线,应拉开该母线上所有的断路器、隔离开关,在该母线上装设接地线(或合上接地隔离开关);对于双母线接线,应将该母线上所有运行和备用元件倒至另一母线,拉开母联断路器和隔离开关,在该母线上装设接地线(或合上接地隔离开关)。

将××kV××母线由检修转运行:对单母线接线或双母线中的一台半断路器接线,应拆除该母线的接地线(或拉开接地隔离开关),合上该母线上所有隔离开关(包括电压互感器隔离开关)和断路器(检修要求不能合上或运行方式明确不合上的隔离开关及断路器除外);对于双母线接线,应拆除母线上的接地线(或拉开接地隔离开关),合上电压互感器隔离开关和母联隔离开关,用母联断路器对该母线进行充电检查,无异常后将相关元件倒至该母线运行。

(3)断路器的综合操作指令。

将××(设备或线路名称)的××断路器由运行转检修:拉开断路器及其两侧隔离开关,在断路器两侧装设接地线(或合上接地隔离开关)。

将××(设备或线路名称)的××断路器由检修转运行:拆除该断路器两侧接地线(或拉开接地隔离开关),合上该断路器两侧隔离开关(母线隔离开关按规定方式合),合上断路器。

用××旁路××断路器由××母线热备用代××(设备或线路名称)的××断路器于××母线运行,××(设备或线路名称)的××断路器由运行转检修:用××旁路××断路器通过××旁路母线代××(设备或线路名称)的××断路器的运行方式,拉开被代断路器及其两侧隔离开关,并在该断路器两侧装设接地线(或合上接地隔离开关)。

(4)电压互感器的综合操作指令。

将××kV××母线电压互感器由运行转检修:倒出电压互感器负荷,拉开该电压互感器隔离开关,在电压互感器上装设接地线(或合上接地隔离开关)。

将××kV××母线电压互感器由检修转运行:拆除该电压互感器上接地线(或拉开接地隔离开关),合上该电压互感器隔离开关,倒入电压互感器负荷。

3.2.1.3 倒闸操作的注意事项

倒闸操作既有典型性,又有特殊性,电网不同的运行方式、发电厂及变电站不同的主接线、继电保护及自动装置配置的差异以及不同的操作任务,都将影响倒闸操作的每一具体步骤。因此,针对不同设备的操作,除应掌握倒闸操作的原则外,还应熟悉各设备的操作注意事项,掌握其正确的方法及步骤。

1. 断路器操作的注意事项

1)断路器的操作

若用断路器控制开关拉、合断路器,以 LW2 系列断路器控制开关为例,合闸时应先将控制开关手柄由“分闸后”位置（绿灯亮）顺时针旋转90°至“预备合闸”位置（绿灯闪），再将控制开关手柄切至“合闸”位置（红灯亮）；当断路器可靠合闸后，手松开，控制开关手柄自动复归至“合闸后”位置（红灯亮）。分闸时应先将控制开关手柄由“合闸后”位置（红灯亮）逆时针旋转90°至“预备分闸”位置（红灯闪），再将控制开关手柄切至“分闸”位置（绿灯亮）；当断路器可靠分闸后，手松开，控制开关手柄自动复归至“分闸后”位置（绿灯亮）。

若在监控机显示器上进行操作，只需用鼠标按照提示指令操作即可。

2）断路器操作注意事项

用控制开关拉合断路器时，不要用力过猛，以免损坏控制开关，操作时不要返回太快，以免断路器合不上或拉不开。

在设备停役操作前，对终端线路应先检查负荷是否为零。对于并列运行的线路，在一条线路停役前，应考虑有关整定值的调整，并注意在该线路拉开后另一线路是否过负荷。如有疑问，应问清调度后再操作。断路器合闸前，必须检查有关继电保护是否已按规定投入。

断路器操作后，应检查与其相关的信号，如红绿灯、光字牌的变化，以及测量表计（对装有三相电流表的设备，应检查三相表计）的指示，并到现场检查断路器的机械位置，以判断断路器分合的正确性。至少应有两个及以上独立指示同时发生对应变化时，才能确认该设备已操作到位。避免由于断路器假分、假合造成误操作事故。

断路器出现非全相合闸时，首先要恢复其全相运行（一般两相合上一相合不上，应再合一次，如该相仍合不上，则将合上的其他两相拉开；如一相合上两相合不上，则将合上的一相拉开），然后再作其他处理。

断路器出现非全相分闸时，应立即设法将未分闸相拉开，如仍拉不开，应利用母联或旁路进行倒换操作，之后通过隔离开关将故障断路器隔离。

对于储能机构的断路器，检修前必须将能量释放，以免检修时引起人员伤亡。检修后的断路器必须放在分开位置上，以免送电时造成带负荷合隔离开关的误操作事故。

断路器累计分闸或切断故障电流次数（或规定切断故障电流累计值）达到规定时，应停役检修。还要特别注意，当断路器跳闸次数只剩一次时，应停用重合闸，以免故障重合时造成跳闸引起断路器损坏。

2. 隔离开关操作的注意事项

拉合隔离开关前，必须检查有关断路器和隔离开关的实际位置。隔离开关操作后，应检查实际分合位置。

手动合上隔离开关时，必须迅速果断。在隔离开关快合到底时，不能用力过猛，以免损坏支持绝缘子。当合到底时，若发现有弧光或为误合，不准再将隔离开关拉开，以免由于误操作而发生带负荷拉隔离开关，扩大事故。

手动拉开隔离开关时，应遵循“慢—快—慢”原则。刚开始时，将动触头从定触头中慢慢拉出，如触头刚分离时产生较大弧光，说明是误拉隔离开关，应迅速合上并停止操作，若电弧较小（或无电弧），应迅速将动触头拉开，以利于熄弧。值班人员在操作隔离开关前，应先判断拉开该隔离开关是否会产生弧光，切断环流、充电电流时也会产生弧光，这是正常弧光。

当装有电磁闭锁的隔离开关闭锁失灵时，应严格遵守防误装置解锁规定，认真检查设备的实际位置，在得到相关领导同意后，方可解除闭锁进行操作。

电动操作的隔离开关如电动失灵，应查明原因和与该隔离开关有闭锁关系的所有断路器、隔离开关、接地隔离开关的实际位置，正确无误才可拉开隔离开关操作电源而进行手动操作。

隔离开关操作机构的定位销操作后一定要销牢，以免滑脱发生事故。

隔离开关操作后，检查操作完成情况：合闸时三相同期且接触良好，分闸时断口张开角度或闸刀拉开距离符合要求。

3. 变压器操作的注意事项

变压器的操作通常包括对变压器充电、变压器接带负荷、变压器的并列、变压器的解列、拉开空载变压器等，是电气倒闸操作中最常见的典型操作之一。变压器在操作中的危险主要有：一是在切合空载变压器过程中可能出现的操作过电压，危及变压器绝缘；二是变压器空载电压升高，使变压器绝缘遭受损坏。

变压器的操作注意事项如下：

(1)主变停电操作按低、中、高压侧顺序进行，送电操作按高、中、低压侧顺序进行。停电操作时，低、中、高压侧必须按照先拉断路器，再拉主变负荷侧隔离开关，最后拉母线侧隔离开关的顺序进行操作。送电操作顺序与此相反。按此顺序停、送电，主要考虑以下原因：可防止变压器反充电，在多电源的情况下，若先停电源侧，当变压器故障时，可能造成保护拒动或误动，延长切除故障时间；可避免自动低频减载装置误动，当负荷侧母线电压互感器带有自动低频减载装置未装电流闭锁时，若先停电源侧，可能由于大型同步电动机的反馈，使自动低频减载装置误动；先合电源侧断路器，从电源侧逐级送电对系统的冲击小，而且在操作过程中发生故障时也容易区别故障范围，便于处理故障。

(2)当110 kV、220 kV旁路断路器代主变相应的总路断路器运行时，应注意差动保护电流回路的切换，切换时先退出差动保护压板，并不得使电流回路开路，即先投入独立(断路器)电流互感器短接片，然后投入本体(套管)电流互感器连接片，再退出独立电流互感器连接片，最后退出本体电流互感器短接片。切换完毕并测试差流正常及差动保护压板两端对地无异极性电压后，再投入差动保护压板。在主变断路器恢复正常运行时，其操作顺序与此相反。

(3)在大电流接地系统中，为防止操作过电压，在主变高、中压侧停、送电时，操作前先将操作侧中性点接地。中性点隔离开关合上(中性点直接接地)操作顺序：应先投入该侧的中性点零序过流保护，再合上中性点直接接地隔离开关，最后停用间隙零序过压及零序过流保护；变压器中性点隔离开关断开(中性点经间隙接地)时操作顺序与此相反。运行中变压器的中性点是否接地由调度确定。

(4)变压器冷备用转运行前，应先投入保护，投入有载调压、测温电源，并将变压器通风冷却装置投“自动”启动方式。

(5)新装或变动过内外接线以及改变过接线组别的变压器，并列运行前，一定要核相，以免造成短路。在两台主变压器并列前，应清楚并列条件，并考虑两台主变压器的调压抽头在同一挡位和备自投的投退情况。变压器的通风电源应完整,相互切换良好。

(6)大修后的变压器应进行3次空载冲击合闸。对新投入运行的变压器进行全电压冲击合闸5次,每次冲击间隔时间不小于5 min,操作前应派人到现场对变压器进行监视,如有异常立即停止操作。

(7)若两台变压器共用一台高压断路器,当一台变压器运行时,将备用变压器重瓦斯保护连接片投至"信号"位置,防止备用变压器重瓦斯保护误动作,将运行变压器跳开,并将备用变压器跳其他设备的保护压板退出。

4. 变压器调压操作的注意事项

变压器调压方式分为无载调压和有载调压两种。

无载调压的操作必须在变压器停电状态下由检修人员进行。

有载调压的操作可以在变压器运行状态下进行。调整分接头后不必测量直流电阻,但调整分接头时应无异声。每调整一挡,运行人员应检查相应三相电压表指示情况,电流和电压应平衡。在分接头切换过程中,有载调压的气体继电器有规律地发出信号是正常的,可将继电器中聚积的气体放掉。如分接头切换次数很少即发出信号,应查明原因。调压装置操作5 000次后,应进行检修。

对于有载调压变压器,运行人员可根据调度颁发的电压曲线自行调整电压。分接头的位置应有专门记录,在模拟图上应有标志,并在分接头调整后及时更正有载调压变压器分接头的变动,应记入变压器挡位切换和值班操作记录簿。

5. 母线操作的注意事项

母线操作是指母线的送电、停电操作,以及母线上的设备在两条母线间的倒换等。母线是设备的汇合场所,连接元件多,操作工作量大,操作前必须做好充分的准备,填写好倒闸操作票,操作时严格按倒闸操作票顺序进行。母线操作潜在的危险:一是可能发生的带负荷拉刀闸事故;二是继电保护及自动装置切换错误引起的误动;三是向空载母线充电时充电断路器断开并联的电容与电磁式电压互感器形成的串联谐振。

母线操作的注意事项如下:

(1)对于双母线接线,母线电压互感器运行转冷备用前,应检查两组母线一次侧在并列位置,将母联断路器作为死开关运行(取下母联断路器控制熔断器)或用隔离开关硬联,母差保护改为大差(非选择性)运行,并将电压互感器二次并列把手切至"投入"位置,检查各馈路保护屏上的电源位置指示正常,电压互感器二次并列后,方可进行操作。

(2)对于电容式电压互感器,在母线冷备用转运行前,应先将该母线的电压互感器投入,这是因为当电压互感器有故障时可以通过上级(母联、分段)断路器将故障切除。对于电磁式电压互感器,如果没有装设消谐装置,则母联断路器断口电容可能与母线上电磁式电压互感器发生谐振,引起谐振过电压,因此投母线时后投电压互感器,停母线时先停电压互感器。

(3)在对母线进行送电之前,先投入母线的充电保护压板,然后用断路器对母线进行充电。母线充电后,在未将电源元件倒至投运母线前,应将母差保护的电压互感器并列把手切至"投入"位置,母线倒换操作结束后,将该切换把手切至"停用"位置。

(4)用旁路断路器经旁路母线代其他断路器运行前,应先将旁路断路器的保护定值改为所代元件的保护定值后再对旁路母线充电,或用旁路断路器小定值快速充电保护对旁路母线充电检查。

6. 电压互感器操作的注意事项

电压互感器投入运行时,应遵循先一次侧再二次侧的原则,即应先插上电压互感器高压侧熔断器(插上高压侧熔断器前还应先在其两侧验电、装设接地线),然后合上一次侧隔离开关,最后插上电压互感器低压侧熔断器(或合上二次侧快速开关);电压互感器退出运行时,应遵循先二次侧再一次侧的原则,即应先取下电压互感器低压侧熔断器(或拉开二次侧快速开关),然后拉开电压互感器一次侧隔离开关,最后取下电压互感器高压侧熔断器(取下高压侧熔断器前还应先在其两侧验电、装设接地线)。当然,在实际工作中往往在电压互感器转检修时才取下高压侧熔断器,如果只是将电压互感器停电(随母线等一次设备停电或单独由运行转冷备用),只需取下低压侧熔断器和拉开一次侧隔离开关即可。

电压互感器退出运行时,如果二次侧可以并列(如双母线接线的母线电压互感器),首先应使一次侧先并列,如果高压侧母联断路器没有投入运行,则严禁将两台电压互感器二次侧并列;如果二次侧不可以并列,应先退出相应的保护及自动装置,防止其所带的保护及自动装置误动作。

电压互感器二次侧带有切换把手的,在将其退出运行时,必须先将电压互感器所带继电保护和自动装置的相关连接片退出,待继电保护电源切换至正常运行母线电压互感器上以后,再投入继电保护和自动装置的连接片,然后拉开电压互感器高压侧隔离开关。如果电压互感器装有自动切换装置,在停用时可以不进行任何操作。

双母线接线或双母线分段接线方式下,在停用一段母线时,不但需将电压互感器一次侧断开,而且还应将二次侧快速开关断开或将二次侧熔断器取下,防止二次侧向一次侧反充电。若电压互感器二次侧快速开关上并有电容,当电压互感器退出运行时,还应该拆掉电容器接线,以免通过并联电容器向一次侧反充电。

7. 环网的并列、解列操作

环形网络(或称环网)的并列、解列也称合环、解环操作。环网常由同一电压等级的线路组成,有的也包括变压器,由不同电压等级的线路组成。环网的并列、解列操作,除应符合线路和变压器本身操作的一般要求外,还具有自身的特点,其中最主要的是正确预计操作中每一步骤的潮流分布,及如何在操作中控制其不超过各元件的允许范围。为确保环网并列、解列操作后电力系统的安全运行,必须满足下述条件:

(1)相位一致。在初次合环或进行可能引起相位变化的检修之后合环操作时,必须进行相位测定。

(2)调整其电压差,最大允许电压差为20%,在特殊情况下,环网并列最大电压差不应超过30%。

(3)系统环状并列时,应注意并列处两侧电压向量间的相角差,整个环网内变压器的相角差之和必须为0。对潮流分布产生的功率角,其允许数值应根据环内设备容量、继电保护等限制而定。有条件时,操作前应检查相角差和电压差并估算合环潮流。

(4)合环后各元件不过载,各点电压不超出规定值。

(5)系统继电保护应适应环网的方式。

(6)进行解环操作时,首先满足解环后各元件不应过载,各点电压不应超过规定值,解环操作引起的事故大多是解环后设备的负荷过大,使继电保护动作造成的;其次是对某些稳定储备较低的系统,连接电厂的环网解环以后联系减弱,储备更加下降,因此应按系统稳定的要求进行操作。

8. 其他事项

停电操作时,应先操作一次设备,后停用继电保护、自动装置;送电操作时,先投入继电保护、自动装置,后操作一次设备。

严禁约时停电送电,严禁约时拆装安全措施。

送电操作若涉及并网操作,则操作过程中必须使用同期装置。一般情况下,应使用自动方式进行同期合闸,由同期装置按照自动方式合上断路器后,再使断路器操作控制开关状态与之相对应,同期装置恢复手动方式。若调度命令或其他情况需采取“手动”方式同期合闸,运行人员必须在满足同期条件后,方能进行同期合闸操作。

送电操作前,先插上直流操作熔断器(应按先负后正的原则),在操作设备过程中始终保证不脱离保护,一旦发生故障能立即切除故障;停电操作后,应取下直流控制熔断器(应按先正后负的原则),这是为了防止断路器误动而威胁检修人员和设备的安全,同时也防止工作人员在二次回路上工作,造成直流接地、短路和不慎触电等。

3.2.1.4 倒闸操作流程

1. 接受调度预发命令

在取消“预令”的单位,此项为“接受调度正式命令”。

(1)倒闸操作必须根据值班调度或值班负责人的命令。

(2)发布和接受调度命令,应由上级批准的人员进行。

调度管辖设备应由具备发令权的所属当值调度发令;调度部门授权或调规允许由变电站自行进行操作管理的设备由当值值班负责人发令。

接受当值值班负责人操作命令的运行人员(监护人)必须具备正值资格,凡副班以下人员无权接受操作命令。因故离岗三个月以上的运行人员必须重新认定其值班资格。资格认定应进行安规、调规、现场规程考试,必要时应进行技术考试。

(3)发布及接受操作任务的双方人员应主动互报单位(站名、哪一级调度)、岗位(值班长或正值班员)、姓名。发布命令时应冠以××时××分及“调令编号”,发布命令应准确、清晰,使用规定的调度术语和设备调度双重名称,同时应说明操作目的和注意事项。发布的操作任务如涉及继电保护及二次运行方式的改变,在发布操作任务的同时,要将继电保护及二次运行方式的改变向受令人交待清楚。

(4)受令人在接受命令时应随听随记,接令后,受令人应按照记录的全部内容逐字逐句向下令人进行复诵,并得到下令人的确认。

(5)在接受命令的过程中,安排专人(运行人员)进行监听。

(6)将接受调度命令全过程录音,因此应随时保持录音设备正常运行。

(7)调度下令过程的录音应重放,参与操作的值班员均应重听核对。

2. 审核调令、通告全值

(1)如果受令人不是当值值班负责人,应立即向值班负责人汇报调度命令全文内容。如调度命令有特殊要求,受令人应解释清楚,如解释不清,值班负责人必须主动联系调度,询问清楚。如认为调度命令有疑点,值班负责人必须主动联系调度,核实清楚。

(2)进行现场查勘,结合当时的运行方式核对调度命令。

(3)如果认为该命令不正确,应向调度员报告,由调度员决定原调度命令是否执行。但当执行该项命令将威胁人身、设备和电网安全时,则必须拒绝执行,同时将拒绝执行的理由及改正指令内容的建议报告给发令的值班调度员,并向本单位领导汇报。

(4)确认调度命令后,值班负责人应立即召集当值人员,向全值人员通告调度命令的内容及要求,并分析倒闸操作方案。

(5)值班负责人根据操作任务的要求,指定合格的监护人和操作人,并根据当时的运行方式和设备状况,全面详细地向他们布置操作任务,交待安全注意事项,并安排操作人员填写倒闸操作票。认真开展"三查"(查安全思想、查安全工器具、查安全措施)工作。

3. 填写操作票

(1)操作票由操作人填写,有操作票专家系统的变电站必须在图形开票栏里进行,禁止直接提取典型倒闸操作票和预存倒闸操作票。运行人员在填票前,应检查专家系统的一、二次设备与实际运行方式是否一致。

(2)操作人通过操作票的填写,对将要进行的整个操作应做到心中有数,在执行操作过程中,应具有正确判断的能力,不能依赖监护人。

(3)填票过程中出现的错票、废票,应立即销毁,不得继续使用。

4. 对操作票进行三级审核

(1)操作人填写操作票完毕后,在"操作项目"栏内容的最后一项下面一行空格最左方盖"以下空白"章。

(2)操作人对操作票进行自行核对正确后,交监护人再次进行审核签名,值班负责人进行最后审核签名。

(3)若审核中发现错误,应由操作人重新填写倒闸操作票,错票应立即销毁;特别重要和复杂的操作,还应由站长或上级技术人员进行审核。

5. 明确操作目的,做好危险点分析和预控

操作人和监护人对此次操作的目的、内容和过程进行相互考问,以熟悉操作的全过程,并根据操作的类型、设备现存的问题、可能会出现的危险进行预测、预控。要求尽可能地将倒闸操作中的危险点列举出来,并制定相应的防止措施。例如,本次操作主要危险点主要有3个:①本次待操作的设备是××,相邻带电间隔为××,停电范围为××,操作中一定要保持与带电设备的安全距离;②操作中可能走错间隔,一定要注意核对设备名称和编号,避免出现误操作;③操作时必须使用安全工器具,注意安全防护等,以保证人身安全。

6. 操作准备

(1)准备好操作过程中需要的物品、钥匙(断路器、隔离开关、间隔、高压室等的)、操作用具(电脑钥匙、录音笔、操作票夹板)、安全工具。

(2)操作用具和安全工具的检查试验,应按操作用具和安全工具的标准化检查流程

进行。

7. 接受正式调度命令

在取消“预令”的单位,无此项内容。

由值班负责人主动和调度联系,汇报操作任务的准备工作已做好。接受正式调度命令,监护人填写发令人、受令人、发令时间,并在“监护下操作”栏对应的括号内打“√”。

接受正式调度命令的要求(录音、监听、记录等)与接受预令相同。

8. 模拟预演

在操作实际设备前,监护人和操作人必须先在五防机(或模拟图板)上进行模拟预演。操作预演由监护人按操作票所列步骤逐项下令,由操作人复诵并模拟操作。

(1)打开录音笔,从模拟预演开始直至正式操作结束均应使用录音笔进行全过程录音。

(2)当监护人唱票时,操作人应手指五防机(或模拟图板)上的设备进行复诵,监护人审核复诵内容和手指部位正确后,下达执行令——“对,执行!”,操作人在五防机(或模拟图板)上进行模拟操作。模拟操作完成后,操作人应认定设备已操作到位,向监护人汇报“已执行”, 监护人与操作人再次共同核查操作无误后,方可进行下一步的操作。

(3)对于五防机(或模拟图板)上无法预演的操作步骤,如投退保护压板、检查操作后的设备位置、检查负荷分配、检验设备确无电压等,也应进行唱票、复诵制。

(4)操作预演后应再次核对新运行方式与调度预令相符。

(5)监护人插入电脑钥匙进行五防传票。

9. 现场操作

(1)戴好安全帽,穿好操作服和绝缘靴,操作人携带操作用具和安全工具,监护人携带操作票、钥匙(包括电脑钥匙)、录音笔、操作票夹板。

(2)进入操作现场,监护人记录本次操作的开始时间。操作人在前,监护人在后,操作人应按操作项目有顺序地走到应操作设备的位置,等候监护人唱票。操作过程必须严肃认真,集中思想,不准闲谈或做与操作无关的事。

(3)操作人应站在操作设备的正面,不得超过0.5 m距离,操作中要求监护人站在操作人的左后侧或右后侧,其位置以能看清被操作设备的双重名称及操作人的动作为宜,便于纠正操作人的错误动作。

(4)核对设备。在执行每项操作前,监护人和操作人应共同核对设备的名称、编号和实际位置。

(5)唱票复诵。监护人手指设备标示牌大声地进行唱票,操作人应手指设备标牌大声地进行复诵,经监护人确认,发出“对! 执行”的命令,监护人将电脑钥匙交予操作人。

(6)执行操作。操作人用电脑钥匙打开防误闭锁装置进行操作。严禁监护人亲自动手操作。

(7)操作完成后,操作人应检查操作质量,确认设备已操作到位,再向监护人汇报“已执行”,并交还电脑钥匙。

(8)操作质量检查。每操作完一项,监护人和操作人应再次核对设备名称、编号和位置是否与操作任务相符;操作人与监护人在现场检查操作的正确性,如设备的机构指示,信号指示灯、表计变化等，确定设备实际分、合位置。核查无误后，监护人方可在操作票上该步骤后打“√”。

(9)每操作完一项，监护人应提示操作人下一步操作的内容。

(10)操作复查。全部操作完毕后，由监护人和操作人共同进行复查。

设备无异常，未发现任何不正常现象和声光信号；仔细核对操作票上的项目是否已全部执行，每个步骤后都打“√”。

(11)复查无误后，由监护人填写操作终了时间，在操作票上盖“已执行”章。

10. 将电脑钥匙回传五防机，核对五防机一、二次设备状态是否符合现场实际。有模拟图板的变电站应更改模拟图板接线方式

11. 正确归放钥匙、安全用具和操作用具

12. 汇报调度、作好记录

(1)操作完毕后，监护人和操作人向值班负责人汇报操作情况。

(2)由值班负责人及时向调度汇报操作情况及操作终了时间，此过程必须进行录音、监听。

(3)将汇报情况记入运行记录簿中，并作好其他相关记录。

13. 操作评价

由值班负责人(或站长)组织对本次操作情况进行评价，重点应包括操作中发现的问题以及整改措施。

3.2.2 变压器的试验操作

3.2.2.1 变压器绝缘电阻的摇测

测量变压器绝缘电阻的仪表是兆欧表，兆欧表又叫摇表或绝缘电阻表，是用来测量大电阻和绝缘电阻的，单位用“MΩ”表示。绝缘电阻表的种类很多，但其结构和原理基本相同，都是由比率型磁电系测量机构和手摇发电机两个部分组成的。常见兆欧表的外形如图3-3所示。

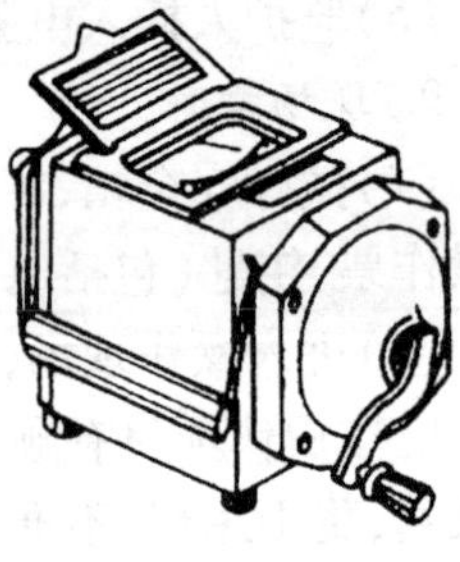

图3-3 兆欧表的外形

1. 测量前的准备

测量前，要根据变压器的额定电压选用兆欧表的额定电压和测量范围。当变压器的额定电压在500 V以下时，选用500 V或1 000 V的兆欧表；当额定电压在500 V及以上时，选用1 000 V或2 500 V的兆欧表。选用兆欧表的测量范围时，要适应被测绝缘电阻的数值，不应过多地超出被测绝缘电阻值，否则，会发生较大的测量误差。

测量前，要检查兆欧表是否完好。方法是：先将摇表置于水平位置，将摇表的“L”端子与“E”端子开路，摇动把手到额定转速(一般120 r/min)，此时指针应指向“∞”；再将摇表的“L”端子与“E”端子短路，轻摇把手，此时指针应指向“0”(注意，应轻摇，以免打坏表针)。

测量前，还要将变压器的表面擦干净，以免影响测量结果。

2. 测量的基本步骤

(1)确认变压器已经停电并退出备用，具备摇测绝缘电阻的条件。

(2)检查变压器中性点接地刀闸已经分闸或中性点接地线已经拆除。

(3)用验电器验明变压器高低压侧确无电压。

(4)对变压器高低压侧充分放电。

(5)将变压器低压侧三相短路接地后摇测其高压侧对地绝缘电阻。如要计算吸收比,需读摇动 15 s 和 60 s 时兆欧表的读数 R_{15} 和 R_{60}。

(6)对变压器高压侧充分放电后,拆除变压器低压侧三相短路接地线。

(7)将变压器高压侧三相短路接地后摇测其低压侧对地绝缘电阻。如要计算吸收比,需读摇动 15 s 和 60 s 时兆欧表的读数 R_{15} 和 R_{60}。

(8)对变压器低压侧充分放电后,拆除变压器高压侧三相短路接地线。

(9)摇测变压器高压侧对低压侧绝缘电阻。如要计算吸收比,需读摇动 15 s 和 60 s 时兆欧表的读数 R_{15} 和 R_{60}。

(10)对变压器高低压侧充分放电。

3. 测量的注意事项

(1)测量结束前必须先把摇表从测量回路断开,才能停止转动,以免损坏摇表。

(2)摇动手柄,转速要均匀,一般为 120 r/min,切忌忽快忽慢。通常要摇动 1 min,等指针稳定下来后再读数。对于变压器、电容器、电缆线路等,要先持续摇动一段时间,让绝缘电阻表对电容充电,等指针稳定后再读数,测完后先拆去接线,再停止摇动。

3.2.2.2 变压器的递升加压试验

新安装或大修后的主变压器,在投入运行前,必须作递升加压试验(对于厂用变压器,应尽可能作递升加压试验),其操作程序如下:

(1)作递升加压的变压器应处于备用状态,其他设备应加以隔离。

(2)对变压器作递升加压的发电机,强励压板应打开,变压器中性点接地刀闸必须合上,其余均应处于备用状态。

(3)开机至空载,合上发电机出口断路器,用励磁装置手动运行方式或外接设备缓慢递升电压,可在 1 ~2 min 内递升到额定电压的 50%,其余 50% 应分 5 次递升,每次递升 10% 的时间为 2 ~3 min,每次递升时应指定专人对变压器进行监视。当电压达到额定值时,应维持 10 min,然后切断变压器电压。

(4)递升加压合格,经相关领导批准后,变压器方可投入运行。

3.2.2.3 变压器的冲击合闸试验

新安装或大修后的主变压器,在投入运行前,还应作冲击合闸试验,以检验该变压器能否承受住过电流电动应力的作用而无损伤,能否承受过电压的作用而绝缘未受损伤,以及对继电保护进行一次验证。其操作程序如下:

(1)确认变压器已处于备用状态,具备冲击合闸的条件。

(2)合上变压器有保护装置的电源侧断路器。

(3)检查变压器本体各部及保护装置正常。

(4)10 min 后拉开变压器有保护装置的电源侧断路器。

(5)5 min 后重复执行以上项目。

(6)用冲击法将变压器连续投入 5 次(大修后的变压器只冲击 3 次),冲击合闸必须从变压器高压侧进行,第一次冲击合闸持续时间不小于 10 min,间隔时间应大于 15 min,每次全电压冲击合闸后,应对变压器进行全面检查。

3.2.2.4 变压器更改分接头的操作

(1)将变压器停电,从高、低压侧完全隔离,装设接地线或合上接地刀闸,悬挂标示牌或装设临时遮栏。

(2)将变压器分接开关调整到指定挡位,并核对无误。

(3)由试验人员使用电桥法测量各相直流电阻,相间误差不得超过 2%,与出厂时或安装时测得的直流电阻换算到相同温度下相差不得超过 2%。

3.2.3 电气设备倒闸操作标准化作业卡举例

下面是某水电厂依据国家电网公司公布的《油浸式变压器管理规范》和《电气操作导则》(Q/CSG 10006—2004),并结合该厂设备的具体情况制定的 4B 由运行转检修标准化作业卡(主要部分),见表 3-11。

表 3-11 4B 由运行转检修标准化作业卡(主要部分)

作业步骤	作业内容	作业标准或要求	作业危险点
1	收到工作票	收到××××××号 4B 由"运行"转"检修"工作票,认真阅读工作内容、安全措施	工作票所列的工作内容和安全技术措施错误
2	填写操作票	填写一份 4B 由"运行"转"检修"操作票,操作票任务正确,操作顺序符合"安全规程"安全技术措施要求	操作票中操作内容填写顺序有误,在操作时发生事故
3	通知用户准备停电	通知 4B 停电涉及的用户,做好停电准备	未通知,停电后会对用户造成重大财产损失
4	变压器停电退出运行至冷备用	点击上位机主接线 4B 高压侧 209#断路器至"分闸",点击确认; 查看 4B 高压侧 209#断路器确已分闸; 点击上位机主接线 4B 低压侧 107#断路器至"分闸",点击确认; 查看 4B 低压侧 107#断路器确已分闸; 将 209#断路器开关柜机械五防装置由"工作"切换至"分断闭锁"位置; 拉开 4B 高压侧 2091 隔离刀闸; 检查 4B 高压侧 2091 隔离刀闸三相确在断开位置; 合上 4B 高压侧 2091D 接地刀闸; 检查 4B 高压侧 2091D 接地刀闸三相确在合闸位置;	未确认断路器断开,带负荷拉隔离刀闸

续表 3-11

作业步骤	作业内容	作业标准或要求	作业危险点
4	变压器停电退出运行至冷备用	将209#断路器开关柜机械五防装置由“分断闭锁”切换至“检修”位置； 将209#断路器储能开关切换至“切除”位置； 209#断路器分合闸转换开关合闸一次，使断路器释能； 检查209#断路器弹簧操作机构确已失能； 将107#断路器开关柜机械五防装置由“工作”切换至“分断闭锁”位置； 拉开4B低压侧1071隔离刀闸； 检查4B低压侧1071隔离刀闸三相确在分闸位置； 合上4B低压侧1071D接地刀闸； 检查4B低压侧1071D接地刀闸三相确在合闸位置； 将107#断路器开关柜机械五防装置由“分断闭锁”切换至“检修”位置； 将107#断路器储能开关切换至“切除”位置； 107#断路器分合闸转换开关合闸一次，使断路器释能； 检查107#断路器弹簧操作机构确已失能	未确认断路器断开，带负荷拉隔离刀闸
5	变压器高、低压侧验电	用10 kV验电器在4B高压侧分别三相验电； 用6 kV验电器在4B低压侧分别三相验电	未戴绝缘手套进行验电，未三相全部验电
6	变压器高、低压侧放电	对4B 10 kV侧放电； 对4B 6 kV侧放电	储能设备电荷伤人
7	变压器高、低压侧装设接地线	在4B高压侧与2091隔离刀闸之间装设一组三相短路接地线； 检查三相短路接地线装设正确、接触牢靠； 在4B低压侧与107#断路器之间装设一组三相短路接地线； 检查三相短路接地线装设正确、接触牢靠	未戴绝缘手套装设接地线，装设接地线顺序相反
8	退出二次回路	拉开4B保护高压侧10 TV分支电源空气开关1－1ZKK； 拉开4B保护低压侧4 TV分支电源空气开关1－2ZKK； 拉开4B线路高压侧10 TV分支电源空气开关2ZKK； 拉开4B保护直流电源空气开关1－1FS； 拉开4B保护装置直流电源空气开关1－2FS； 拉开4B高压侧直流操作电源空气开关1－3FS； 拉开4B低压侧直流操作电源空气开关1－4FS； 拉开4B线路直流操作电源空气开关2FS	二次回路电源未退出，造成人员触电

续表 3-11

作业步骤	作业内容	作业标准或要求	作业危险点
9	悬挂标示牌，装设遮栏	在2091刀闸操作把手上悬挂“禁止合闸，有人工作”标示牌，在停电设备周围装设遮栏； 在1071刀闸操作把手上悬挂“禁止合闸，有人工作”标示牌，在停电设备周围装设遮栏； 在4B本体上悬挂“在此工作”标示牌	未悬挂标示牌，工作人员误入带电设备
10	对照工具、材料卡清点工器具	现场无遗留工具	工具、材料遗留在现场

【教学评价】

学生按照规定的操作路线，逐一对线路进行操作，每操作正确一个点记2分；现场操作时，若违反安全规程，则该操作内容记0分。4B由运行转检修标准化作业评价表见表3-12。

表 3-12　4B 由运行转检修标准化作业评价表

作业步骤	作业内容	作业标准或要求	(操作点数)满分	得分
1	收到工作票	收到××××××号4B由“运行”转“检修”工作票，认真阅读工作内容、安全措施	(1)2	
2	填写操作票	填写一份4B由“运行”转“检修”操作票，操作票任务正确，操作顺序符合“安全规程”安全技术措施要求	(1)2	
3	通知用户准备停电	通知4B停电涉及的用户，做好停电准备	(1)2	
4	变压器停电退出运行至冷备用	点击上位机主接线4B高压侧209#断路器至“分闸”，点击确认； 查看4B高压侧209#断路器确已分闸； 点击上位机主接线4B低压侧107#断路器至“分闸”，点击确认； 查看4B低压侧107#断路器确已分闸； 将209#断路器开关柜机械五防装置由“工作”切换至“分断闭锁”位置； 拉开4B高压侧2091隔离刀闸；	24(48)	

续表 3-12

作业步骤	作业内容	作业标准或要求	(操作点数)满分	得分
4	变压器停电退出运行至冷备用	检查4B高压侧2091隔离刀闸三相确在断开位置； 合上4B高压侧2091D接地刀闸； 检查4B高压侧2091D接地刀闸三相确在合闸位置； 将209#断路器开关柜机械五防装置由“分断闭锁”切换至“检修”位置； 将209#断路器储能开关切换至“切除”位置； 209#断路器分合闸转换开关合闸一次，使断路器释能； 检查209#断路器弹簧操作机构确已失能； 将107#断路器开关柜机械五防装置由“工作”切换至“分断闭锁”位置； 拉开4B低压侧1071隔离刀闸； 检查4B低压侧1071隔离刀闸三相确在分闸位置； 合上4B低压侧1071D接地刀闸； 检查4B低压侧1071D接地刀闸三相确在合闸位置； 将107#断路器开关柜机械五防装置由“分断闭锁”切换至“检修”位置； 将107#断路器储能开关切换至“切除”位置； 107#断路器分合闸转换开关合闸一次，使断路器释能； 检查107#断路器弹簧操作机构确已失能	24(48)	
5	变压器高、低压侧验电	用10 kV验电器在4B高压侧分别三相验电； 用6 kV验电器在4B低压侧分别三相验电	(4)8	
6	变压器高、低压侧放电	对4B 10 kV侧放电； 对4B 6 kV侧放电	(2)4	
7	变压器高、低压侧装设接地线	在4B高压侧与2091隔离刀闸之间装设一组三相短路接地线； 检查三相短路接地线装设正确、接触牢靠； 在4B低压侧与107断路器之间装设一组三相短路接地线； 检查三相短路接地线装设正确、接触牢靠	(4)8	

续表 3-12

作业步骤	作业内容	作业标准或要求	(操作点数)满分	得分
8	退出二次回路	拉开 4B 保护高压侧 10 TV 分支电源空气开关 1－1ZKK; 拉开 4B 保护低压侧 4 TV 分支电源空气开关 1－2ZKK; 拉开 4B 线路高压侧 10 TV 分支电源空气开关 2ZKK; 拉开 4B 保护直流电源空气开关 1－1FS; 拉开 4B 保护装置直流电源空气开关 1－2FS; 拉开 4B 高压侧直流操作电源空气开关 1－3FS; 拉开 4B 低压侧直流操作电源空气开关 1－4FS; 拉开 4B 线路直流操作电源空气开关 2FS	(8)16	
9	悬挂标示牌,装设遮栏	在 2091 刀闸操作把手上悬挂"禁止合闸,有人工作"标示牌,在停电设备周围装设遮栏; 在 1071 刀闸操作把手上悬挂"禁止合闸,有人工作"标示牌,在停电设备周围装设遮栏; 在 4B 本体上悬挂"在此工作"标示牌	(7)14	
10	对照工具、材料卡清点工器具	现场无遗留工具	(1)2	
11	相关知识 1 相关知识 2		20	
(总点数)总分			(53)126	

注:百分制得分 =(评价表得分/评价表总分)×100

任务 3.3　电气设备(变压器)倒闸操作票的填写

【教学目标】

1. 技能目标

能在运行值班员及指导老师的指导下,按标准电力行业安全规程及现场运行规程的要求填写线路运行转检修操作票、变压器运行转检修操作票、倒母线操作票、旁路断路器代替线路断路器操作票及厂用电倒闸操作票。

2. 知识目标

熟悉主接线的基本形式,掌握主接线、厂用电接线的运行方式,掌握操作票各栏的填写内容及填写原则。

【任务描述】

得值长操作令,学生以副值班员的身份,在水电厂运行人员的指导下,按照倒闸操作票填写的原则和要求,填写某线路由运行转检修的倒闸操作票,填写完毕,再送监护人、值班负责人审核签字。

【任务准备】

1. 知识准备

(1)电气主接线的基本形式有哪些? 主接线的正常运行、非正常运行指的是什么?

(2)发电厂及变电站电气设备的状态通常有哪四种? 各有何特征?

(3)倒闸操作的主要内容有哪些?

(4)倒闸操作的基本术语有哪些?

(5)倒闸操作有哪些基本注意事项?

(6)操作票填写有哪些注意事项?

(7)操作票检查项目的填写有哪些规定?

(8)操作票有哪些栏目?

(9)线路倒闸操作票填写的原则有哪些?

(10)变压器倒闸操作票填写的原则有哪些?

(11)母线倒闸操作票填写的原则有哪些?

(12)在老师的指导下,根据所在实习厂的电气主接线图,填写一张1#主变由运行转检修的操作票。

2. 工具准备

所需工具如表3-13所示。

表3-13 所需工具

序号	工具材料名称	数量	用途
1	安全帽	一顶	保证人体绝缘安全
2	绝缘手套	一双	保证人体绝缘安全
3	隔离开关操作杆	一根	操作隔离开关分合
4	高压验电器	一只	验电
5	三相短路接地线	两组	保证人身安全
6	运行工作记录簿	一个	记录
7	电脑钥匙	一把	开开关室
8	录音笔	一支	调度录音
9	操作票及夹板	一套	填写
10	录音电话	一部	与调度通话

【任务实操】

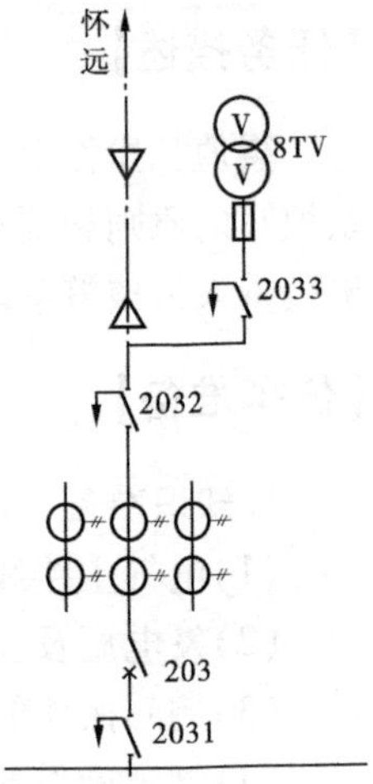

图 3-4 某水电厂电气主接线的一条出线

已知某水电厂电气主接线的一条出线如图 3-4 所示,请填写该线路 203 断路器由运行转检修的倒闸操作票,相关信息如下:

单位:×××水电厂;

编号:本月第 8 份操作票;

发令人:张三;

受令人:学生本人;

发令时间:不填;

操作开始时间:不填;

操作结束时间:不填;

操作种类:监护下操作;

操作任务:将 203 断路器由运行转检修;

运行方式:全部断路器在合闸位置,全部隔离刀闸在合闸位置,保护线路出口压板在投入位置,断路器直流操作电源空气开关在合闸位置。

【相关知识】

3.3.1 电气主接线的基本形式

电气主接线主要是指在电力系统中,发电厂、变电所为满足预定的功率传送和运行等要求而设计的、表明高压电气设备之间相互连接关系的传送电能的电路。

电路中的高压电气设备包括发电机、变压器、母线、断路器、隔离刀闸、线路等。它们的连接方式对供电可靠性、运行灵活性及经济合理性等起着决定性作用。对一个发电厂而言,电气主接线在电厂设计时就根据机组容量、发电厂规模及发电厂在电力系统中的地位等,从供电的可靠性、运行的灵活性和方便性、经济性、发展和扩建的可能性等方面,经综合比较后确定。它的接线方式能反映正常和事故情况下的供送电情况。

电气主接线图是电气运行人员进行各种操作和事故处理的重要依据之一,因此电气运行人员必须熟悉本站电气主接线图,了解电路中各种电气设备的用途、性能及维护、检查项目和运行操作的步骤等,以确保安全发电。

电气主接线中的设备用标准的图形符号和文字符号表示的电路称为电气主接线图。一般在研究主接线方案和运行方式时,为了清晰和方便,通常将三相电路图绘成单线图,只有在局部需要表明三相电路不对称连接时,才将局部绘制成三线图;若有中性线(或接地线),可用虚线表示,使主接线清晰易见。在绘制主接线全图时,将互感器、避雷器、电容器、中性点设备以及载波通信用的通道加工元件(也称高频阻波器)等也表示出来。

3.3.1.1 电气主接线的基本形式

典型的电气主接线可分为有母线和无母线两类。有母线类主要包括单母线接线、双母线接线等;无母线类主要包括桥形接线、多角形接线和单元接线等。

1. 单母线接线

单母线接线如图3-5所示。这种接线的特点是整个配电装置只有一组母线,所有电源和出线都接在同一组母线上。

该接线的正常运行方式为:母线和所有接入母线上的电源及出线、母线电压互感器均运行。

2. 单母线分段接线

单母线分段接线如图3-6所示。该接线的特点是用断路器QFs将母线分段,通常分成两段,电源和出线分别加接于两组分段母线上。

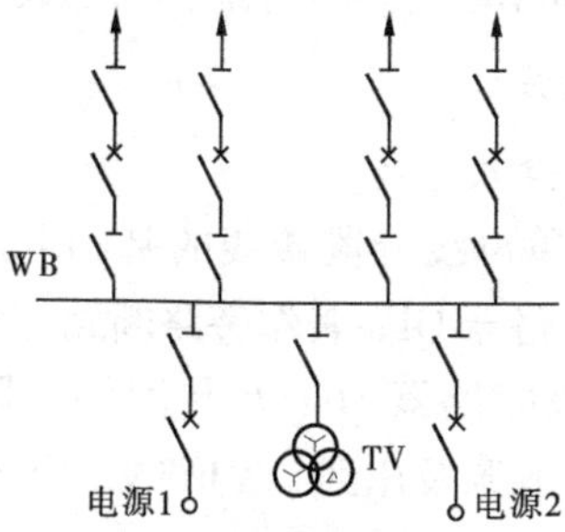

图3-5 单母线接线

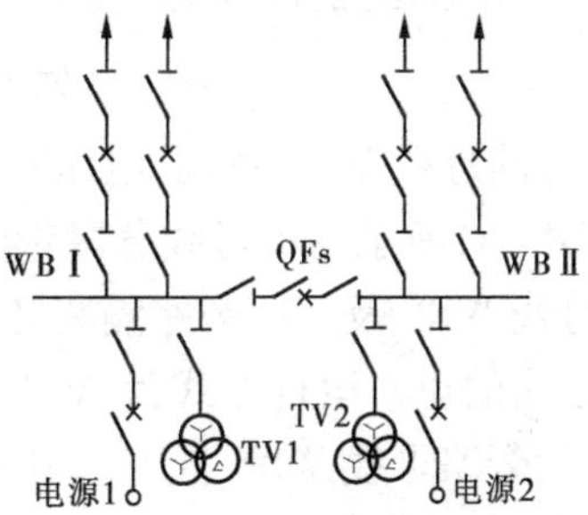

图3-6 单母线分段接线

该接线的正常运行方式为:两分段母线WBⅠ和WBⅡ、分段断路器QFs及其两侧隔离开关、两分段母线上的电源和出线、母线电压互感器TV1和TV2均运行。

3. 双母线接线

双母线接线如图3-7所示。这种接线有两组母线,每一回路都通过一台断路器和两组母线隔离开关分别接到两组母线上,两组母线通过母联断路器及母联隔离开关相连。

该接线的正常运行方式为:两组母线WBⅠ和WBⅡ通过母联断路器QFc及其两侧隔离开关并列运行,电源和出线按容量和负荷大小基本平均分配在两组母线上,并固定接于相应母线运行,两组母线上的电压互感器TV1和TV2均运行。

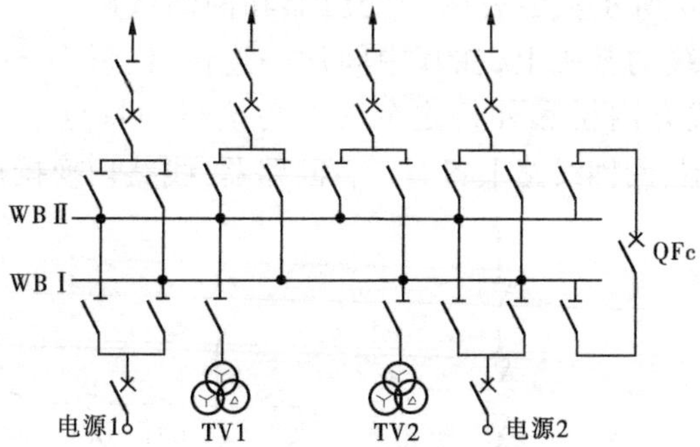

图3-7 双母线接线

4. 带旁路母线的接线

带旁路母线的接线如图3-8所示。图3-8(a)所示为双母线带旁路母线的接线,它是在双母线接线的基础上,加装了一组旁路母线WBb和一台旁路断路器QFb。

该接线的正常运行方式为:母线WBⅠ、WBⅡ通过母联断路器QFc及其两侧隔离开关并列运行,所有电源及出线分别固定接于WBⅠ、WBⅡ母线上运行,旁路断路器QFb断

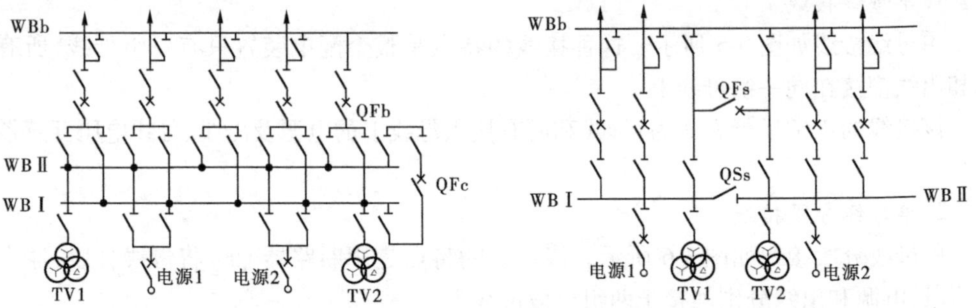

(a)双母线带旁路母线的接线　(b)单母线分段带旁路母线的接线

图 3-8　带旁路母线的接线

开备用，旁路母线 WBb 备用，电压互感器 TV1、TV2 均投入运行。

图 3-8(b)所示为单母线分段带旁路接线，它是在单母线分段接线的基础上加装了一组旁路母线 WBb 及一些旁路隔离开关，单母线分段断路器 QFs 兼作旁路断路器。

该接线的正常运行方式为：WB Ⅰ、WB Ⅱ通过分段断路器 QFs 及其两侧的隔离开关并列运行，旁路母线 WBb 备用，WB Ⅰ、WB Ⅱ母线上的电源及出线、TV1、TV2 均运行。

5. 3/2 接线

3/2 接线如图 3-9 所示。该接线是从双母线双断路器接线演变改进而成的。该接线的特点是：每一回路经一台断路器接至母线，两回路之间设 1 台联络断路器，形成两回路有 3 台断路器的双母线接线，即所谓的 3/2 接线。它是一种没有多回路集结点的双重连接（一回路经双断路器连接）的多环状接线。

该接线的正常运行方式为两组母线同时运行，所有断路器和隔离开关均合上，形成多环状网络供电。

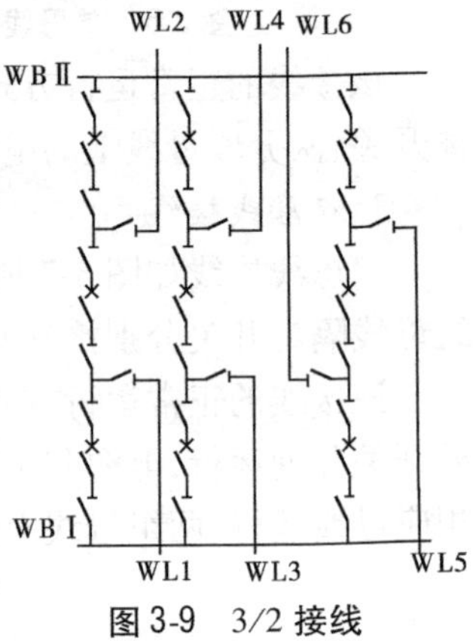

图 3-9　3/2 接线

6. 桥式接线

桥式接线如图 3-10 所示。当有两台变压器和两回线路时，在变压器—线路接线的基础上，在其中间加一连桥，便形成桥式接线。桥式接线有内桥和外桥之分。内桥接线的特点是：连接桥（QS1—QF1—QS2）在内侧靠近变压器，两回线路上各有一台断路器，线路切换操作方便，而变压器的投

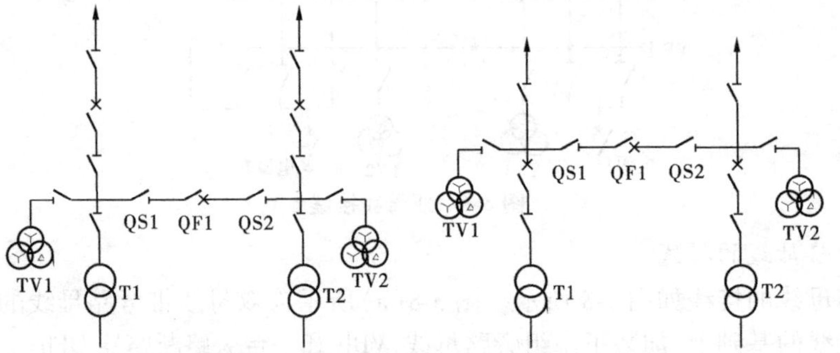

(a)内桥　(b)外桥

图 3-10　桥式接线

入与切换操作较复杂。外桥接线的特点是:连接桥在外侧靠近线路,两台变压器回路各接有一台断路器,变压器切换操作方便,而线路切换操作较复杂。

内桥接线和外桥接线的正常运行方式为:两台变压器、两回线路、连接桥同时运行。

7. 角形接线

角形接线如图3-11所示。该接线是由桥式接线发展而来的。在桥式接线中,在两线路(或两变压器)之间加装另一连接桥(QS3—QF2—QS4)便形成角形接线。角形接线一般以采用三角形或四角形为宜,最多不超过六角形。多角形接线的特点是:各断路器通过隔离开关互相连成闭合的环状,是一种单环形接线,每个回路都经两台断路器连接,实现了一回路经双断路器的双重连接。

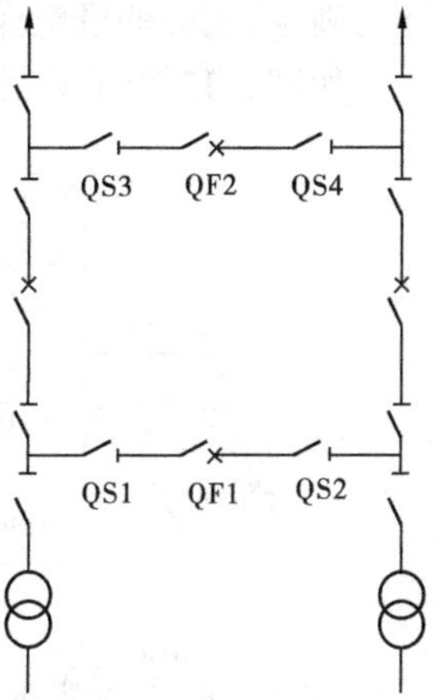

图3-11 角形接线

角形接线的正常运行方式为:断路器接成多角形,按闭环运行,各回路均投入运行。

8. 单元接线

单元接线如图3-12所示。图3-12(a)为发—变组单元接线;图3-12(b)为发—变组扩大单元接线;图3-12(c)为变压器—线路及发—变—线路单元接线。单元接线的特点是:几个电气元件直接单独连接,无横向联系(厂用电除外)。

单元接线的正常运行方式是:串联的各电气元件同时运行。

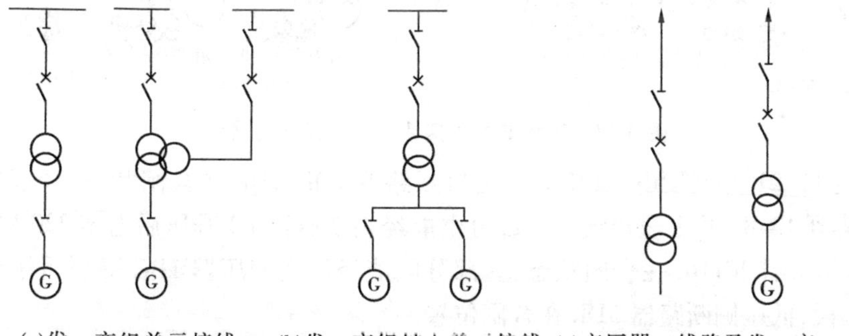

(a)发—变组单元接线 (b)发—变组扩大单元接线 (c)变压器—线路及发—变—线路单元接线

图3-12 单元接线

3.3.1.2 电气主接线的运行方式

电气主接线的运行方式是指电气主接线中各电气设备实际所处的工作状态(运行、备用、检修)及其相互连接方式。运行方式分为正常运行方式和非正常运行方式。

一个水电厂建成后,其电气主接线已定型。在此条件下,水电厂机电运行人员的任务是管理好和运行好已确定的电气主接线。首先,应安排电气主接线的正常运行方式。其次,根据设备检修或设备健康状况,安排好电气主接线的非正常运行方式。

电气主接线的运行包括电气主接线中各电气设备运行方式的安排,运行的监视和操作,运行的维护和检查,运行分析,运行记录,异常运行及事故处理。

1. 正常运行方式

电气主接线的正常运行方式是指正常情况下,全部设备投入运行时,电气主接线经常采用的运行方式。

主接线的正常运行方式包含发电机、变压器、母线及其接线的运行方式以及系统中性点的运行方式。主接线的正常运行方式一经确定，其发电机、变压器、母线的运行方式等随之确定，相应的继电保护和自动装置的投入也随之确定，任何人不得随意更改。

如图 3-13 所示为某水电站主接线的正常运行方式。

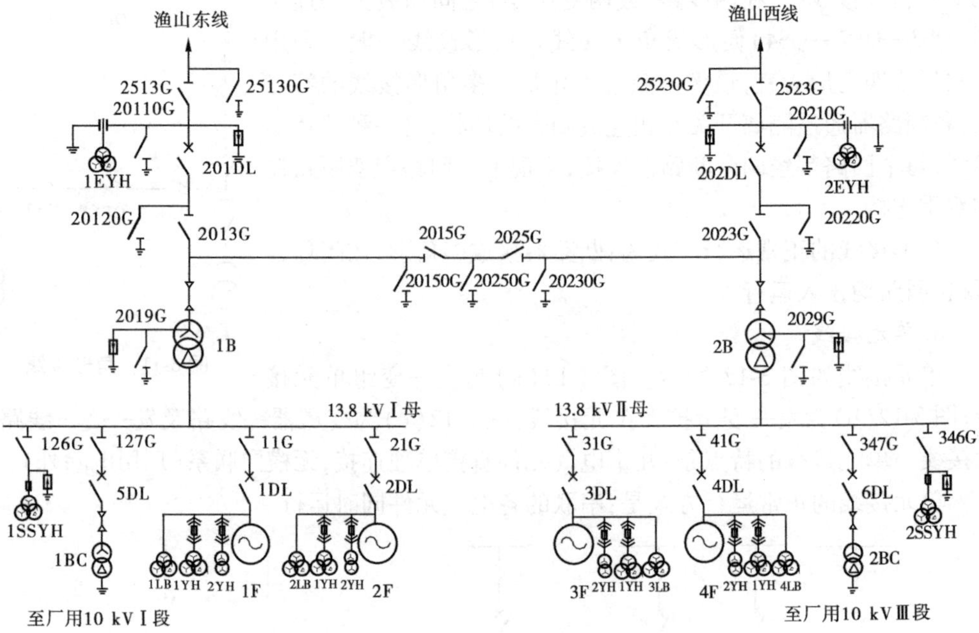

图 3-13　某水电站主接线的正常运行方式图

发电机 1F、2F 并网发电，其相应的出口断路器 1DL、2DL 在合闸状态，1F、2F 发出的电能先汇集到 13. 8 kV Ⅰ段母线。一部分电能经主变压器 1B 升压后送至 220 kV 渔山东线，高压侧断路器 201DL 在合闸状态；一部分电能经厂用变压器 1BC 降压后送至厂用系统 10 kV Ⅰ段，低压侧断路器 5DL 在合闸位置。

发电机 3F、4F 并网发电，其相应的出口断路器 3DL、4DL 在合闸状态，3F、4F 发出的电能先汇集到 13. 8 kV Ⅱ段母线。一部分电能经主变压器 2B 升压后送至 220 kV 渔山西线，高压侧断路器 202DL 在合闸状态；一部分电能经厂用变压器 2BC 降压后送至厂用系统 10 kV Ⅲ段，低压侧断路器 6DL 在合闸位置。

在正常运行方式下，内桥出线开关 2015G、2025G 在分闸状态。

2. 非正常运行方式

非正常运行方式是指在事故处理、设备故障或检修时，电气主接线所采用的运行方式。事故处理、设备故障和设备检修的随机性，使电气主接线的非正常运行方式一般有多种。在如图 3-13 所示的某水电站主接线中，当发电机 1F 停机检修时，则只需断开 1F 出口断路器 1DL，断开 1F 出口隔离开关 11G。此时发电机 2F 并网发电，其运行方式同正常运行方式，即 2F 发出的电能一部分经一号主变压器 1B 升压送至 220 kV 渔山东线，一部分经厂用变压器 1BC 降压后送至厂用系统 10 kV Ⅰ段。当 220 kV 渔山东线故障或者检修时,高压侧断路器201DL断开,隔离开关2013G断开,内桥出线开关2015G、2025G合上,1F、2F发出的电能可由220 kV内桥送至220 kV渔山西线,同时一部分经厂用变压器1BC降压后送至厂用10 kVⅠ段母线,这样既能保证系统的稳定性,又能保证厂用电源的可靠性。

注意:此时相应的主变压器1B、2B的差动保护电流互感器接线方式要有所改变,以保证当任意一台主变压器事故时能启动“互跳”,同时断开两台主变压器高低压侧断路器。

3.3.1.3 厂用电接线的运行方式

如图3-14所示为某水电厂的厂用电系统,采用两级电压供电,分别为10 kV系统和400 V系统。

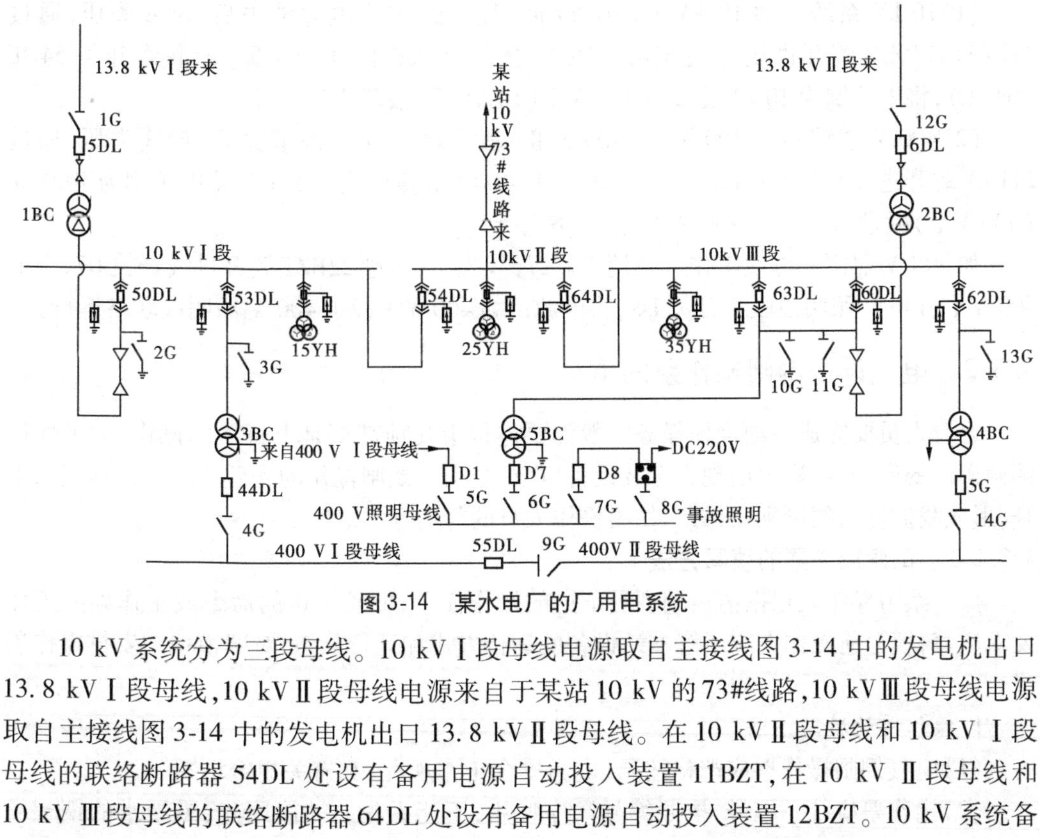

图3-14 某水电厂的厂用电系统

10 kV系统分为三段母线。10 kVⅠ段母线电源取自主接线图3-14中的发电机出口13.8 kVⅠ段母线,10 kVⅡ段母线电源来自于某站10 kV的73#线路,10 kVⅢ段母线电源取自主接线图3-14中的发电机出口13.8 kVⅡ段母线。在10 kVⅡ段母线和10 kVⅠ段母线的联络断路器54DL处设有备用电源自动投入装置11BZT,在10 kVⅡ段母线和10 kVⅢ段母线的联络断路器64DL处设有备用电源自动投入装置12BZT。10 kV系统备用电源自动投入装置11BZT、12BZT采用“明备用”方式,10 kVⅠ段和Ⅲ段作为工作母线,10 kVⅡ段作为备用电源母线。

400 V系统分为三段母线,其中400 VⅠ、400 VⅡ段为动力母线,另一段为照明母线。400 V动力系统备用电源自动投入装置21BZT采用“暗备用”方式,相应两段母线互为备用。照明系统备用电源自动投入装置22BZT采用“暗备用”方式,但工作母线为400 V照明段,备用母线为400 VⅠ段,不能互为备用。

1. 正常运行方式。

(1)10 kV系统。10 kVⅠ、Ⅱ、Ⅲ段母线分段运行。其中,10 kVⅠ段母线由1BC供电、10 kVⅢ段母线由2BC供电，10 kVⅡ段母线带电备用。母线联络断路器54DL、64DL断开备用。10 kVⅠ、10 kVⅡ段母线之间的备用电源投入装置11BZT及10 kVⅡ、10 kVⅢ段母线之间的备用电源投入装置12BZT均在“投入”位置。

(2)400 V系统。400 VⅠ段、400VⅡ段、照明段母线分段运行，400 VⅠ段由3BC供电，400VⅡ段母线由4BC供电，照明段母线由5BC供电。其中，400 VⅠ、400 VⅡ段母线互为备用，备用电源投入装置21BZT切换开关QK在“投入”位置，联络开关D5断开备用，联络刀闸9G在合闸位置；400 VⅠ段母线同时为照明段母线的备用电源，备用电源投入装置22BZT切换开关QK在“投入”位置，联络开关D1断开备用，联络刀闸5G在合闸位置。

2. 非正常运行方式

(1)10 kV系统。如10 kVⅠ(10 kVⅢ)段母线工作电源消失后，母线失压，通过11BZT(12BZT)跳开进线开关5DL(6DL)，合上10 kVⅠ(10 kVⅢ)段联络开关54DL(64DL)，将电源倒为10 kVⅡ段带10 kVⅠ(10 kVⅢ)段联络运行。

(2)400 V系统。如400 VⅠ(400 VⅡ)段母线工作电源消失后，母线失压，通过21BZT跳开进线开关D4(D6)，合上400 VⅠ、400 VⅡ段联络开关D5，将电源倒为400VⅡ(400 VⅠ)段带400 VⅠ(400 VⅡ)段联络运行。

如400 V照明段母线工作电源消失后，母线失压，通过22BZT跳开进线开关D7，合上400 VⅠ、400 V照明段联络开关D8，将电源倒为400 VⅠ段带400 V照明段联络运行。

3.3.2 电气设备倒闸操作票的填写

运行人员要完成一项操作任务一般都要进行十几项甚至是上百项的操作，为了保证倒闸操作的安全性、避免出现人身及设备事故，必须将倒闸操作的先后顺序详细地记录下来，形成我们称谓的倒闸操作票，作为操作人员的行为标准。

3.3.2.1 倒闸操作票的填写方法

操作票由操作人根据值班调度员下达的操作任务、值长下达的命令或工作票的工作要求填写，填写前操作人应了解本站设备的运行方式和运行状态，对照模拟图安排操作项目。

1. 操作票的填写方法

(1)电气倒闸操作票应严格按照《电力安全工作规程》和有关规定填写。

(2)操作票应统一编号，按照编号顺序使用，不能丢失。一律用蓝、黑墨水的钢笔填写，字迹必须清楚，按照规定格式逐项填写，并进行审核，亲笔签名。

(3)作废的操作票应加盖“作废”印章，调度作废票应加盖“调度作废”印章，已执行后的操作票应加盖“已执行”印章，未执行的操作票应加盖“未执行”印章，手写的操作票和计算机打印的操作票未填写的空格，应在第一空行盖“以下空白”印章，并妥善保存一年。

(4)填写倒闸操作票必须使用统一的调度术语和操作术语。

(5)每张操作票只能填写一个操作目的的任务。一个操作目的的任务是指根据同一个操作目的而进行的、不间断的倒闸操作过程。

(6)当对于一个操作目的的任务填写操作票字数超过一页时,为避免重复签名及填写时间等,可将操作开始、结束时间填写在首页,填写、审核、操作、监护人签名和“已执行”印章盖在末页,续页也应填写任务票调字编号。

(7)下列项目应填入操作票内:

①应拉合的设备(断路器、隔离开关、接地刀闸等),验电,装拆接地线,安装或拆除控制回路或电压互感器回路的熔断器,切换保护回路和自动化装置及检验是否确无电压等;

②拉合设备(断路器、隔离开关、接地刀闸等)后检查设备的位置;

③进行停、送电操作时,在拉、合隔离开关,手车式开关拉出、推入前,检查断路器确在分闸位置;

④在进行倒负荷或解、并列操作前后,检查相关电源运行及负荷分配情况;

⑤设备检修后合闸送电前,检查送电范围内接地刀闸已拉开,接地线已拆除。

2. 操作票填写的注意事项

(1)根据《电力安全工作规程》规定,操作票应填写设备的双重名称,即设备的名称和编号,一般有下列两种形式:①编号在前,名称在后;②名称在前,编号在后。

实际使用中,可按各级调度规定使用。

(2)操作票中下列四项不得涂改:①设备名称、编号;②有关参数和时间;③设备状态;④操作动词。

如有个别错、漏字,允许进行修改,但应做到修改的字和改后的字迹清楚,原字迹用“\”符号划去,不得将其涂擦掉。

3. 操作票中签名的填写规定

(1)填票人、审核人由填写操作票的运行班依次分别签名,并对所填操作票的正确性负责,不经签名,不得向下级移交。

(2)操作人、监护人在执行操作任务前,应对操作票审核无误,在调度员正式发命令后依次分别签名,并对操作票和所要进行操作的任务的正确性负全部责任,如审核发现错误,应作废并重新填写。

4. 检查项目的填写规定

(1)接地线的装拆不需要填检查内容,但拉合接地开关应填写检查内容。

(2)断路器由热备用转运行,不需要检查断路器确在热备用状态。

(3)断路器分、合闸后,操作票中只填写:“检查断路器分、合闸位置”,其含义包括三方面:表计指示,位置指示灯,本体机构位置指示。不必要再填写检查表计、灯光等。

(4)母线电压互感器由运行转冷备用,可不填写检查电压表指示情况,而由冷备用转运行,应检查电压表指示情况,以便于及时发现电压互感器工作是否正常及可能存在的问题。

(5)对二次回路,如连接片、熔断器、二次电源开关、空气断路器、切换开关等操作,操作后不要求填写检查内容,因为这些操作本身比较直观、明了。

(6)检查送电范围内确无遗留接地线,送电范围是指水电厂可见范围,不包括线路及对侧情况。送电是指出电源侧检修后的设备送电(充电),并非指仅仅对用户送电。

操作票格式详见附录1。

3.3.2.2 倒闸操作票栏目介绍

现以表3-14所示的变电站(发电厂)倒闸操作票为例,说明倒闸操作票各栏目具体怎样填写。

1. 单位栏(第一栏)

第一项——单位,填写××××水力发电厂或×××× kV××变电站,第二项——编号,按现场规定填写。同一操作任务有多页的情况下编号相同。

2. 命令栏(第二栏)

(1)发令人,填写发布正式调度操作命令的调度员姓名。非调度管辖设备的操作填写发出操作命令的站长或副站长(操作队队长或副队长)或当班值班负责人姓名。

(2)受令人,填写接受正式调度操作命令的值班员姓名。

(3)发令时间,填写调度员发布正式调度操作命令时间,时间精确到分,年采用四位阿拉伯数字填写,月、日、时、分采用两位阿拉伯数字填写。

表3-14　变电站(发电厂)倒闸操作票

单位:__________　　　　编号:__________

发令人:	受令人:	发令时间:　年　月　日　时　分
操作开始时间: 年　月　日　时　分		操作结束时间: 年　月　日　时　分
(　)监护下操作	(　)单人操作	(　)检修人员操作
操作任务:		
顺序	操作项目	√
备注:		
操作人:__________	监护人:__________	值班负责人(值长):__________

3. 操作时间栏(第三栏)

(1)操作开始时间,在实际操作开始时填写。

(2)操作结束时间,在本操作票所列操作项目全部执行完并进行操作质量检查后填写,在操作任务未全部执行完但因故不再执行其余项目时,已操作的最后一项时间为操作结束时间。

4. 操作分类选择栏(第四栏)

在实际操作类型前的括号内打"√"即可,发电厂及变电站一般都采用"监护下操作"。

5. 操作任务栏(第五栏)

用统一的调度术语简明扼要地说明要执行的操作任务,操作任务栏内必须写明设备的电压等级及双重名称。操作任务不得涂改。停电和送电操作应分别填写操作票。母线、母线分段(母联)断路器、旁路断路器、母线电压互感器、主变中性点,均应在其设备名称和编号前面加上相应的电压等级。一份操作票只能填写一个操作任务。

6. 操作项目栏(第六栏)

(1)第一列为顺序栏,分项书写,文字可占用数行,顺序号不变,并连续。

(2)第二列为操作项目栏,应填写设备的双重名称(可不填写电压等级,但主变侧断路器、母线、旁路母线、旁路断路器、母线电压互感器等应填写电压等级),根据操作任务,按操作顺序及操作票的要求、规定,依次填写分项内容;可占用数页,但应在前一页备注栏内中间写"接下页",在后一页的操作项目栏中间写"接上页"。操作票填写完毕,在操作项目栏最后一项下面一行左边平行盖"以下空白"章。操作票填写刚好一页,在备注栏相同位置盖"以下空白"章。

(3)第三列为检查栏,每操作完一项,应检查无误后打"√"。电气设备操作后的位置检查应以设备实际位置为准,无法看到实际位置时,可通过检查设备的机械位置指示、电气指示、仪表及各种遥测、遥信的变化,且至少应有两个及以上有效指示同时发生对应变化时,才能确认该设备已操作到位。

(4)操作执行完毕,在操作票操作项目栏最后一项下面一行右边加盖"已执行"章。若有废票(票面正确,因故未操作),在操作任务栏右边盖"作废"章。操作票因故中断操作时,如果同一页中操作项目已执行了一部分,剩余部分因故未执行,则在已执行的操作项目最后一栏右边盖"已执行"章,在未执行的操作项目第一栏右边盖"作废"章,其原因应在备注栏注明。

7. 备注栏(第七栏)

在操作票因故作废或在执行过程中中断操作时,在未执行操作票的各页任务栏右边盖"作废"章,作废原因应在备注栏注明。当作废页数较多且作废原因注明内容较多时,可自第二张作废页开始只在备注栏中注明"作废原因同上页"。

8. 签名栏(第八栏)

操作人填写操作票完毕并审查后签名;监护人根据模拟图板,核对所填的操作任务和项目,确认无误后签名;如果监护人不是值班负责人,最后还要由值班负责人审核签名。止班负责制的站和监控中心人员在站端所写的操作票,可由正班担任监护人和值班负责人。无论何种方式填写的操作票,均应由本人亲笔签名,不准代签或打印。

3.3.3 电气设备倒闸操作票填写举例

3.3.3.1 线路的倒闸操作票

1. 线路倒闸操作票填写原则

1) 线路停电操作

线路由运行转检修操作按照以下几个步骤并按照先后顺序进行:

(1)线路由运行转热备用。

①若调度规定需首先退出线路主保护(采用不带通道异常闭锁功能的高频保护),则应先退出线路主保护压板,主要是为了避免通道异常时发生区外故障保护误动作。若调度规定在断路器断开后停用主保护(采用带通道异常闭锁功能的高频保护),则在线路转冷备用后将高频保护由跳闸切至信号位置。

②停用线路重合闸。对于110 kV及以下的线路,断路器采用三相操作机构,配置三相重合闸装置;对于220 kV及以上的线路,断路器采用分相操作机构,配置单相重合闸或综合重合闸装置,且采用双重化保护。当采用三相、单相重合闸时,停用重合闸只需退出重合闸出口压板即可;当采用综合重合闸时,停用重合闸时应包含投入闭锁重合闸压板、将重合闸方式切至停用、退出重合闸出口压板三项。对于双重线路保护,若正常运行时投入一套,另一套备用,则备用重合闸的重合方式应与运行重合闸相同,仅断开备用重合闸出口压板。

③拉开线路断路器。

(2)线路由热备用转冷备用。

按照倒闸操作原则拉开断路器两侧隔离开关。

(3)线路由冷备用转检修。

线路由冷备用转检修包括两种情况:一种是转线路(包括线路电压互感器、避雷器)检修;另一种是转线路的断路器检修。下面分两种情况讨论:

第一种情况,线路由冷备用转线路检修。

①停用相关保护(母差保护、失灵保护和安控装置)。即退出本路保护联跳他路断路器压板、他路保护及自动装置联跳本路断路器压板。110 kV系统一般配置有母差保护;220 kV系统一般配置有母差保护、失灵保护和安控装置。

②停用线路电压互感器(取下电压互感器二次侧熔断器)。

③验明线路侧隔离开关的线路侧三相确无电压,在该处装设接地线(或合上线路侧接地隔离开关)。

第二种情况,线路由冷备用转断路器检修。

①停用相关保护。方法同由冷备用转线路检修一样。

②验明断路器两侧三相确无电压,立即在断路器两侧装设接地线(或合上线路侧接地隔离开关)。

③切断断路器的控制电源、信号电源、合闸电源、保护装置交直流电源。目的是避免检修过程中保护误发信号,检修人员误碰、误动使断路器分、合闸造成检修人员受伤。

2）线路的送电操作

线路的送电操作与停电相反，但是要注意在投入保护之前，要增加一项测试，即确定所投入保护出口压板、启动失灵压板两端无脉冲电压，测试的目的是避免因保护异常使压板有脉冲电压而让断路器跳闸。在将高频保护由信号切至跳闸位置之前，应测试高频通道正常。

2. 线路倒闸操作票实例

如图3-15为某水电厂电气主接线的10 kV出线接线部分，正常运行方式为：71#断路器、711#隔离刀闸、712#隔离刀闸闭合、710#接地刀闸断开。线路停电操作票实例如表3-15所示。

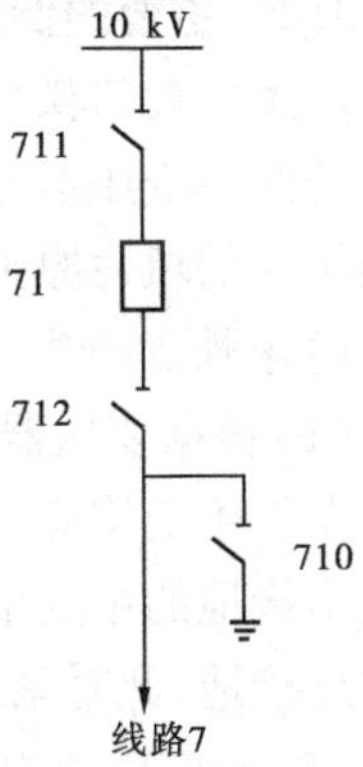

图3-15 某水电厂电气主接线的10 kV出线接线

表3-15 线路停电操作票实例

变电站（发电厂）倒闸操作票

单位：＿＿＿＿＿＿ 编号：＿＿＿＿＿＿

发令人：	受令人：	发令时间： 年 月 日 时 分
操作开始时间： 年 月 日 时 分		操作结束时间： 年 月 日 时 分
（√）监护下操作	（ ）单人操作	（ ）检修人员操作
操作任务： 10.5 kV 7#线路由运行转检修		

顺序	操作项目	√
1	拉开10.5 kV 7#线路侧71#断路器	
2	检查71#断路器三相确在分闸位置	
3	拉开10.5 kV 7#线路侧712#隔离开关	
4	检查712#隔离开关三相确在分闸位置	
5	拉开10.5 kV 71#线路母线侧711#隔离开关	
6	检查711#隔离开关三相确在分闸位置	
7	取下71#断路器操作电源熔断器RD1、RD2	
8	取下71#断路器合闸电源熔断器RD3、RD4	
9	用10.5 kV合格验电器验明10.5 kV 71#线路三相确无电压	
10	合上10.5 kV 71#线路710#接地开关	
11	检查710#接地开关三相确在合闸位置	
	以下空白	

备注：

操作人：＿＿＿＿＿＿ 监护人：＿＿＿＿＿＿ 值班负责人（值长）：＿＿＿＿＿＿

3.3.3.2 主变的倒闸操作票

1. 主变倒闸操作票填写原则

若两台变压器并列运行，一台主变中性点接地运行，另一台主变间隙接地运行，其停电操作票的填写原则如下。

1) 中性点操作

(1) 根据变压器的停送电操作原则，为避免出现操作过电压，不管是停电还是送电，只要操作主变均应将未接地变压器中性点接地。例如停中性点接地主变的电时，应将中性点不接地的主变中性点接地；停中性点不接地主变的电时，也应将中性点不接地主变的中性点接地，此时系统中性点短时有两个接地点。

(2) 若变压器中性点接地隔离开关与间隙共用电流互感器，则合接地隔离开关前，应启用变压器对应侧（高、中压侧）中性点零序电流保护，合接地隔离开关后退出变压器对应侧中性点间隙零序保护。若变压器中性点接地隔离开关与间隙是独立的电流互感器，则不需要切换保护。

2) 主变由运行转热备用

(1) 拉开各断路器前，检查环内断路器三相电流正常。

(2) 按照低、中、高顺序拉开主变各侧断路器。对于单电源变压器，应先拉开负荷侧断路器，再拉开电源侧断路器。

(3) 拉开各断路器后，检查环内未拉开断路器三相电流正常。

3) 主变由热备用转冷备用

(1) 按照低、中、高顺序拉开主变各侧隔离开关，且先拉开变压器侧隔离开关，再拉开母线侧隔离开关。

(2) 停用相关保护。

①停用母差、失灵保护跳主变断路器的出口压板。

②停用主变各侧后备保护跳母联断路器的出口压板。

4) 主变由冷备用转检修

(1) 拉开主变各侧中性点接地隔离开关。

(2) 主变各侧进行验电接地。

2. 主变倒闸操作票实例

如图 3-16 为某水电厂主接线的工业园出线部分，图中 209#断路器、2091#隔离开关、107#断路器、1071#隔离开关已合上，4B 中性点不接地。4B 主变的倒闸操作票如表 3-16 所示。

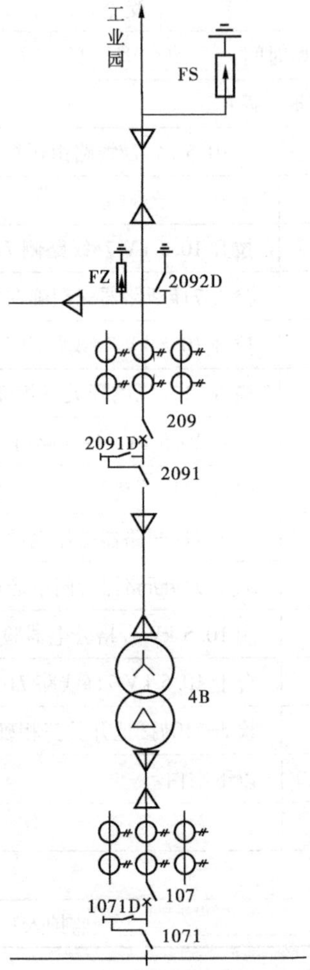

图 3-16 某水电厂主接线的工业园出线部分

3.3.3.3 双母线的倒闸操作票

1. 双母线倒闸操作票填写原则

对于双母线接线方式,其中一段母线由运行转检修的倒闸操作按照以下几个步骤依次进行。

1) 倒母线

倒母线是将需要停电的母线上的所有(电源和负荷)进出线倒至另一段母线,方法如下:

表 3-16 变压器由运行转检修操作票实例

变电站(发电厂)倒闸操作票

单位:__________ 编号:__________

发令人:	受令人:	发令时间: 年 月 日 时 分
操作开始时间: 年 月 日 时 分		操作结束时间: 年 月 日 时 分
(√)监护下操作	( )单人操作	( )检修人员操作
操作任务:4B 主变由运行转检修		

顺序	操作项目	√
1	拉开 4B 主变 10 kV 侧 209 开关	
2	检查 4B 主变 10 kV 侧 209 开关确在分闸位置	
3	拉开 4B 主变 6 kV 侧 107 开关	
4	检查 4B 主变 6 kV 侧 107 开关确在分闸位置	
5	拉开 4B 主变 10 kV 侧 2091 隔离刀闸	
6	检查 4B 主变 10 kV 侧 2091 隔离刀闸三相确在分闸位置	
7	合上 4B 主变 10 kV 侧 2091D 接地刀闸	
8	检查 4B 主变 10 kV 侧 2091D 接地刀闸三相确在合闸位置	
9	拉开 4B 主变 10 kV 侧 209 开关储能开关	
10	对 4B 主变 10 kV 侧 209 开关释能	
11	检查 4B 主变 10 kV 侧 209 开关确已释能	
12	拉开 4B 主变 6 kV 侧 1071 隔离刀闸	
13	检查 4B 主变 6 kV 侧 1071 隔离刀闸三相确在分闸位置	
14	合上 4B 主变 6 kV 侧 1071D 接地刀闸	
15	检查 4B 主变 6 kV 侧 1071D 接地刀闸三相确在合闸位置	
16	拉开 4B 主变 6 kV 侧 107 开关储能开关	
17	对 4B 主变 6 kV 侧 107 开关释能	
18	检查 4B 主变 6 kV 侧 107 开关确已释能	
19	用 10 kV 合格验电器验明 4B 主变 10 kV 侧至 2091 隔离刀闸变压器侧三相确无电压	

续表 3-16

顺序	操作项目	√
20	用 6 kV 合格验电器验明 4B 主变 6 kV 侧至 1071 隔离刀闸变压器侧三相确无电压	
21	对 4B 主变 10 kV 侧放电	
22	对 4B 主变 6 kV 侧放电	
23	在 4B 主变 10 kV 侧与 2091 隔离刀闸之间装设 1#接地线一组	
24	检查 4B 主变 10 kV 侧与 2091 隔离刀闸之间 1#接地线一组确已装设	
25	在 4B 主变 6 kV 侧与 107 开关之间装设 2#接地线一组	
26	检查 4B 主变 6 kV 侧与 107 开关之间 2#接地线一组确已装设	
27	拉开 4B 主变保护高压侧 10 TV 分支电源空气开关 1－1ZKK	
28	拉开 4B 主变保护低压侧 4 TV 分支电源空气开关 1－2ZKK	
29	拉开 4B 主变线路高压侧 10 TV 分支电源空气开关 2ZKK	
30	拉开 4B 主变保护直流电源空气开关 1－1FS	
31	拉开 4B 主变保护装置直流电源空气开关 1－2FS	
32	拉开 4B 主变低压侧直流操作电源空气开关 1－3FS	
33	拉开 4B 主变高压侧直流操作电源空气开关 1－4FS	
34	拉开 4B 主变线路直流操作电源空气开关 2FS	
	以下空白	
备注：		

操作人：__________ 监护人：__________ 值班负责人(值长)：__________

(1)将母线保护由选择性改为非选择性。

(2)取下母联断路器的控制熔断器(拉开控制电源空气断路器)，使母联断路器作死开关，防止母联断路器偷跳，这是等电位操作的需要。

(3)倒换母线上的一次设备。采用先合后拉(先合上需倒至的母线隔离开关，后拉开需停电的母线隔离开关）的方式将需停电的母线上的所有一次设备（包括旁路断路器）倒至另一母线，每一设备倒至另一母线后都应检查二次电压切换正常（检查母差保护屏对应隔离开关辅助触点确在合闸位置；检查本保护屏Ⅰ母或Ⅱ母电压指示灯亮。若采用重动继电器进行电压切换，还要检查相应母线重动继电器触点应闭合）。

（4）插上母线断路器控制熔断器。

2）母线由运行转热备用

（1）检查母联断路器无电流。

（2）检查需停电母线所有回路母线侧隔离开关确已拉开。

（3）退出母差保护电压闭锁压板。母差保护电压闭锁是复合电压闭锁元件，是以电流判据为主的差动元件，可以用电压闭锁元件来配合，提高保护整体的可靠性。差动元件与失灵元件动作出口经相应母线段的相关复合电压元件闭锁。母差保护电压闭锁压板通常应在停用一段母线时，退出该段母线的母差保护电压闭锁元件。

（4）停用母线电压互感器（没有装设消谐装置的母线上的电磁式电压互感器）。停用时遵循先停二次、后停一次的原则。

（5）拉开母联断路器。

3）母线由热备用转冷备用

（1）按照停送电原则依次拉开母联断路器两侧的隔离开关。

（2）停用母线电压互感器（电容式电压互感器或装设了消谐装置的电磁式电压互感器）。停用时遵循先停二次、后停一次的原则。

（3）停用母联断路器相关保护：①退出母差保护跳母联断路器压板；②退出1#、2#主变后，备保护跳母联断路器压板。

4）母线由冷备用转检修

（1）检查需停电母线所有回路母线侧隔离开关确在分闸位置。

（2）对母线进行三相验电并接地。

双母线的送电操作与停电相反，在投入保护之前，运行值班人员要增加一项测试，即确定所投入保护出口压板、启动失灵压板两端无脉冲电压；在对母线进行充电检查时，应在充电前投入母联开关充电保护压板，充电正常后退出充电保护压板。

2. 母线停送电操作票（倒母线操作）实例

如图3-17所示，运行方式为母线ⅠM、ⅡM运行，母联断路器260DL及其两侧隔离开关2601G、2602G均合上，旁路断路器290DL断开，两侧隔离开关2905G、2902G合上，旁路母线热备用于ⅡM。映山线、渔山西线、耿山北线、源山南线和青山线接于ⅠM母线运行，平山线、渔山东线、耿山南线和源山北线接于ⅡM母线运行。ⅠM母线停电的倒闸操作票如表3-17所示。

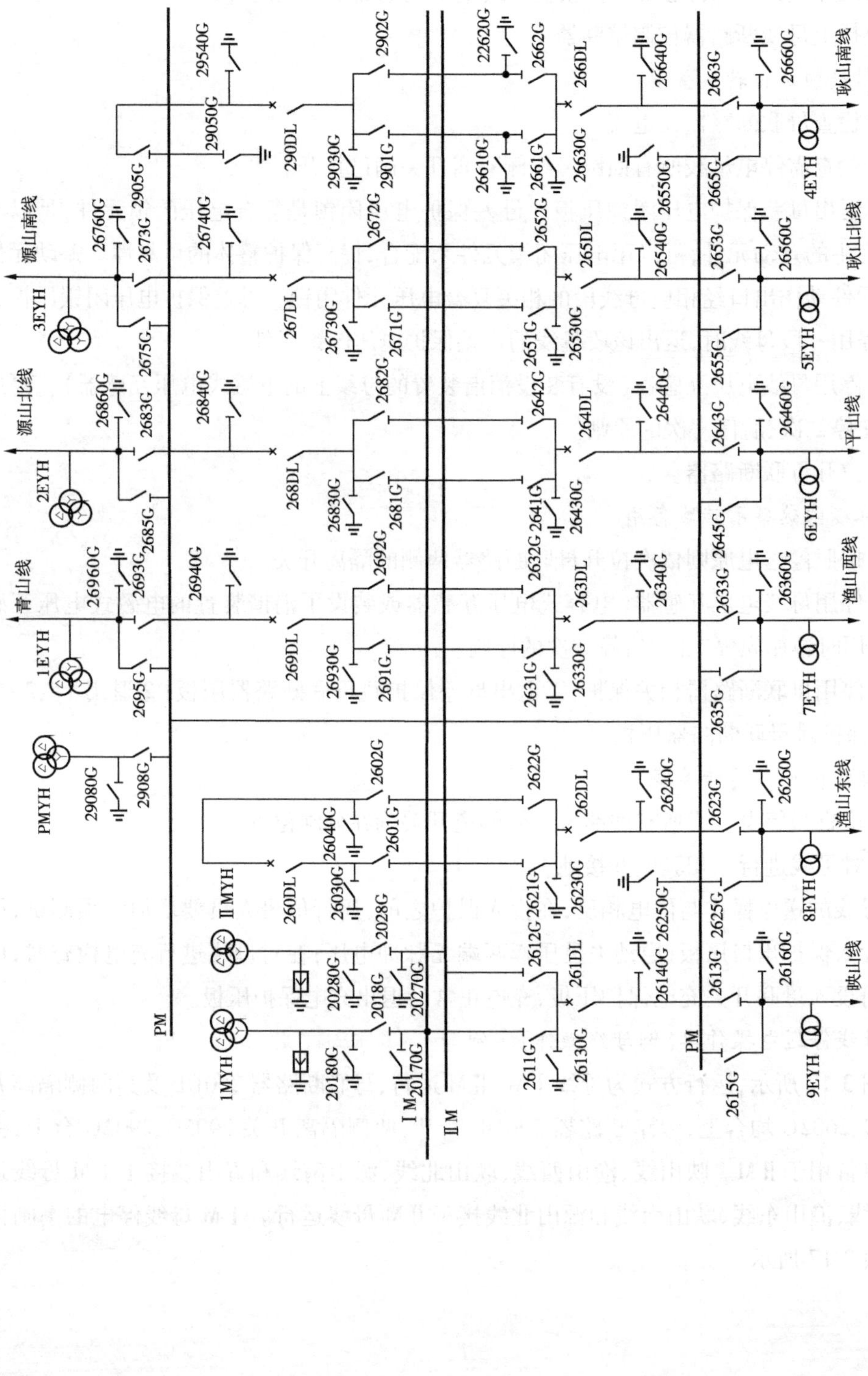

图 3-17 某水电厂双母线接线图

表3-17 倒母线操作票实例

变电站(发电厂)倒闸操作票

单位:____________ 编号:____________

发令人:	受令人:	发令时间: 年 月 日 时 分
操作开始时间: 年 月 日 时 分		操作结束时间: 年 月 日 时 分
(√)监护下操作	( )单人操作	( )检修人员操作
操作任务:220 kV Ⅰ M 设备倒为Ⅱ M 运行		

顺序	操作项目	√
1	检查渔山东线 262DL 断路器在Ⅱ M 运行	
2	检查平山线 264DL 断路器在Ⅱ M 运行	
3	检查耿山南线 266DL 断路器在Ⅱ M 运行	
4	检查源山北线 268DL 断路器在Ⅱ M 运行	
5	检查旁路 290DL 断路器在Ⅱ M 上热备用	
6	拉开母联 260DL 断路器操作电源小刀闸 2DK	
7	取下母联 260DL 断路器操作电源熔断器 3RD、4RD	
8	合上映山线 2612G 刀闸操作电源 ZK	
9	合上映山线 2612G 刀闸	
10	检查映山线 2612G 刀闸三相确在合闸位置	
11	切除映山线 2612G 刀闸操作电源 ZK	
12	合上渔山西线 2632G 刀闸操作电源 ZK	
13	合上渔山西线 2632G 刀闸	
14	检查渔山西线 2632G 刀闸三相确在合闸位置	
15	切除渔山西线 2632G 刀闸操作电源 ZK	
16	合上耿山北线 2652G 刀闸操作电源 ZK	
17	合上耿山北线 2652G 刀闸	
18	检查耿山北线 2652G 刀闸三相确在合闸位置	
19	切除耿山北线 2652G 刀闸操作电源 ZK	
20	合上源山南线 2672G 刀闸操作电源 ZK	
21	合上源山南线 2672G 刀闸	
22	检查源山南线 2672G 刀闸三相确在合闸位置	
23	切除源山南线 2672G 刀闸操作电源 ZK	
24	合上青山线 2692G 刀闸操作电源 ZK	
25	合上青山线 2692G 刀闸	

续表 3-17

顺序	操作项目	√
26	检查青山线 2692G 刀闸三相确在合闸位置	
27	切除青山线 2692G 刀闸操作电源 ZK	
28	合上映山线 2611G 刀闸操作电源 ZK	
29	拉开映山线 2611G 刀闸	
30	检查映山线 2611G 刀闸三相确在分闸位置	
31	切除映山线 2611G 刀闸操作电源 ZK	
32	合上渔山西线 2631G 刀闸操作电源 ZK	
33	拉开渔山西线 2631G 刀闸	
34	检查渔山西线 2631G 刀闸三相确在分闸位置	
35	切除渔山西线 2631G 刀闸操作电源 ZK	
36	合上耿山北线 2651G 刀闸操作电源 ZK	
37	拉开耿山北线 2651G 刀闸	
38	检查耿山北线 2651G 刀闸三相确在分闸位置	
39	切除耿山北线 2651G 刀闸操作电源 ZK	
40	合上源山南线 2671G 刀闸操作电源 ZK	
41	拉开源山南线 2671G 刀闸	
42	检查源山南线 2671G 刀闸三相确在分闸位置	
43	切除源山南线 2671G 刀闸操作电源 ZK	
44	合上青山线 2691G 刀闸操作电源 ZK	
45	拉开青山线 2691G 刀闸	
46	检查青山线 2691G 刀闸三相确在分闸位置	
47	切除青山线 2691G 刀闸操作电源 ZK	
48	检查旁路 2901G 刀闸三相确在断开位置	
49	合上母联 260DL 断路器操作回路保险 3RD、4RD	
50	合上母联 260DL 断路器操作电源刀闸 2DK	
51	拉开母联 260DL 断路器	
52	检查母联 260DL 断路器三相确在分闸位置	
53	合上母联 2601G 刀闸操作电源 ZK	
54	合上母联 2602G 刀闸操作电源 ZK	
55	拉开母联 2601G 刀闸	
56	检查母联 2601G 刀闸三相确在分闸位置	

续表 3-17

顺序	操作项目	√
57	拉开母联 2602G 刀闸	
58	检查母联 2602G 刀闸三相确在分闸位置	
59	切除母联 2601G 刀闸操作电源 ZK	
60	切除母联 2602G 刀闸操作电源 ZK	
61	拉开 IMPT 二次侧空气开关 ZKKa、ZKKb、ZKKc	
62	取下 IMPT 二次回路同期保险 RD	
63	合上 IMPT 2018G 刀闸操作电源 ZK	
64	拉开 IMPT 2018G 刀闸	
65	检查 IMPT 2018G 刀闸三相确在分闸位置	
66	切除 IMPT 2018G 刀闸操作电源 ZK	
67	更改模拟图板与实际设备一致	
备注：		
操作人：________ 监护人：________ 值班负责人(值长)：________		

3.3.3.4 旁路断路器代替线路断路器的倒闸操作票

1. 旁路断路器代替线路断路器操作票填写原则

对于带旁路接线的电气主接线，若其中一条线路断路器需要检修，为了提高供电的可靠性，可以用旁路断路器代替线路断路器运行，其操作票的填写原则如下。

1）旁代路准备

（1）更改保护定值。将旁路断路器的保护定值改为与被代线路断路器的保护定值一致。

（2）检查保护定值。检查旁路断路器代线路断路器保护定值正确。

（3）正确投入旁路断路器保护，但应停用旁路断路器重合闸。

（4）确认旁路断路器的运行状态。要确认旁路断路器与被代线路断路器所在母线一致，若不一致应将旁路断路器冷倒（即先将旁路断路器转冷备用，再进行下步的操作方式）为一致。

2）检查旁母

（1）启用解除同期装置（置该断路器的同期开关、同期屏上的同期表计切换开关在投入位置，置同期闭锁解除转换开关在退出同期闭锁位置三项，称为“启用解除同期装置”；反之，则为“退出解除同期装置”）。

（2）合上旁路断路器，对母线进行充电检查。

（3）退出解除同期装置。

（4）拉开旁路断路器。

（5）合上被代线路断路器旁路隔离开关。

3)合环

(1)停用环内断路器重合闸。

(2)环内断路器为分相操作机构的,在合环前应停用零序保护,这是因为合环过程中存在环流,若三相合闸不一致会产生零序电流,造成零序保护动作。

(3)启用检查同期装置(置该断路器的同期开关、同期屏上的同期表计切换开关在投入位置两项,称为"启用检查同期装置";反之,则是"退出检查同期装置")。

(4)合环前检查被代线路断路器的三相电流。

(5)合上旁路断路器。

(6)退出检查同期装置。

(7)合环后检查旁路断路器及被代断路器的三相电流。

4)解环

(1)拉开被代线路断路器进行解环。

(2)解环后检查旁路断路器的三相电流。

(3)投入旁路断路器零序保护。

(4)启用旁路断路器重合闸。

5)被代断路器的其他操作

(1)投入被代断路器的零序保护。

(2)将被代断路器由热备用转冷备用或检修。其操作方法与线路停电操作方法一致。

2. 旁代路操作票填写实例

如图 3-17 所示,220 kV 系统ⅠM、ⅡM 母线运行,母联断路器 260DL 及其两侧隔离开关合上,旁路断路器 290DL 断开,旁路母线隔离开关 2905G、2901G 合上,旁路母线热备用于ⅠM。耿山北线运行于ⅠM 母线,断路器 265DL 停电检修而要求线路耿山北线不停电,由旁路断路器 290DL 代替 265DL 运行,其倒闸操作票填写示例如表 3-18 所示。

表 3-18 旁路断路器 290DL 代替 265DL 运行倒闸操作票示例

变电站(发电厂)倒闸操作票

单位:________________ 编号:________________

发令人:	受令人:	发令时间: 年 月 日 时 分
操作开始时间: 年 月 日 时 分		操作结束时间: 年 月 日 时 分
(√)监护下操作	( )单人操作	( )检修人员操作
操作任务:220 kV 旁路 290DL 代耿山北线 265DL 运行		

顺序	操作项目	√
1	检查旁路 290DL 断路器处于ⅠM 热备用状态	
2	检查旁路 290DL 断路器三相确在分闸位置	
3	检查旁路 290DL 断路器各保护处于投入状态	
4	更改旁路 290DL 断路器保护定值与耿山北线 265DL 断路器保护定值一致	

续表 3-18

顺序	操作项目	√
5	投入旁路 290DL 断路器同期开关“TK”至“同期”侧	
6	投入手动准同期开关“2QK”至“闭锁解除”侧	
7	合上旁路 290DL 断路器向旁母充电	
8	切除并取出旁路 290DL 断路器同期开关“TK”	
9	切除手动准同期开关“2QK”	
10	检查旁路 290DL 断路器三相确在合闸位置	
11	拉开旁路 290DL 断路器	
12	检查旁路 290DL 断路器三相确在分闸位置	
13	合上耿山北线 2653G 刀闸操作电源“ZK”	
14	合上耿山北线 2651G 刀闸操作电源“ZK”	
15	合上耿山北线 2655G 刀闸操作电源“ZK”	
16	合上耿山北线 2655G 刀闸	
17	检查耿山北线 2655G 刀闸三相确在合闸位置	
18	投入旁路 290DL 断路器同期开关“TK”至“同期”侧	
19	投入手动准同期开关“2QK”至“手动准同期”侧	
20	合上旁路 290DL 断路器	
21	切除并取出旁路 290DL 断路器同期开关“TK”	
22	切除手动准同期开关“2QK”	
23	检查旁路 290DL 断路器三相电流平衡	
24	拉开耿山北线 265DL 断路器	
25	检查耿山北线 265DL 断路器二相确在分闸位置	
26	拉开耿山北线 2653G 刀闸	
27	检查耿山北线 2653G 刀闸三相确在分闸位置	
28	拉开耿山北线 2651G 刀闸	
29	检查耿山北线 2651G 刀闸三相确在分闸位置	
30	切除耿山北线 2653G 刀闸操作电源“ZK”	
31	切除耿山北线 2651G 刀闸操作电源“ZK”	
32	切除耿山北线 2655G 刀闸操作电源“ZK”	
33	检查耿山北线 2652G 刀闸三相确在分闸位置	
34	更改模拟图板与实际设备一致	

备注：

操作人：________ 监护人：________ 值班负责人(值长)：________

3.3.3.5 厂用电系统的倒闸操作票

1. 厂用电系统的倒闸操作原则

厂用电系统倒闸操作原则与主接线倒闸操作相同，在此不再赘述。

2. 厂用电系统的倒闸操作票实例

现以图3-14所示的厂用电系统为例，厂用电系统操作票填写应注意以下事项：

(1)10 kV系统的正常倒闸操作必须在事前取得上级领导的同意下执行，400 V系统的运行方式则可由当值值长根据安全、可靠和经济的原则决定。

(2)厂用电系统在进行倒闸操作时，应先停后送，严禁环网并列和非同期合闸。

(3)10 kVⅠ、10 kVⅢ段母线严禁并列运行。

(4)400 V各段母线之间严禁并列运行。

1)厂用电10 kVⅠ段由73#线路倒至1BC供电

某水电厂厂用电接线图如图3-14所示，倒闸操作票填写示例如表3-19所示。

表3-19 厂用电操作票填写示例

变电站(发电厂)倒闸操作票

单位：________________ 编号：________________

发令人：	受令人：	发令时间： 年 月 日 时 分
操作开始时间： 年 月 日 时 分		操作结束时间： 年 月 日 时 分
(√)监护下操作	( )单人操作	( )检修人员操作
操作任务：厂用电10 kVⅠ段由73#线路倒至1BC供电		

顺序	操作项目	√
1	检查10 kV 50DL断路器确在分闸位置	
2	合上13.8 kV 5DL断路器	
3	检查13.8 kV 5DL断路器确在合闸位置	
4	检查11BZT备自投在“切除”位置	
5	切除3BC变压器失压保护压板3LP	
6	拉开10 kV 54DL断路器	
7	迅速合上10 kV 50DL断路器	
8	置11BZT备自投空气开关于“投入”位置	
9	合上3BC变压器失压保护压板3LP	
10	现地检查54DL断路器确在分闸位置	
11	现地检查50DL断路器确在合闸位置	
12	恢复倒厂用电所停设备	
13	更改模拟图板与实际设备一致	

备注：

操作人：____________ 监护人：____________ 值班负责人(值长)：____________

2)厂用电 400 V Ⅰ段由 3BC 倒为 4BC 供电

某水电厂厂用电接线图如图 3-14 所示,倒闸操作票填写示例如表 3-20 所示。

表 3-20 厂用电操作票填写示例

变电站(发电厂)倒闸操作票

单位:____________ 编号:____________

发令人:	受令人:	发令时间: 年 月 日 时 分	
操作开始时间: 年 月 日 时 分		操作结束时间: 年 月 日 时 分	
(√)监护下操作	( )单人操作	( )检修人员操作	
操作任务:厂用电 400 V Ⅰ段由 3BC 倒为 4BC 供电			
顺序	操作项目		√
1	打开 3BC 变压器失压保护压板 3LP		
2	检查 55DL 断路器在“拉开”位置		
3	检查 9G 刀闸在“合闸”位置		
4	拉开 44DL 断路器		
5	视 55DL 断路器自动合上		
6	检查 400 V Ⅰ段三相电压正常		
7	复归“21BZT 动作”信号		
8	置 21BZT 空气开关于“切除”位置		
9	合上 3BC 失压保护压板 3LP		
10	恢复倒厂用电所停设备		
11	更改模拟图板与实际设备一致		
备注:			
操作人:____________	监护人:____________	值班负责人(值长):____________	

【教学评价】

对图 3-4 所示的主接线中 203 断路器由运行转检修的倒闸操作票进行评价,其评分细则如下:

1. 单位栏。未按要求填写单位名称,扣 1 分;未填写编号,扣 1 分。

2. 命令栏。未按要求填写发令人,扣 1 分;未填写受令人,扣 1 分;未填写发令时间,扣 1 分。

3. 操作时间栏。不要求。

4. 操作分类选择栏。未在实际操作类型前的括号内打“√”,扣 1 分。

5. 操作任务栏。未按要求填写操作任务,扣 1 ~5 分。

6. 操作项目栏。

(1)操作动词、操作语句不规范1项,扣1~2分;

(2)直接导致恶性误操作事故的操作(如带电拉隔离开关,带电挂接地线等),1项扣30分;

(3)关键技术逻辑错误(但不直接导致恶性误操作,如操作刀闸前将开关"远方/就地"切换开关切至"远方",隔离刀闸操作未按先负荷侧、后电源侧等),1项扣6分;

(4)技术逻辑错误(拉刀闸前不检查开关确在分闸位置,不拉开开关控制电源空气开关,多装地线且装设在开关与刀闸之间等),1项扣3分;

(5)漏项或错项但非技术逻辑错误,1项扣1分。

7. "操作人"栏不签名的每处扣2分。

8. 票面涂改1处扣1分,总分不超过10分。

9. 未盖"接上页"、"接下页"、"以下空白"手写章,每处扣1分;误盖"已执行"章,扣5分;误在执行栏打"√",扣5分。

项目4 机电运行的事故分析与处理

【教学内容及目标】

通过对水电厂水轮发电机组、电力变压器、开关站设备、保护装置与微机监控系统等机电设备的事故处理预演，熟悉设备故障现象，掌握设备故障处理的基本技能。通过编制设备事故处理预案，进一步熟悉设备的结构、原理、性能，安装地点，设备的相互连接关系等知识，同时养成规则意识、安全意识，养成与人合作、遵章守纪、一丝不苟的习惯。

【教学环境与工具】

水电厂主厂房、升压站、开关站、开关室、仿真实训室、多媒体教室等，同时准备好标准化事故处理卡、手电筒、测温仪、望远镜、安全帽、绝缘靴、绝缘手套、兆欧表、扳手、验电器、绝缘夹钳等检查和事故处理用工器具。

任务4.1 水轮发电机组的事故分析与处理

【教学目标】

1. 技能目标

能在水电厂值长（或值班员）的组织下开展事故演习，按照电力行业及现场运行规程的内容及要求，依次对设定的水轮发电机组故障和事故现象进行分析，提出相应的处理预案或模拟实操，工作结束后向值长作口头汇报。

2. 知识目标

熟悉水轮机的工作参数及其运行范围，发电机的主要部件、作用及工作原理，发电机的工作状态，发电机组配置继电保护的保护范围，保护装置的动作结果。

【任务描述】

得值长事故处理令，学生以副值班员的身份，在水电厂运行人员的监护下，做好安全措施，携带事故处理所需的工器具，按照水轮发电机纵差保护动作标准化事故处理实操表确定的事故处理内容、处理要求（或标准），对水轮发电机组的事故进行模拟处理，并将处理结果记录在实操表中。

【任务准备】

1. 知识准备

(1)设备的运行状态分为几种？不同运行状态下的运行参数主要有何特征？

(2)事故处理的一般规定有哪些？

(3)事故处理的一般原则是什么？

(4)事故处理的一般程序是什么？

(5)调速器事故低油压会出现哪些故障现象？应如何处理？

(6)如何处理调速器漏油箱油位过高？

(7)水轮机常见异常和故障有哪些？

(8)运行中剪断销剪断后会出现什么现象？应如何处理？

(9)水轮机冷却水中断应采取什么措施处理？

(10)如何处理水轮机顶盖水位升高故障？

(11)机组过速会出现哪些故障现象？应如何处理？

(12)如何处理发电机温度过高？

(13)发电机定子绕组单相接地有何故障现象？应如何处理？

(14)发电机差动保护动作后应如何处理？

(15)发电机过电压保护动作后应如何处理？

(16)发电机励磁系统故障主要有哪些？

(17)发电机着火应如何处理？

(18)在运行值班员或指导教师的指导下，制作一张水轮机剪断销剪断的标准化事故处理卡。

2. 工具准备

所需工具如表 4-1 所示。

表 4-1　所需工具

序号	工具材料名称	数量	用途
1	绝缘靴	一双	保证人体绝缘
2	摇表	一只	测相间及对地绝缘
3	接地线	一组	测绝缘
4	灭火器具	一套	用于发电机灭火
5	安全帽	一顶	保证人体绝缘
6	绝缘手套	一双	调整碳刷压力

【任务实操】

水轮发电机纵差保护动作标准化事故处理实操表，见表 4-2。学员以 2 人为一组，正确地戴好安全帽，扣好袖口，盘好头发，携带工具、事故处理实操表等进入发电机层、水轮机层。在水电站运行人员的监护下依次进行，对合格项，在“处理情况”栏打“√”，对有缺陷或异常项，在“处理情况”栏用文字详细说明。处理中注意安全、动作规范。处理完成后，向值长汇报处理情况。

表4-2 水轮发电机纵差保护动作标准化事故处理实操表

作业步骤	作业内容	作业标准或要求	处理情况
1	报告**调度**	报告准确	
2	复归**音响信号**	复归准确	
3	检查发电机**出口断路器**、**灭磁开关** FMK 是否断开	发电机出口断路器、灭磁开关 FMK 均断开	
4	对**差动保护范围内的一次设备**（包括发电机内部）进行全面检查，检查有无短路痕迹。若发现发电机着火，立即按规定进行灭火	检查全面无遗漏	
5	做好安全措施，测量发电机定子绕组的**相间绝缘电阻**、**对地绝缘电阻**	相间、对地绝缘电阻在规定范围内	
6	根据事故现象和检查情况，判断是否属于**继电保护误动**	如属误判，则检查继电保护故障	
7	未发现任何异常现象或在事故原因消除后，进行**发电机**递升加压试验	专人监视有关设备，满足发电机励磁回路伏安特性，发电机定子三相电流为零	
8	如升压试验正常，即可请示运行主管工程师同意后，将**发电机并入系统**，但在24 h内应加强运行监视	机组无异常	
9	对照工具、材料卡**清点工器具**	现场无遗留工具	

【相关知识】

4.1.1 水轮机及调速器的故障与事故处理

4.1.1.1 水轮机的故障与事故处理

以某水电厂为例，该厂装机3台，其中1F、2F水轮机型号为HLA542－LJ－215型立轴金属蜗壳混流式，3F水轮机型号为HL004－LJ－210型立轴金属蜗壳混流式，直接与40 MW三相悬吊式发电机螺栓法兰连接。

1. 水轮机故障处理

水轮机发生故障时，中控室上位机语音报警；机组现地顺控屏相应光字信号亮，指示故障设备范围。此时，值班人员应立即查明原因，消除故障，并作好记录。

1）推力、上导、下导、水导轴承温度升高

现象：

(1)机组顺控屏“轴承温度升高”光字显示。

(2)中控室上位机语音报警。

(3)顺控屏上温度巡检仪、Cu50、Pt100 相应测温点指示升高。

处理：

根据温度指示，到现场检查温度是否确实升高，若是因断线等造成误动，则通知检修处理。如轴承温度确实升高 3 ℃以上或急剧上升，应注意温升情况，并立即进行下列检查处理。

(1)立即汇报值长。

(2)检查轴承油面、油色是否正常，如有跑油之处应及时查明原因并设法处理，油位过低时应及时补充合格油；油色不正常应联系试验班人员进行化验。

(3)检查冷却水压、流量是否正常，检查各阀门是否由于振动自关闭，应及时进行相应处理。

(4)若冷却器本身堵塞引起流量不足造成瓦温升高，应设法消除(可进行反冲)。

(5)倾听轴承内是否有异音，判别发音部位，仔细分析原因。

(6)测量机组摆度，与原始记录比较是否有明显变化，如因摆度增大而引起温度升高，则可调整导叶开启度，避开机组在振动区域运行。

(7)经检查确认轴承温度升高，运行中不能处理或无法维持正常运行时，应立即报告值长和有关领导，联系调度解列停机处理。

2)空气冷却器温度升高

现象：

(1)机组顺控屏“机组温度升高”光字显示。

(2)中控室上位机语音报警。

(3)顺控屏上温度巡检仪、Cu50 相应测温点指示升高。

处理：

(1)汇报值长。

(2)进风洞检查有无异常。

(3)调整空冷器进水量。

(4)如调整空冷器进水量仍不能使温度下降，同时线圈温度超过定值，应降低负荷运行使温度降低(或反冲)，并汇报相关领导。

3)推力轴承外循环油中断

现象：

(1)机组顺控屏相应光字显示。

(2)中控室语音报警。

(3)推力外循环某示流器红灯亮。

处理：

(1)检查各外循环油冷却器油压、油流量是否正常(油压应在 0.2～0.3 MPa，油流量应在 15 m^3/s 以上)。

(2)如出油压力增大、流量下降，则可能是滤网堵塞，及时联系检修处理，运行中只允许一组停运清洗,并监视推力温度。

(3)检查油冷却器各阀门位置是否正确,否则应恢复正常位置。

(4)外循环油系统不能恢复正常,推力瓦温上升至危及机组安全运行时,应立即报告值长及有关领导,联系调度解列停机处理。

4)轴承油位不正常

现象:

(1)机组顺控屏相应光字显示。

(2)中控室上位机语音报警。

处理:

(1)检查相应轴承油位(油位浮子),若是误发信号则将其复归。

(2)油位降低时,检查进、排油阀是否关闭严密,油槽有无漏油,轴承有无甩油,对漏油处设法处理,监视轴承温度变化情况,并加合格油至正常油位。

(3)检查循环油路是否有严重漏油,跑油之处应设法处理或关闭相应阀门。

(4)油位升高时,应检查油色是否正常,并通知油试验班化验油的含量,以确认是否由冷却器损坏进水所致;对于水导轴承,应特别注意是否顶盖水位升高造成油槽进水或其他管路损坏将水射入水导油槽,此时应监视轴承温升情况。

(5)油位异常升高或降低及温度上升较快,无法维持正常运行时,应立即报告值长及有关领导,联系调度解列停机处理。

5)运行中剪断销剪断

现象:

(1)机组顺控屏剪断销剪断信号显示。

(2)中控室上位机语音报警。

(3)机组可能有剧烈的振动声、水导瓦温可能上升。

处理:

(1)剪断销的确剪断后应立即将调速器切手动。此时,若机组运行无明显异常出现且运行方式不宜立即停机,则监视机组及调速器运行情况,联系检修班处理并做好备用机组的开机准备;若在运行中无法更换,应转移负荷(包括开启出备用机组)、关球阀解列停机进行处理。

(2)若失控导叶被冲至开启或关闭位置,不应再调整导叶,尽快开出其他机组接带其负荷,立即关球阀解列停机处理。

(3)若剪断数目较多或机组振动摆度增大或水导温度明显上升,应立即在现地顺控屏上紧急关球阀停机。机组解列停机后,尽快开启备用机组接替负荷。

处理中须注意以下几点:

(1)剪断销剪断后,将调速器切"手动"。

(2)禁止按"紧急停机"按钮停机。

(3)凡须停机处理的,一律采用先关球阀,再解列,后灭磁停机(不动导叶)。

(4)关球阀停机时,须待有功到零后,方可解列机组。

(5)在停机处理中,若需动控制环处理,则配合检修动控制环。

(6)剪断销的确剪断后,若机组运行方式(全厂负荷情况)许可,一般应尽快关球阀停机。

6)冷却水中断

现象:

(1)机组顺控屏相应光字显示。

(2)中控室语音报警。

(3)各轴承温度可能上升。

处理:

(1)检查各部水压是否正常。

(2)如主供水中断(各机组主供水压降低),应立即汇报班、值长,检查循环供水系统运行情况。

(3)如主供水(循环供水系统)事故,且短时间不能恢复,则倒为顶盖供水方式,并注意监视主变的运行情况。

7)水轮机顶盖水位升高

现象:

(1)机组顺控屏相应光字显示。

(2)中控室上位机语音报警。

处理:

(1)检查水轮机顶盖排水孔是否堵塞或漏水过大,如堵塞应及时联系检修处理。

(2)检查虹吸排水是否畅通,查明原因,及时处理。

(3)如顶盖水位正常,应通知检修人员检查信号回路。

(4)调节本机负荷,看漏水情况有无变化。

(5)如顶盖水位继续上升而处理无效,应及时联系检修人员处理,并联系调度,降低机组出力,减少漏水量,做好停机准备。若水位升高至拐臂2/3处,淹没转动油盆,立即联系调度,解列停机关球阀。

(6)若该机正由顶盖供水,则将其倒为循环供水,并设法降低上腔水压。

(7)注意监视集水井水位。

此外,无论是紧急停机还是正常停机,若导叶已关闭,但转速长时间不能降至加闸转速,则应关闭球阀,并检查球阀关闭情况及导叶剪断销是否剪断。系统振荡和机组事故甩负荷时,应加强监视调速器的运行情况、压油槽油位、油泵运行是否正常,并对机组进行一次全面检查,发现问题及时汇报,并及时处理。系统振荡时,严禁将调速器切"手动"运行。

2.水轮机事故处理

机组发生事故时,中控室上位机发出事故音响信号,顺控屏相应信号显示,此时,机组可能有冲击声、异常振动或其他异常现象等。发生水轮机事故时,应立即根据信号的指示,迅速对事故进行分析判断处理,并作好详细记录,动作的信号系统未经值长同意,不准复归。

1)轴承温度过高事故

现象:

(1)中控室上位机发出事故音响信号,机组出口开关跳闸,灭磁,停机。

(2)顺控屏上温度巡检仪、Cu50、Pt100 相应测温点指示升高。

处理:

(1)立即监视自动元件的动作情况,自动不良时手动帮助。

(2)停机过程中,注意监视并记录事故轴承的温度升高情况。

(3)查明事故原因,汇报有关领导。

2)机组压油槽低油压事故

现象:

(1)中控室上位机发出事故音响信号,并有语音报警。

(2)上位机及顺控屏相应光字亮。

(3)机组解列、灭磁、停机。

(4)机组压油槽油压表指示在 1.65 MPa 以下。

处理:

(1)立即监视自动元件的动作情况,自动不良时手动帮助。

(2)检查油压下降原因,并设法处理。

(3)汇报有关领导。

3)机组过速

现象:

(1)中控室上位机发出事故音响信号,顺控屏机组过速信号显示,中控水轮机事故光字显示。

(2)机组有过速声。

(3)转速表指示在 140% n_e 左右。

(4)事故电磁阀动作。

处理:

(1)如事故电磁阀动作,导叶关至"0"位,则应监视自动元件动作情况,自动不良时手动帮助。

(2)监视压油装置的运行情况,如有异常及时处理。

(3)监视转速下降情况,准备加闸。

(4)监视各轴承的温度变化情况。

(5)将运行机组负荷加至额定负荷。

(6)机组全停后,作好安全措施,通知检修处理。

(7)在未做全面检查,或未得到总工程师的命令前,不得再次开启机组。

(8)机组过速时,如事故电磁阀未动(机组转速已达 140% n_e),应迅速手动帮助。

4.1.1.2 调速器的故障处理

以某水电厂为例,该电厂采用能达公司研制的双可编程微机调速器,型号为 WBDT－100－2.5。

1. 调速器事故低油压

现象：

(1)中控室上位机语音报警。

(2)机组保护屏水机事故光字亮。

(3)机组解列、灭磁、停机。

处理：

(1)监视机组解列、灭磁、停机。

(2)防止机组因甩负荷过速，若机组过速但保护未动作，应立即手动将导叶开度调至0。

(3)对机组进行全面检查。

(4)开启备用机组接替负荷。

(5)汇报相关领导，通知检修。

2. 调速器漏油箱油位过高

现象：

上位机语音报警，漏油箱油位过高。

处理：

(1)查漏油箱油位确已升高。

(2)若漏油泵未自动启动，应手动启动漏油泵，并查明漏油泵未自动启动的原因。

(3)若有水进入漏油箱，应将漏油泵切除，及时处理。

3. 调速器压油罐压力降低

现象：

(1)油压表指示在2.15 MPa以下。

(2)备用泵可能启动。

处理：

(1)若两台油泵均未运行，应检查动力电源是否正常。若不正常则应及时处理，恢复正常。

(2)若两台油泵同时运行，而油压降低，应检查油泵上油情况及集油槽油位，设法恢复正常运行。

(3)若集油槽油位很低或下降很快，应检查有无漏油现象，可参照以下内容进行检查：

①放油阀是否关严，如未关严则将其关闭。

②若接力器端盖或油管路法兰处漏油严重，无法控制导叶，则迅速关球阀停机处理。

③若漏油发生在压油泵出口法兰处，根据漏油情况，及时处理。

4.1.2　发电机及励磁系统的故障与事故处理

4.1.2.1　发电机故障与事故处理

以某水电厂为例，该厂装机3台，其中1F、2F发电机的型号为TS425/125－12，3F发电机的型号为TS425/125－12。

1. 发电机的故障处理

发电机运行中各表计指针超过规定的允许值，应视为不正常，此时应进行适当调整，使之在允许范围内。

1）发电机温度过高

现象：

（1）发电机定子、转子线圈或热风超过额定温度。

（2）有功负荷或定子、转子电流可能在最大值。

处理：

（1）检查风洞有无异常现象。

（2）检查冷却水系统是否有堵漏现象，并调整冷却水流量。

（3）在不影响系统的条件下，降低机组无功负荷。

（4）若上述调整无效，应联系调度减小该机组的有功出力，直到温度下降到额定值以内。

2）发电机电压系统单相接地

现象：

相应发电机定子单相接地光字牌、发电机电压系统单相接地光字牌亮。

处理：

（1）检查发电机定子三相对地电压值，判明接地性质和原因。

（2）若三相电压平衡且有波动现象，可能是谐振造成的，此时应拉合一次发电机汇流母线 TV 刀闸。

（3）若两相电压升至线电压，一相电压为零，则此相外部（引出线或母线）接地，应查出故障点予以消除。

（4）若两相电压大于相电压小于线电压，一相电压大于零小于相电压，则此相内部接地，应联系调度，查明故障点，停电处理。在未消除故障前，允许发电机在定子一点接地的情况下运行 2 h。

（5）若三相电压各不相等，则可能是主变低压线圈或厂用变高压线圈接地。

（6）若两相电压为相电压，另外一相为零或接近于零，则可能是低压侧或高压侧保险熔断。

（7）在查找接地点时，可能需要倒厂用电或解列机组方能确定接地点。

3）发电机励磁回路一点接地

现象：

上位机发出转子一点接地光字并有语音报警。

处理：

联系检修一、二次班进行确认，并对励磁滑环及其支架进行带电冲洗。若处理无效则转移负荷，解列、停机后处理。

4）发电机剧烈振荡或失去同步

现象：

（1）定子电流、机组有功、无功数据周期性变化，频率指示偏高或偏低，电压指示偏低。

(2)机组发出轰鸣声,其节奏与表计变化一致。

(3)灯光照明随电压波动忽明忽暗。

(4)调速器开度指示摆动,发生拉锯现象。

处理:

(1)如系统周波偏高,应用开度限制降低机组有功功率,同时增加发电机励磁电流,将电压提高到最大允许值。

(2)如系统周波偏低,则应增加机组有功功率和无功功率。

(3)若上述调整无效,则应积极联系调度,听从调度指挥。

(4)如发电机失磁造成机组本身强烈振荡而失去同步,则应将机组解列。

(5)系统振荡时,不得将调速器切"手动"。

5)励磁滑环碳刷剧烈打火

应降低机组无功,并进行如下处理:

(1)通知检修人员带电冲洗励磁滑环及其支架。

(2)若碳刷引线烧断,应转移机组负荷,将机组解列、灭磁、停机后,通知检修人员处理。

(3)如滑环的环火严重危及机组安全,应尽快降低无功,必要时解列、停机处理。

6)其他故障处理

发电机运行中,若发现某一表计失去指示而机组运行未发生变化,此时,应根据其他表计监视发电机运行,尽量不改变运行方式,查明原因进行处理。

发电机二次回路电源消失,应查明原因,迅速恢复。

发电机出口开关和灭磁开关有故障应联系检修人员消除,否则不得将发电机投入运行。

在机组运行中,如闻到绝缘焦臭味,应立即进风洞内检查,当发现有烟火时,及时报告值长,得到命令后按下"紧急停机"按钮,确认已着火时按发电机着火处理。如检查发现无异常,则应检查有关设备,查明原因及时处理。

2. 发电机的事故处理

1)发电机纵差保护(或匝间保护、后备保护)动作

(1)查看保护动作情况,监视解列、灭磁、停机过程是否正常,若自动失灵应手动帮助。

(2)对事故机组差动范围内一次设备进行检查,若发电机着火,应尽快拉开发电机出口刀闸,确认已灭磁后给水灭火。

(3)测量发电机对地绝缘电阻并联系检修作进一步检查。

(4)若无明显的故障痕迹,应检查是否保护误动或人员误碰所致。

(5)若检查后未发现问题,经总工同意,可启动机组零起升压。升压过程中应严密监视发电机定子电压变化情况,监视定子电流有无指示,若发现不正常情况应立即灭磁、停机,如升压正常可并入系统运行。

2)过电压保护动作

(1)如因甩负荷造成过电压保护动作,应通知有关人员检验励磁调节特性,恢复正常后加入系统运行。

(2)如无其他过电压现象,则应检查继电器是否误动,定值是否改变,待校验正确后即可加入系统运行。

(3)过电压保护动作后,应检查机组绝缘是否良好。

3)失励保护动作

(1)失磁保护分为失磁(静稳)和失磁(异步),失磁(静稳)动作只发信号,失磁(异步)动作于解列、灭磁。

(2)失磁保护动作后,若是人为误动引起机组解列、灭磁,可将机组并网运行。

(3)如励磁装置故障或励磁回路断线引起失磁保护动作,应通知有关人员检查处理。

(4)失磁(静稳)动作,可能为机组进相深度过大,此情况下,可适当增加机组无功。

(5)若机组运行中有功较正常时有所降低,无功进相,定子电流异常增大,转子电流减小或为零,则判明转子回路开路而失磁保护拒动,则应立即将导叶关至空载开度,并将机组解列、停机后处理。

4)发电机转子回路两点接地

现象:

(1)发出转子一点接地信号。

(2)励磁电流异常增大,转子电压降低。

(3)无功下降或转为进相,有功负荷基本不变,机端电压有所下降。

(4)发电机剧烈振动,各部振动值、摆度值可能报警。

处理:

立即解列、灭磁、停机,或直接按"紧急停机"按钮。

5)发电机非同期并列

现象:

(1)定子电流在合闸瞬间有较大冲击,然后出现摆动。

(2)机端电压降低。

(3)发电机产生振动且伴随较大异音。

处理:

(1)若发电机冲击不强烈,且很快转入同步,则可维持机组运行,此时应监视发电机各部振动、摆度情况,轴承温度等,并进风洞进行详细检查。

(2)若发电机振动大,则立即将其解列,若解列后机组有不正常现象,应将机组灭磁、停机。

(3)若非同期并列造成发电机着火,应立即解列、灭磁、停机,组织灭火。

(4)若发生非同期合闸,应查明原因并消除后,方可进行第二次并列。

6)发电机着火

(1)发电机着火处理应遵循下列原则:

①确保人身安全,发电机着火后任何人不得进入发电机风洞内,灭火终结后需要进入

风洞内检查时，应由两人戴上防毒面具后方可进入检查，并要做好随时退出的准备。

②不准用砂子或泡沫灭火器灭火。

③灭火中应保持风洞密闭，使着火点隔绝外部空气而迅速熄灭。

(2)发电机着火后可能有如下现象：

①从发电机风洞密闭不严处冒出浓烟，有绝缘焦臭味(应与风闸刹车产生的气味相区别)或火星。

②发电机定子铁芯或线圈某点温度可能极高。

③发电机差动保护或匝间短路保护可能动作。

④发电机定子接地信号可能动作。

(3)发电机着火后应立即进行如下处理：

①按机组顺控屏或公用 LCU 屏上的"紧急停机"按钮。

②监视机组解列、灭磁、关球阀和停机情况，自动不灵时，立即手动帮助。

③拉开发电机出口刀闸和 TV 刀闸。

④确认发电机已灭磁(定子无电压)后立即开启位于本机励磁屏旁靠窗户墙角的发电机消防水水源阀，给水灭火。

⑤检查水车室，消防水正常投入后，在水车室上方应有水流沿主轴法兰流出。

⑥根据当时机组运行方式，设法由其他机组接替其负荷。

⑦汇报调度和有关领导。

⑧确认火已熄灭后，打开发电机风洞门和上机架的进人门，以释放风洞内的气体。

⑨做好机电安全措施，以便检修处理。

4.1.2.2　励磁系统的故障处理

以某水电厂为例，3 台发电机励磁系统由 EXC9000 励磁调节器、功率柜、灭磁柜、励磁变等组成，初励电源取自直流室，共用一套初励装置。EXC9000 励磁调节器为双微机三通道调节器，其中 A、B 通道为微机通道，C 通道为手动通道。正常运行方式为 A 通道运行，B 通道备用，B 通道及 C 通道自动跟踪 A 通道。可选择 B 通道或 C 通道作为备用通道，B 通道为首选备用通道。当 A 通道出现故障时，自动切换至备用通道。C 通道总是自动跟踪当前运行通道。同样，当 B 通道投入运行后出现故障，自动切换至 C 通道运行。

1. 起励失败

现象：

(1)调节柜显示屏故障显示画面显示"起励失败"；

(2)调节器停止输出触发脉冲。

处理：

(1)检查灭磁开关是否闭合；

(2)检查励磁装置是否在逆变位置；

(3)检查功率柜的交直流侧刀闸是否断开；

(4)检查所有功率柜的脉冲开关是否在投入(ON)位置；

(5)检查同步变的熔断器是否断开；

(6)检查励磁变高压侧刀闸是否断开；

(7)检查转子回路是否开路;
(8)检查初励电源是否投入;
(9)检查起励时起励接触器是否动作;
(10)检查起励电阻或起励二极管是否开路;
(11)检查调节器是否接收到起励命令。

2. 逆变失败

现象:
(1)调节柜显示屏故障显示画面显示"逆变失败"。
(2)调节器启动逆变失败,继电器断开灭磁开关。

处理:
(1)检查停机后机端TV回路是否仍有电压。
(2)检查调节器逆变信号是否正常。
(3)必要时可跳开FMK灭磁。

3. A套(B套)PT故障

现象:
(1)调节器显示屏故障画面显示A(B)套PT故障。
(2)A通道自动切换到B通道,或从B通道自动切换到C通道。
(3)A(B)通道将由自动方式转为手动方式。

处理:
(1)检查2TV(3TV)电压是否正常,高压侧保险是否熔断。
(2)检查调节器显示屏上A(B)通道测量电压是否正常。
(3)检查是否有系统故障且有其他不正常现象。
(4)用软件观察A(B)通道同步变电压是否正常。

4. 交流电源消失

现象:
调节柜显示屏故障显示画面显示"交流电源消失"。

处理:
(1)检查交流空气开关是否闭合。
(2)检查与交流空气开关对应的交流接触器是否动作。
(3)检查外部电源是否正常投入。

5. 直流电源消失

现象:
调节柜显示屏故障显示画面显示"直流电源消失"。

处理:
(1)检查外部直流输入是否正常。
(2)检查直流回路电源是否正常。

6. 灭磁开关误分

现象:

调节柜显示屏故障显示画面显示“灭磁开关误分”。

处理：

(1)检查发电机出口开关是否处于合闸状态。

(2)检查灭磁开关是否在分闸位置。

7. 过励保护动作

现象：

(1)调节柜显示屏故障显示画面显示“过励保护”。

(2)励磁系统过励保护继电器动作并发出信号。

处理：

(1)检查转子回路有无短路。

(2)检查功率柜内有无短路。

8. 功率柜风机电源故障

现象：

调节柜显示屏故障显示画面显示“功率柜风机电源故障”。

处理：

(1)在功率柜显示屏上“复位”，检查“风机电源故障”信号是否可以消失。若不能消失，在其他功率柜运行正常的情况下，切除该功率柜脉冲，并检查风机电源回路是否正常。

(2)检查风机是否停转或慢转，必要时更换风机。

9. 功率柜快速熔断器熔断

现象：

功率柜故障显示画面显示“快速熔断器熔断”。

处理：

(1)检查功率柜内的6个快速熔断器的红色指示接点是否弹出。若已弹出，则指示快速熔断器已损坏。

(2)若机组仍正常运行，该功率柜可以不必退出运行，但在停机后应作如下检查：

①检查与熔断的快速熔断器相连的晶闸管是否已损坏。必要时，更换该晶闸管。

②更换熔断的快速熔断器。

③做开环试验，检查该功率柜是否可以正常工作。工作正常后才可以投入。

10. 功率柜风温过高

现象：

调节器显示屏的故障显示画面显示“功率柜风温过高”。

处理：

(1)测量功率柜周围环境温度是否超过40 ℃(应低于40 ℃)。

(2)检查功率柜的输出电流和桥臂电流是否过大。

(3)检查功率柜风道是否停风。如果停风，在其他功率柜正常运行的情况下，切除该功率柜脉冲，检查风机电源是否消失和风机是否停止运转或慢速运转。

(4)必要时可降低机组的有功功率、无功功率。

4.1.3 水轮发电机组标准化事故处理卡举例

下面是某水电厂依据《水轮机运行规程》(DL/T 710—1999)和《水轮发电机运行规程》(DL/T 751—2001),并结合该厂设备的具体情况制定的水轮发电机纵差保护动作标准化事故处理卡(主要部分),见表 4-3。

表 4-3 水轮发电机纵差保护动作标准化事故处理卡(主要部分)

作业步骤	作业内容	作业标准或要求	作业危险点
1	报告调度	报告准确	报告错误
2	复归音响信号	复归准确	未复归,影响下一条报警信号
3	检查发电机出口断路器、灭磁开关 FMK 是否断开	发电机出口断路器、灭磁开关 FMK 均断开	未断开
4	对差动保护范围内的一次设备(包括发电机内部)进行全面检查,检查有无短路痕迹。若发现发电机着火,立即按规定进行灭火	检查全面无遗漏	未做安全措施或未做到位
5	做好安全措施,测量发电机定子绕组的相间绝缘电阻、对地绝缘电阻	相间、对地绝缘电阻在规定范围内	遥测范围内还有人员未离开,未做安全措施或未做到位
6	根据事故现象和检查情况,判断是否属于继电保护误动	如属误判,则检查继电保护故障	走错间隔,引起其他设备保护误动
7	未发现任何异常现象或在事故原因消除后,进行发电机递升加压试验	专人监视有关设备,满足发电机励磁回路伏安特性,发电机定子三相电流为零	升压过程不准确
8	如升压试验正常,即可请示运行主管工程师同意后,将发电机并入系统,但在 24 h 内应加强运行监视	机组无异常	无
9	对照工具、材料卡清点工器具	现场无遗留工具	工具、材料遗留在现场

事故现象:

(1)纵差保护动作信号出现,对应发电机"发电机保护动作"光字牌亮;

(2)对应发电机保护屏事故记录窗口有"差动保护动作"字样;

(3)发电机出口断路器、灭磁开关 FMK 分闸,机组事故停机;

(4)保护动作前机组可能发出强烈冲击声,表计有大幅度摆动,有绝缘焦臭味或烟雾,严重时有火花。

事故原因:

(1)发电机内部发生相间或匝间短路;

(2)继电保护装置误动;

(3)保护范围内有异物。

【教学评价】

学生按照规定的步骤,逐一对发电机进行处理,每进行一个点记2分;现场处理时,若有违反安全规程,则该内容记0分。水轮发电机纵差保护动作标准化事故处理评价表见表4-4。

表4-4　水轮发电机纵差保护动作标准化事故处理评价表

作业步骤	作业内容	作业标准或要求	(处理点数)满分	得分
1	报告**调度**	报告准确	(1)2	
2	复归**音响信号**	复归准确	(1)2	
3	检查发电机**出口断路器**、**灭磁开关**FMK是否断开	发电机出口断路器、灭磁开关FMK均断开	(2)4	
4	对**差动保护范围内的一次设备**(包括发电机内部)进行全面检查,检查有无短路痕迹。若发现发电机着火,立即按规定进行灭火	检查全面无遗漏	(1)2	
5	做好安全措施,测量发电机定子绕组的**相间绝缘电阻**、**对地绝缘电阻**	相间、对地绝缘电阻在规定范围内	(2)4	
6	根据事故现象和检查情况,判断是否属于**继电保护误动**	如属误判,则检查继电保护故障	(1)2	
7	未发现任何异常现象或在事故原因消除后,进行**发电机**递升加压试验	专人监视有关设备,满足发电机励磁回路伏安特性,发电机定子三相电流为零	(1)2	
8	如升压试验正常,即可请示运行主管工程师同意后,将**发电机并入系统**,但在24 h内应加强运行监视	机组无异常	(1)2	
9	对照工具、材料卡**清点工器具**	现场无遗留工具	(1)2	
10	相关知识	口试或笔试	40	
(总点数)总分			(11)62	

注:百分制得分=(评价表得分/评价表总分)×100。

【拓展阅读】

事故处理案例——发电机励磁回路一点接地故障的查找及处理

一、现象

正常运行时，发电机转子绕组正对地或负对地的电压为零或在零值附近波动。当励磁回路发生一点接地故障后，保护装置动作并发出信号提醒运行人员，此时测量转子绕组对地电压将会发生变化，正对地或负对地电压将比故障前明显增大。

二、故障点查找

发生接地后，先检查励磁系统引线至集电环部分是否有明显的接地现象，特别是集电环处应进行全面清扫，以排除转子外部的接地故障。

转子内部接地故障点自查找：先利用电压降法确定故障点大致位置，再用对地电位分布法进一步确定故障点，具体方法如下：

(1)运行中发电机发生转子一点接地故障后可不立即停机，用高内阻的直流电压表在其一表头上外接小铜棒分别小心地碰触集电环，测量转子绕组正对地电压(转子铁芯)为 U_1，负对地电压为 U_2。如果发电机转子绕组全长为 L，则可计算出接地故障点至正集电环或负集电环的距离，即：

接地故障点至正集电环的距离为：$LU_1/(U_1+U_2)$。

接地故障点至负集电环的距离为：$LU_2/(U_1+U_2)$。

如果计算值大于转子绕组至集电环的引线长度，则说明接地故障点不在转子绕组引线而是绕组中间，需要进一步确定已得故障点。

(2)对转子各个磁极进行检查未发现明显接地故障点后，根据上面计算值确定故障点大致位置后，拆开转子线圈的保护环或其绝缘层，采用对地电位分布法进一步确认接地故障点，即每拆开一个磁极保护环后在集电环上施加直流电压(施加电压以不超过转子绕组额定电压为标准)，然后用灵敏度较高的多量程电压表分别测量每层线圈对地的电压值。越靠近接地故障点的线圈对地电压将越低，直到测出电压为零或接近于零的点即为接地故障点。

三、处理方法

发电机励磁绕组发生一点接地故障的原因及处理方法如下：

(1)磁极绕组及绝缘垫板受潮。这种情况多发生在较长时间停机且空气湿度较大时，因此发电机在长期停机备用时应投入相应的加热器防止绝缘受潮。当碳刷及集电环有碳粉或油污堆积时，可将油污用干布擦拭干净，利用吸尘器将灰尘清干净。

(2)槽口处保护层老化、断裂、脱落或绝缘损坏。可将槽口处的灰尘吹扫干净后进行修补，以增强引线电缆的绝缘。

(3)线圈端部大量积灰。发电机的积灰多含有油质，可用清洁剂清除干净。

(4)如果是大型贯流式水轮发电机，如发现接地点在磁极上，不必将整个转子抽出，只要将故障的磁极抽出，单独进行绝缘处理即可。

任务4.2　电力变压器的事故分析处理

【教学目标】

1. 技能目标

能在水电厂值长（或值班员）的组织下开展事故演习，按照电力行业及现场运行规程的内容及要求，依次对设定的电力变压器故障和事故现象进行分析，提出相应的处理预案或模拟实操，工作结束后向值长作口头汇报。

2. 知识目标

熟悉电力变压器的主要部件、作用及工作原理，电力变压器的工作状态，电力变压器配置继电保护的保护范围，保护装置的动作结果。

【任务描述】

得值长事故处理令，学生以副值班员的身份，在水电厂运行人员的监护下，做好安全措施，携带事故处理所需的工器具，按照电力变压器重瓦斯保护动作的事故处理实操表中的处理内容、处理要求（或标准），对变压器的事故进行模拟处理，并将处理结果记录在实操表中。

【任务准备】

1. 知识准备

（1）电力变压器常见有哪些异常或故障情况？

（2）电力变压器配置了哪些继电保护？各继电保护的保护范围和动作结果如何？

（3）变压器不正常的声音有哪些？可能是什么原因造成的？应该如何处理？

（4）变压器油位不正常有几种现象？对应地，应采取什么措施进行处理？

（5）发现变压器套管有闪络放电痕迹，应如何处理？

（6）发现呼吸器硅胶变色过快，应如何处理？

（7）处理变压器冷却装置电源故障时，应注意哪些事项？

（8）简述变压器重瓦斯保护动作处理预案。

（9）简述变压器差动保护动作处理预案。

（10）简述变压器套管爆炸处理预案。

（11）简述变压器冷却器全停故障处理预案。

（12）简述变压器事故过负荷跳闸处理预案。

（13）简述变压器着火处理预案。

（14）必须停运变压器的情况有哪些？

（15）在运行值班员或指导教师的指导下，制作一张变压器差动保护动作的标准化事故处理卡。

2. 工具准备

所需工具如表4-5所示。

表4-5 所需工具

序号	工具材料名称	数量	用途
1	安全帽	一顶	保证人体头部安全
2	绝缘手套	一双	保证人体绝缘安全
3	气体收集瓶	一只	用于收集变压器气体
4	三相短路接地线	两组	测量变压器绝缘时，对变压器高、低压侧进行放电
5	500 V兆欧表	一只	测变压器低压侧绝缘
6	1 500 V兆欧表	一只	测变压器高压侧绝缘
7	尖嘴钳	一把	测变压器绝缘
8	裸露铜线	若干	短接变压器三相端子

【任务实操】

电力变压器重瓦斯保护动作的事故处理实操表，见表4-6。学生以2人为一组，正确地戴好安全帽，扣好袖口，盘好头发，携带工具、事故处理实操表等进入中控室、保护室、升压站。在运行人员的监护下，在现场对事故处理预案进行演习，并在事故处理预案各步骤项对应的事故“处理情况”栏打“√”。事故处理演习时，按事故处理实操表依次进行，确保事故处理正确。

表4-6 电力变压器重瓦斯保护动作的事故处理实操表

作业步骤	作业内容	作业标准或要求	处理情况
1	确认**变压器重瓦斯保护**动作	发出信号，高、低压侧断路器断开	
2	确认是否由**现场人员**引起重瓦斯保护动作	调查准确	
3	收集**变压器释放的气体**	将集气瓶口对准气体继电器排气塞	
4	若为**空气**进入，应排气	使绝缘油充分循环	
5	**合闸**送电	变压器油箱中空气确已排尽	
6	若为**其他气体**，则测量**变压器绝缘**	测量前应对变压器高、低压侧进行放电，并作好安全措施，变压器的吸收比应大于1.3	
7	若为其他气体，则应通知检修班测量**主变线圈直流电阻**，并作好相关记录	需检修则报上级通知检修，记录准确清晰	
8	对照工具，材料卡清点**工器具**	现场无遗留工具，工器具定点回放	

【相关知识】

4.2.1 电力变压器故障处理

4.2.1.1 变压器声音异常的分析与处理

变压器正常运行时,应发出均匀的"嗡嗡"声,这是交流电通过变压器线圈时产生的电磁力吸引硅钢片及变压器自身的振动而发出的响声。如果产生不均匀或其他异音,都属不正常。

1. 变压器声音比平时增大,声音均匀

可能有以下原因:

(1)电网发生过电压。电网发生单相接地或产生谐振过电压时,都会使变压器的声音增大。当出现这种情况时,可结合电压表计的指示进行综合判断。

(2)变压器过负荷时,将会使变压器发出沉重的"嗡嗡"声。若发现变压器的负荷超过允许的正常过负荷值,应根据现场规程的规定降低变压器负荷。

2. 变压器有杂音

有可能是由于变压器上的某些零部件松动而引起的振动。如果伴有变压器声音明显增大,且电流、电压无明显异常,则可能是内部夹件或压紧铁芯的螺钉松动使硅钢片振动增大所造成的。

3. 变压器有放电声

变压器有"噼啪"的放电声,若在夜间或阴雨天气下,看到变压器套管附近有蓝色的电晕或火花,则说明瓷件污秽严重或设备线卡接触不良。若是变压器内部放电,则是不接地的部件静电放电或线圈匝间放电,或是分接开关接触不良放电,这时应对变压器作进一步检测或停用。

4. 变压器有爆裂声

说明变压器内部或表面绝缘击穿,应立即将变压器停用检查。

5. 变压器有水沸腾声

变压器有水沸腾声,且温度急剧变化,油位升高,则应判断为变压器绕组发生短路或分接开关接触不良引起的严重过热,应立即将变压器停用检查。

4.2.1.2 变压器油位异常的分析与处理

1. 假油位

变压器的油面正常变化决定于变压器油温的变化。如果变压器油温变化正常,而油位的变化不正常或不变,则说明是假油位。运行出现假油位的原因可能是油标管堵塞、油枕呼吸器堵塞,在处理时应将重瓦斯改接信号。

2. 油位过低

变压器油位过低可能造成瓦斯保护误动,严重缺油时,变压器内部线圈暴露,可能造成绝缘损坏击穿事故。另外,处于备用的变压器严重缺油使线圈暴露则容易吸潮,并使线圈绝缘下降。

造成变压器油位过低的原因主要有以下几点:

(1)变压器严重漏油或长期渗漏油;

(2)修试人员因工作需要(如取油样),多次放油后没补油;

(3)气温过低而油枕储油量不足,或油枕设计容积小而不能满足运行要求等。

3. 油位过高

变压器油位因温度上升而逐渐升高,若最高油温时的油位高出油位指示,则应放油至适当高度,以免溢出。

4.2.1.3 变压器外表异常的分析与处理

1. 防爆管防爆膜破裂

防爆管防爆膜破裂,引起水和潮气进入变压器内,导致绝缘油乳化及变压器绝缘强度下降,其主要原因有以下几点:

(1)防爆膜材质与玻璃选择不当。

(2)防爆膜及法兰加工不精密平整,装置结构不合理,检修人员安装防爆膜时工艺不符合要求,紧固螺丝受力不均,接触面无弹性等。

(3)呼吸器堵塞或抽真空充氮的情况下不慎受压而破损。

(4)受外力或自然灾害袭击。

(5)变压器内部短路故障。

2. 压力释放阀的异常

目前,大中型变压器已大多应用压力释放阀装置,代替了原来的防爆管装置。当变压器油超过一定标准时,释放装置便开始溢油或喷油,从而减小油压,保护了油箱。如属变压器的油量过多,气温高而非内部故障发生的溢油现象,释放阀便自动复位。当压力释放装置动作时,其信号杆自动弹出,此时应检查导油管口或地面是否有油迹。释放装置设有报警信号,以便运行人员迅速对异常进行处理。

3. 套管闪络放电

套管闪络放电会造成发热导致老化,绝缘受损甚至引起爆炸,常见原因有以下几点:

(1)套管表面过脏,如粉尘污秽等在阴雨大气就会发生套管表面绝缘强度下降的现象,容易发生闪络事故。若套管表面不光洁,在运行中电场不均匀会发生放电异常。

(2)高压套管制造不良,末屏蔽接地。焊接不良,形成绝缘损坏或接地末屏出线的瓷瓶心轴与接地螺套不同心,接触不良,或末屏蔽接地,也有可能导致电位提高而逐步损坏。

(3)系统出现内部或外部过电压,套管内存在隐患而导致击穿。

4. 呼吸器硅胶变色过快

可能由于硅胶玻璃罩罐有裂纹及破损、呼吸管道密封不严或者由于呼吸器下部油封罩内无油或油位太低,起不到良好油封作用,使湿空气未经油封过滤而直接进入硅胶罐中。也有可能呼吸器安装不良,如胶垫龟裂不合格,螺丝松动,安装不密封而受潮。

4.2.1.4 变压器引线接头发热、气味异常的分析与处理

变压器的许多故障常伴有过热现象,使得某些部件或局部过热,因而引起有关部件产生特殊气味。

(1)线头(引线)、线卡处过热引起异常。

套管接线端部紧固部分松动、引线头线鼻子滑丝等,接触面氧化严重,使接触处过热,

颜色变暗失去光泽，表面镀层也会遭到破坏。连接处接头部分温度一般不宜超过 70℃，可用示温蜡片检查，也可用红外线测温仪测量。温度很高时，会产生焦臭味。

(2)套管、绝缘子污秽或损伤严重。

套管、绝缘子发生放电、闪络时会产生一种特殊的臭氧味。

(3)附件电源线或二次线老化。

二次线短路时，产生异常气味。

(4)冷却器中电机短路。

冷却器中电机分控制箱内接触器、热继电器因过热而烧损，产生焦臭味。

4.2.1.5　变压器渗漏油的分析与处理

设备的渗漏概念为：有油迹者为渗油，有油珠下滴者为漏油。有油渗出为渗点，有油滴落为一般漏点，油每 5 min 一滴为严重漏点。

1. 变压器渗漏油的常见具体部位及原因

(1)阀门系统、蝶阀胶垫材质不良、安装不良，放油阀精度不高，螺纹处渗漏。

(2)高压套管基座 CT 出线桩头胶垫处不密封或无弹性，造成接线桩头胶垫处渗漏。小绝缘子破裂，造成渗漏。

(3)胶垫不密封造成渗漏。一般胶垫应保持压缩 2/3 时仍有一定的弹性，由于运行时间、温度、震动等因素，胶垫易老化龟裂失去弹性。胶垫材质不合格，安装位置不对称、偏心，也会造成胶垫不密封。

(4)设计制造不良。高压套管升高座法兰、油箱外表、油箱底盘大法兰等焊接处，因有的材质太薄、加工粗糙，造成油箱体本身或油箱与管道的连接焊缝渗漏油。

当渗漏使变压器油位低于气体继电器时，轻瓦斯保护动作告警；若空冷器放空塞及散热器渗漏或下部净油器、潜油泵密封不好，启动空冷器时会产生向变压器内吸水及进气现象，重者轻瓦斯保护也会动作，同时使变压器绝缘降低；套管、导管渗漏后，引线及绕组匝绝缘降低，进而引起匝间短路，烧损变压器。

2. 处理

(1)向值班长报告，并向调度汇报；

(2)派人到现场加强监视，并做好事故预想，拟定危险点控制措施；

(3)按指令处理。

4.2.1.6　变压器冷却器异常的分析与处理

在 80 ~ 140 ℃范围内，温度每升高 6 ℃，变压器纸绝缘的寿命损失增加一倍，这一规律通常称为六度法则。当冷却设备故障时. 冷却条件遭到破坏，变压器运行温度迅速上升，变压器绝缘的寿命损失急剧增加。因此，对冷却设备的故障必须高度重视，迅速处理。

1. 变压器冷却设备发生故障时运行人员的处理

(1)立即向上级调度和运行负责人报告。

(2)立即检查故障情况，投入备用冷却设备，尽快恢复冷却系统的正常运行。

(3)根据查明的情况作进一步处理。

(4)在冷却设备故障期间，运行人员要密切监视变压器的温度和负荷，随时向上级调度部门和运行负责人报告。如变压器负荷超过冷却设备故障条件下规定的限值，应按现场运行规程的规定申请减负荷。

在环境温度较低、过负荷时间不长、油温上升不太多的情况下，变压器是可以运行的，即使冷却装置全停，按照《电力变压器运行规程》（DL/T 572—2010）规定，仍然允许变压器带额定负荷运行 20 min。如 20 min 后上层油温尚未达到 75 ℃，则允许上升到 75 ℃，但这样运行的最长时间不得超过 1 h。在油温上升过程中，绕组和铁芯的温度上升快，而油温上升较慢。可能从表面上看油温上升得不多，但铁芯和绕组的温度已经很高了，所以，在冷却装置存在故障时，不仅要观察油温，还应注意变压器运行的其他变化，综合判断变压器的运行状况。

2. 冷却设备的控制回路故障

应根据故障停运的范围（是个别油泵风扇停转还是整组停转，是一相停转还是三相停转），对照冷却设备控制回路图查找故障点，尽量缩短冷却设备停运时间。

如果变压器个别风扇或油泵故障停转，而其他运行正常，可能的原因有以下几点：

（1）该风扇或油泵三相电源有一相断路（熔断器熔断、接触不良或断线），使电动机运行电流增大，热继电器动作切断电源，或使电机烧坏；

（2）风扇或油泵轴承机械故障；

（3）该风扇或油泵控制回路中相应的控制继电器、接触器或其他元件故障，或者回路断线（如端子松动，接触不良）；

（4）热继电器定值过小而误动作。

如查明原因属于电源或回路故障，应迅速修复断线，更换熔断器，恢复电源及回路正常。如控制继电器损坏，应用备品更换。热继电器定值过小，可按现场规程规定适当调整（一般约整定为电机正常额定电流的 1.2 倍）。若风扇或油泵损坏，应立即申请检修。

如果变压器有一组（或若干台）风扇或油泵同时停转，可能是因为该组电源故障（例如电源缺相等），熔断器熔断或热继电器动作，或控制继电器损坏。应立即投入备用风扇或备用油泵，然后处理恢复。

主变压器有一相或三相油泵风扇全部停止运转，必然是主变压器该相或三相冷却总电源故障引起的，应迅速手动投入备用电源，查明故障原因，予以消除。

3. 备用电源未自动投入

冷却设备一般应有备用电源自动投入回路，当工作电源故障时，备用电源应能自动投入。若备用电源未自动投入，可能原因有以下几点：

（1）备用电源无电压（断路器未合上或熔断器断开）；

（2）工作电源监视继电器因故不动作；

（3）备用电源自动投入装置本身存在缺陷或故障，拒绝动作；

（4）备用电源供电回路有故障或熔断器容量太小，自动投入后又断开。

4. 处理电源故障，恢复电源时应注意事项

（1）重装熔断器时，应先拉开回路电源和负荷侧开关刀闸。这是因为在带电逐相换装熔断器的过程中，当装上第二相熔断器时，三相电动机加上两相电压，会产生很大电流，使装上的熔断器又熔断。

（2）应使用合乎设计规格容量的熔断器。

(3)恢复电源重新启动冷却设备时,尽可能采取分步分组启动的步骤,避免所有风扇油泵同时启动,造成电流冲击,可能使熔断器再次熔断。

(4)三相电源恢复正常后,风扇或油泵仍不启动,可能是由于热继电器动作未复归所致。可复归热继电器,冷却设备若无故障,应可重新启动。

4.2.1.7 变压器有载分接开关异常的分析与处理

有载分接开关可以在变压器带有负载的运行状态下改变分接位置,由统一的电动操作机构控制和协调工作。有载分接开关异常运行或故障的处理如下。

1.调压开关拒动

发生拒动时应检查以下内容:

(1)检查操作是否正确。不正确的操作有:①操作方式选择开关(如远方或就地操作选择开关,手动或自动选择开关等)位置不正确,应将它们置于正确的位置上;②操作超越极限位置(已在最高位继续调增,或已在最低位继续调减),应向发令人报告,改正错误。

(2)检查操作回路直流电源是否正常。如不正常则应处理恢复电源。

(3)检查操作机构交流电源是否正常。不正常的情况可能有:①机构动力电源三相或两相无电压(断路器未合或熔断器断开),电动机不能启动。②操作动力电源有一相无电压,电动机两相受电引起过电流使电源接触器跳闸。③机构交流控制电源无电压,控制回路不能动作。④操作交流电源三相相序错误,使电动机反向旋转,有关保护动作使电源接触器跳闸。如属这种情况,将三相电源中两相互换,调正电源相序即可重新操作。如属①②③情况应排除电源故障,然后再启动调压。⑤控制回路闭锁。闭锁的可能原因:交流失压,三相失步,调整时间过长或其他因素,根据直流控制回路的设计而定。应根据设计回路图及出现的信号,查明并排除引起闭锁的原因。

2.有载分接开关机械故障

有载分接开关机械故障包括切换开关或分头选择器故障、操作机构机械故障,是一种严重故障,可能产生以下情况:

(1)分头选择器带负荷转换。这种情况与带负荷分合隔离开关相似,将使变压器本体气体继电器动作跳闸。

(2)切换开关拒动或切换不到位。如果切换开关在切换过程中长时间停止在某一中间位置,会使过渡电阻因长期通电而过热,可能使切换开关气体继电器动作,将变压器跳闸。

(3)切换开关或分头选择器触头接触不良,过热。

发生以上类似情况时,应及时申请将变压器退出运行,进行检修。

3.有载分接开关失步

变压器有载分接开关三相应在同一位置。由于某种原因,三相分头位置不一致,即所谓"失步",在这种状态下,次级电压三相不平衡会产生零序电压和零序电流。在变压器调压过程中,短时不一致是可能的,如果长时间不一致,可能使变压器过热或者跳闸。

有载分接开关失步的原因可能是,其中一相或两相由于电气或机械故障而拒动(原因见上述分析),或启动后中途停止。

发生有载分接开关失步故障时,运行人员应立即到现场,检查变压器三相分接开关的实际位置,查明拒动原因,予以处理,使三相恢复同步。为了避免变压器长期在失步状态下运行,可将已动作的相先调回原位(现场电动或手动),然后检查拒动相拒动的原因。如因机械故障不能使变压器恢复同步,应按现场规程的规定申请将变压器退出运行。

4.2.1.8 轻瓦斯动作发信分析与处理

瓦斯保护信号动作时,应立即对变压器进行检查,查明动作的原因,是否是因积聚空气、油位降低、二次回路故障或是变压器内部故障造成的。如气体继电器内有气体,则应记录气量,观察气体的颜色及试验是否可燃,并取气样及油样做色谱分析,可根据有关规程和导则判断变压器的故障性质。

若气体继电器内的气体为无色、无臭且不可燃,色谱分析判断为空气,则变压器可继续运行,并及时消除进气缺陷。

若气体是可燃的或油中溶解气体分析结果异常,应综合判断确定变压器是否停运。

4.2.2 电力变压器事故处理

4.2.2.1 重瓦斯保护动作处理

重瓦斯保护动作时,在查明事故原因消除故障之前不得将变压器投入运行。运行值班人员应进行的工作有:

(1)应进行的检查工作:①检查其他保护装置动作信号情况,一、二次回路情况,直流系统情况;②查看其他运行变压器及各线路的负荷情况;③检查变压器有无着火、爆炸、喷油、漏油等情况;④检查变压器气体继电器内有无气体积聚;⑤检查变压器本体及有载分接开关的油位情况。

(2)变压器跳闸后,应立即停油泵。

(3)应立即向调度及有关部门汇报情况。

(4)应根据调度指令进行有关操作。

(5)现场有明火等特殊情况时,应进行紧急处理。

4.2.2.2 差动保护动作事故处理

(1)应进行的检查工作:①检查保护装置(包括气体继电器和压力释放器)的动作信号情况和直流系统情况;②查看其他运行变压器及各线路的负荷情况;③检查故障录波器的动作情况;④检查现场一次设备(特别是变压器差动范围内的设备)有无着火、爆炸、喷油、放电痕迹、导线断线、短路、小动物爬入引起短路等情况。

(2)变压器跳闸后应立即停油泵。

(3)应立即将情况向调度及有关部门汇报。

(4)应根据调度指令进行有关操作。

(5)现场有明火等特殊情况时,应进行紧急处理。

4.2.2.3 套管爆炸处理

套管发生爆炸时,运行值班人员应进行的工作有:

(1)检查变压器各侧开关是否已经跳闸,否则应手动拉开故障变压器各侧开关,并立即停用油泵。

(2)应进行的检查工作:①检查保护装置动作情况;②查看其他运行变压器及各线路的负荷情况;③检查变压器有无着火等情况,检查消防设施是否启动。

(3)现场着火时,应先报警并隔离变压器,迅速采取灭火措施。处理事故时,首先应保证人身安全。注意油箱爆裂情况。

(4)应立即向调度及有关部门汇报情况。

(5)应根据调度指令进行有关操作。

(6)若检修人员不能及时到达现场,必要时在做好安全措施后,采取措施防止雨水或杂物进入变压器内部。

4.2.2.4 冷却器全停事故处理

油浸(自然循环)风冷变压器风扇停止工作时,允许的负载和运行时间应按照制造厂的规定。强迫油循环风冷和水冷变压器在冷却器全停时,允许带额定负载运行 20 min。如果 20 min 后顶层油温尚未达到 75 ℃,则允许上升到 75 ℃,但最长时间不得超过 1 h。

冷却器全停时,运行值班人员完成以下工作:

(1)应进行的检查工作:①检查故障变压器的负荷情况,密切注意变压器绕组温度、上层油温的变化;②立即检查故障电源是否缺相,若冷却装置仍运行在缺相的电源中,应断开电源;③立即检查冷却控制箱各负荷开关、接触器、熔断器、热继电器等工作状态是否正常,若有问题,立即处理;④立即检查冷却控制箱内另一工作电源电压是否正常,若正常,则迅速切换至该工作电源;⑤若冷却器控制箱电源部分已不正常,则应检查厂用电屏负荷开关、接触器、熔断器,检查厂用变压器高压熔断器等情况,对发现的问题作出相应处理;⑥检查变压器油位情况。

(2)应立即向调度及有关部门汇报情况。

(3)应根据调度指令进行有关操作。

(4)若运行值班人员无法消除缺陷,应及时通知检修人员处理。

4.2.2.5 变压器事故过负荷跳闸处理

变压器事故过负荷跳闸后,运行值班人员应进行的工作有:

(1)应进行的检查工作:①检查保护装置动作信号情况、故障录波器动作情况、直流系统情况;②查看其他运行变压器及各线路的负荷情况;③监视变压器的现场及远方油温情况;④检查变压器油位是否过高;⑤检查气体继电器内有无气体积聚,检查压力释放阀有无动作。

(2)变压器事故跳闸后,应使冷却系统处于工作状态,以迅速降低变压器的油温。

(3)应立即向调度及有关部门汇报情况。

(4)应根据调度指令进行有关操作。

4.2.2.6 有载分接开关重瓦斯动作跳闸处理

有载分接开关重瓦斯动作时,在查明事故原因消除故障之前不得将变压器投入运行。运行值班人员应进行的工作有:

(1)应进行的检查工作:①检查保护装置动作信号情况、故障录波器动作情况、直流系统情况;②查看其他运行变压器及各线路的负荷情况;③检查变压器有无着火、爆炸、喷油、漏油等情况;④检查有载分接开关及变压器本体气体继电器内有无气体积聚;⑤检查变压器本体及有载分接开关的油位情况。

(2)应立即向调度及有关部门汇报情况。

(3)应根据调度指令进行有关操作。

(4)现场有着火等特殊情况时,应进行紧急处理。

4.2.2.7 变压器着火处理

(1)变压器着火时,应立即拉开变压器各侧电源。

(2)立即切除变压器所有二次控制电源。

(3)立即向消防部门报警。

(4)在确保人身安全的前提下采取必要的灭火措施。

(5)应立即向调度及有关部门汇报情况。

对运行值班人员重点做好以下工作:

(1)首先检查变压器各侧断路器是否已跳闸,否则应手动拉开故障变压器各侧开关;立即停运冷却装置,并迅速采取灭火措施,防止火势蔓延;必要时开启事故放油阀排油。处理事故时,首先应保证人身安全。

(2)应进行的检查工作:①检查保护装置动作信号情况;②查看其他运行变压器及各线路的负荷情况;③检查变压器起火是否对周围其他设备有影响。

4.2.2.8 必须停运变压器的情况

当变压器有下列情况之一者应立即停运,若有运用中的备用变压器,应尽可能先将其投入运行:

(1)变压器声响明显增大,很不正常,内部有爆裂声;

(2)严重漏油或喷油,使油面下降到低于油位计的指示限度;

(3)套管有严重的破损和放电现象;

(4)变压器冒烟着火。

当发生危及变压器安全的故障,而变压器的有关保护装置拒动时,值班人员应立即将变压器停运。

当变压器附近的设备着火、爆炸或发生其他情况,对变压器构成严重威胁时,值班人员应立即将变压器停运。

变压器油温升高超过制造厂规定或表4-7规定值时,值班人员应按以下步骤检查处理:

表4-7 油浸式变压器顶层油温一般规定值

冷却方式	冷却介质最高温度(℃)	最高顶层油温(℃)
自然循环自冷、风冷	40	95
强迫油循环风冷	40	85
强迫油循环水冷	30	70

(1)检查变压器的负载和冷却介质的温度,并与在同一负载和冷却介质下正常的温度进行核对;

(2)核对温度测量装置;

(3)检查变压器冷却装置或变压器室的通风情况。

若温度升高的原因是由于冷却系统的故障,且在运行中无法修理者,应将变压器停运修理。

在正常负载和冷却条件下,变压器温度不正常并不断上升,且经检查证明温度指示正确,则认为变压器内部已发生故障,应立即将变压器停运。

变压器在各种超额定电流方式下运行,若顶层油温超过 105 ℃,应立即降低负载。

4.2.3　电力变压器标准化事故处理卡举例

下面是某电厂依据《电力变压器运行规程》(DL/T 572—2010),并结合该厂设备的具体情况制定的电力变压器重瓦斯保护动作的标准化事故处理卡,见表 4-8。

表 4-8　电力变压器重瓦斯保护动作的标准化事故处理卡

作业步骤	作业内容	作业标准或要求	作业危险点
1	确认变压器重瓦斯保护动作	发出信号,高、低压侧断路器断开	触电及因变压器喷油而灼伤、摔倒
2	确认是否由现场人员引起重瓦斯保护动作	调查准确	重瓦斯保护动作原因查不清而导致长时间停电
3	收集变压器释放的气体	将集气瓶口对准气体继电器排气塞	因变压器喷油而灼伤、摔倒、触电
4	若为空气进入,应排气	使绝缘油充分循环	触电或因变压器排气时间过长而使变压器喷油
5	合闸送电	变压器油箱中空气确已排尽	因空气未排尽,瓦斯保护继续动作
6	若为其他气体,则测量变压器绝缘	测量前应对变压器高、低压侧进行放电,并做好安全措施,变压器的吸收比应大于 1.3	因未放电或未做安全措施而触电
7	若为其他气体,则应通知检修班测量主变线圈直流电阻,并作好相关记录	需检修则报上级通知检修,记录准确清晰	漏报、误报、记录不准确
8	对照工具、材料卡清点工器具	现场无遗留工具,工器具定点回放	工具、材料遗留在现场

事故现象:

(1)发出变压器重瓦斯动作信号(光字、声响)。

(2)变压器的高、低压两侧断路器分闸。

事故原因：

(1)现场人员引起的误动作。

(2)变压器漏油。

(3)变压器油箱内进入空气。

(4)变压器绕组短路。

(5)变压器所带负荷过重导致油箱内温度过高。

【教学评价】

学生按照规定的步骤，逐一对变压器进行处理，每进行一个点可得规定的分数。现场处理时，若有违反安全规程，则该内容记0分。电力变压器重瓦斯保护动作的事故处理考核表见表4-9。

表4-9 电力变压器重瓦斯保护动作的事故处理考核表

作业步骤	作业内容	作业标准或要求	(处理点数)满分	得分
1	确认变压器重瓦斯保护动作	发出信号，高、低压侧断路器断开	(1)2	
2	确认是否由现场人员引起重瓦斯保护动作	调查准确	(1)2	
3	收集变压器释放的气体	将集气瓶口对准气体继电器排气塞	(1)2	
4	若为空气进入，应排气	使绝缘油充分循环	(1)2	
5	合闸送电	变压器油箱中空气确已排尽	(1)2	
6	若为其他气体，则测量变压器绝缘	测量前应对变压器高、低压侧进行放电，并作好安全措施，变压器的吸收比应大于1.3	(2)4	
7	若为其他气体，则应通知检修班测量主变线圈直流电阻，并作好相关记录	需检修则报上级通知检修，记录准确清晰	(1)2	
8	对照工具、材料卡清点工器具	现场无遗留工具，工器具定点回放	(1)2	
9	相关知识	口试或笔试	40	
(总点数)总分			(9)58	

注：百分制得分＝(评价表得分/评价表总分)×100。

【拓展阅读】

事故处理案例——变压器瓦斯保护动作的原因、分析判断及处理

一、变压器瓦斯保护动作的原因

1. 变压器内部故障

变压器内部发生匝间短路、相间短路、接触不良、铁芯多点接地等故障时，都将产生大量的热能，使油分解产生可燃性气体，向油枕（储油柜）方向流动。当流速超过气体继电器整定值时，继电器动作，使断路器跳闸，从而避免故障扩大，这种情况称为重瓦斯保护动作。当气体沿油面上升，聚集在气体继电器内超过一定值时，也会使继电器动作发出警报，这种情况称为轻瓦斯保护动作。

2. 附属设备异常

(1)呼吸系统不畅通。变压器的呼吸系统包括气囊呼吸器、防爆筒呼吸器（有的产品两者合一）等。经验表明，呼吸系统不畅或堵塞会造成轻、重瓦斯保护动作，并大多伴有喷油或跑油的现象。气体继电器内气样的气体色谱分析正常。

(2)冷却系统漏气。冷却系统密封不严进入了空气，或新投运的变压器未经真空脱气等，会导致气体继电器动作。

(3)冷却器入口阀门关闭。冷却器入口阀门关闭造成堵塞，相对于潜油泵向变压器注入空气，会造成气体继电器频繁动作。这时，取气体继电器内的气样进行气体色谱分析，结果为正常。

(4)散热器上部进油阀门关闭，下部出油阀门正常打开。当潜油泵通电后，迅速将散热器内的油排入变压器本体，导致油以很快的速度经气体继电器流向油枕，使瓦斯保护动作。

(5)潜油泵有缺陷。潜油泵缺陷对油中气体有很大影响。其一是潜油泵本身烧损，使本体油分解产生大量可燃气体。其二是当窥视玻璃破裂时，由于轴尖处油流急速而造成负压，可以带入大量空气，即使玻璃未破，也会由于滤网堵塞形成负压空间而使油脱出气泡，导致气体继电器动作。

(6)变压器进气。运行经验表明，轻瓦斯保护动作大多是由于变压器进入空气造成的。变压器进气的原因很多，主要有：密封垫圈老化和破损、油循环系统进气、潜油泵滤网堵塞、焊接处砂眼进气等。这种情况下用平衡判据分析油样和气样，实验值和理论值近似相等，且故障气体各组分含量较小。

(7)变压器内部出现负压区。运行中的变压器某些部位的阀门被误关闭，如油枕下部与油箱连通管上的蝶阀、气体继电器与油枕连通管之间的蝶阀等；或安装时，油枕上盖关得很紧而吸湿器下端的密封胶圈又未取下，当气温骤降时，变压器主体内的油体积缩小，而缺油又不能及时补充，致使油箱顶部或气体继电器内出现负压区，甚至继电器中还会形成油气上下浮动。油中逸出的气体向负压区流动，最终导致气体继电器动作。

(8)油枕油室内有气体。大型变压器通常装有胶囊隔膜式油枕，胶囊将油枕分为气室和油室两部分。若油室中有气体，运行时油面升高就会产生假油面，严重时会从呼吸器

喷油或防爆膜破裂。此时,变压器油箱内的压力经呼吸器法兰突然释放,在气体继电器管路产生油流,同时套管升高座等死区的气体被压缩而累积的能量也突然释放,使油流的速度加快,导致瓦斯保护动作。

(9)净油器的气体进入变压器。变压器检修后安装净油器(见图4-1)时,由于排气不彻底、净油器入口胶垫密封不好等原因,空气进入变压器本体,导致瓦斯保护动作。

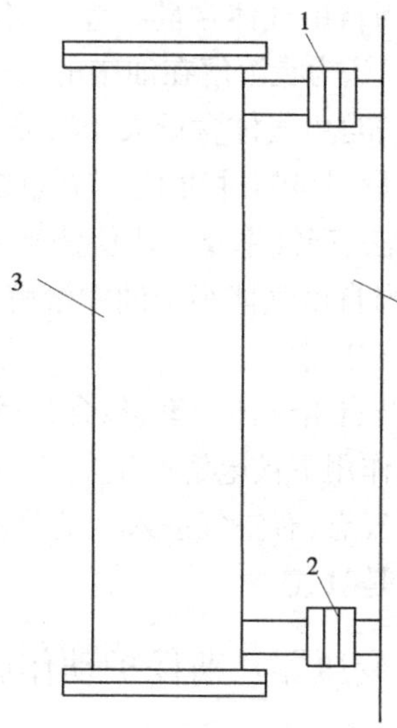

1—上蝶阀;2—下蝶阀;
3—净油器;4—变压器主体

图4-1 净油器示意图

(10)气温骤降。对于开放式变压器,其油中总气量约为10%,大多数分解气体在油中的溶解度是随温度的升高而降低的,但空气相反,当温度升高时,它在油中的溶解度是增大的。因此,对于空气饱和的油,如果温度降低,便会有空气释放出来。即使未饱和的油,当负荷或环境温度骤然降低时,油的体积收缩,油面压力来不及通过呼吸器与大气平衡而降低,油中溶解的空气也会释放出来。所以,正常运行的变压器在压力和温度下降时,有时也会引起瓦斯保护动作。

(11)忽视气体继电器的防雨。气体继电器的接线端子有的采用圆柱形瓷套管绝缘,固定在继电器顶盖的接线盒内,接线盒盖好后还应该用外罩罩住。如无防雨罩,下大雨时,继电器触点可能被接线端子和地之间的雨水漏电阻短接,接通跳闸回路,导致保护动作。

3. 放气操作不当

当气温很高、变压器负荷又大,或气温不很高、负荷突然增大时,运行人员应加强巡视,发现油位计油位异常升高(压力表指示数值增大)时,应及时进行放气。放气时,必须缓慢地打开放气阀,以防止因油枕空间压力骤然降低,使油箱的油迅速涌向油枕,而导致瓦斯保护动作。

4. 变压器器身排气不充分

变压器在大修后投入运行,随着油温升高,器身内的气体团逸出,经气体继电器进入储油柜,可能产生较大的油流冲击继电器而导致重瓦斯保护动作。保护动作后,继电器内有气体,取样化验结果为空气。

5. 安装不当

新安装变压器轻瓦斯保护动作80%是安装存在问题。通常是某部分出现真空,没有进行真空注油,气体继电器安装不当等。这种情况下气样和油样分析均无异常。

二、变压器瓦斯保护动作的分析判断

瓦斯保护动作后,一方面要调查运行、检修情况,另一方面应立即取油样和气样进行色谱分析,利用平衡判据进行综合分析判断,确定变压器是内部故障还是附属设备故障,进而确定故障的性质、部位或部件,以便及时进行检修处理。判断变压器是否有内部故障的方法是,首先分析油中溶解气体和气体继电器中的自由气体的浓度,然后将两者进行比较。

(1)当自由气体含量约等于实测值,且故障气体各组分含量很少时,说明变压器是正常的,一般认为是溶解在油中的气体在平衡状态下释放出来的。

(2)若自由气体含量大于实测值,则说明变压器确实存在早期潜伏性故障。如果自由气体含量明显超过油中溶解气体含量,则说明释放气体较多,故障发展很快。可以通过特征气体法、产气率及三比值法来判断故障性质和发展速度。

(3)当自由气体小于油中溶解气体时,则说明变压器内部不存在潜伏性故障,变压器附属设备有异常。

(4)若自由气体中氢、氧含量较高,而总烃含量较低,可能是变压器受潮,因为油中水分在电场作用下被电解产生氢气和氧气。若自由气体中氢气单一增加,总烃含量不高,说明存在漏气点,有空气进入。这是因为油中有气泡时,在电场作用下发生火花放电产生的主要气体是氢气。

三、变压器瓦斯保护动作后的处理

变压器保护装置动作后处理的步骤和方法如下。

1. 确定保护动作的原因

根据现场提供的资料,进行综合分析,判断气体继电器是由变压器内部故障还是附属设备故障引起的,以便对不同的故障采用不同的处理方法。

2. 内部故障的处理方法

对内部故障,如铁芯多点接地和过热故障,可分别按变压器铁芯多点接地和过热的处理方法进行处理。

3. 附属设备故障的处理方法

对附属设备故障也应根据具体情况,按不同的方法进行处理,概括起来有以下几点:

(1)严格密封、防止进气。为检查变压器密封情况,在检修后应对变压器进行检漏试验。变压器投入运行前,要注意排除内部空气,如套管法兰、高压套管升高座、油管路中的死区、冷却器顶部等的残留空气。投运前应尽早启动油泵,借助油循环将残留空气排出。注油要采用真空注油方法;油泵大修时,应重点检查后端部窥视孔、引线盒的密封、油管路中各排气孔及负压区的密封是否完好。

(2)避免误关阀门并保证呼吸系统畅通,防止堵塞。堵塞主要有两种情况:①误关闭阀门,对此,只要运行人员在投运前对每个阀门进行认真检查,就容易解决;②呼吸系统堵塞。

对于呼吸系统堵塞,目前现场的解决方法如下:

(1)正确注油。检修后注油一定要将储油柜充满,注油过程中,打开储油柜顶部排气孔和手孔,边排气边按动胶囊,让胶囊完全展开,排除储油柜中的全部空气。变压器经各部排气后,储油柜的油面还会下降,必须再进行补充注油,直到储油柜注满,确认变压器内无气体后,方可把油排到正常油位。

(2)改进呼吸系统。图4-2和图4-3分别为改进前、后储油柜结构及放气塞(管)安装简图。由图4-2可见,现行带胶囊的变压器储油柜,仅将胶囊嘴子接入原呼吸系统中,这给呼吸系统带来了问题。通常,胶囊外与储油柜内壁之间总会残存少量空气,这是因为储油柜上部放气塞往往装在气体继电器坡度较低的一侧,致使气体排放不净而残存下来。当呼吸系统不畅通时,由于胶囊嘴子低于假油位,油可进入胶囊,使胶囊升浮困难,从而发生恶性循环。为此,将呼吸系统进行改进,如图4-3所示,将图4-2中胶囊嘴子与呼吸系统脱离,单独接一只吸湿器,其下部油封碗内可不装油。将储油柜放气塞用管子引下,装一只真空压力表,两侧装阀门,经常监视储油柜内压力情况。当压力表指针指示正压时,可接一只小真空泵抽真空,也可在全天变压器温度最高时,将压力排掉,再闭紧阀门。经上述改进后的呼吸系统,通过实际考验,完全可以避免胶囊进油。只要再监视好储油柜压力,就可避免假油位及吸湿器跑油,从而防止了瓦斯保护动作。

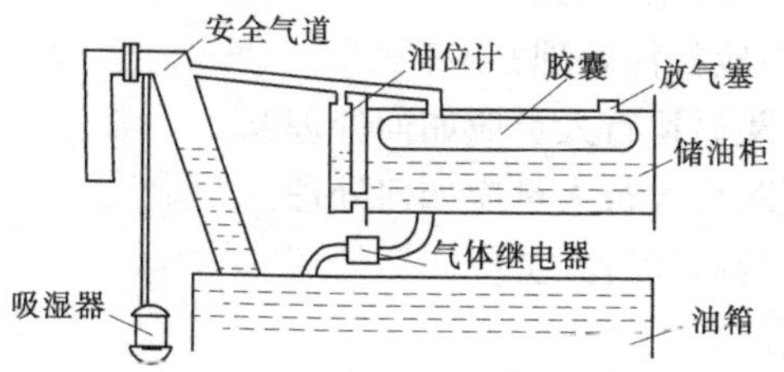

图4-2 改进前储油柜及放气塞(管)安装简图

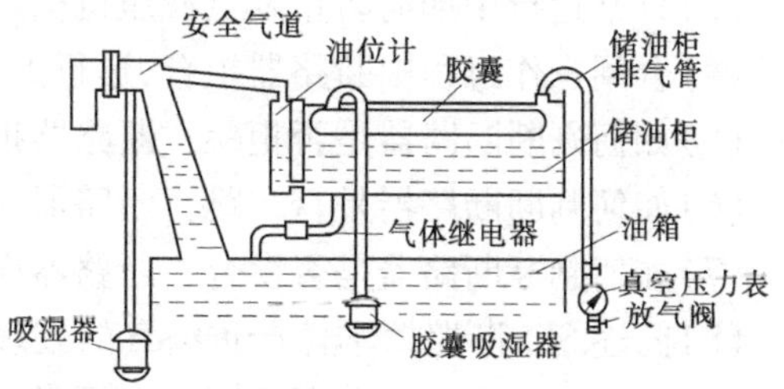

图4-3 改进后储油柜及放气塞(管)安装简图

应当指出,为保证呼吸畅通,吸湿器硅胶颗粒不宜太细,其粒度必须保证在7 mm以上。当硅胶浸油后,应立即更换或进行干燥处理。另外,油封碗内若装油,则应保证碗内油面高度不超过2 mm,其呼吸力不大于0.05 MPa。

(3)加强技术管理和维护,克服重大轻小、重主轻辅的倾向,充分认识附属(辅助)设备与主变压器的可靠运行息息相关。避免诸如端子箱和气体继电器接线盒因漏雨或清洗造成的接点短路,导致瓦斯保护动作,引起跳闸。

任务4.3 高压电气设备的事故分析处理

【教学目标】

1.技能目标

能在水电厂值长(或值班员)的组织下开展事故演习,按照电力行业及现场运行规程的内容及要求,依次对设定的断路器、隔离开关、电流互感器、电压互感器、避雷器等设备的故障和事故现象进行分析,提出相应的处理预案或模拟实操,工作结束后向值长作口头汇报。

2.知识目标

熟悉断路器、隔离开关、电流互感器、电压互感器、避雷器等设备的结构、作用及工作原理,熟悉设备的运行状态。

【任务描述】

得值长事故处理令,学生以副值班员的身份,在水电厂运行人员的监护下,做好安全措施,携带事故处理所需的工器具,按照高压断路器合闸失灵事故处理实操表的事故处理内容、处理要求(或标准),对高压断路器的事故进行模拟处理,并将处理结果记录在实操表中。

【任务准备】

1. 知识准备

(1)高压断路器油位不正常应如何处理?

(2)简述高压断路器液压机构突然失压至零的处理预案。

(3)日常运行中如何防止发生液压机构压力降至零的故障?

(4)合闸操作过程中断路器拒合,运行人员应如何处理?

(5)如何判断断路器是否拒跳?断路器拒跳后运行人员应如何处理?

(6)如何判断断路器是否误跳?断路器误跳后运行人员应如何处理?

(7)如何判断断路器是否误合?断路器误合后运行人员应如何处理?

(8)简述 SF_6 断路器本体严重漏气的处理预案。

(9)如何判断真空断路器的真空度下降故障?

(10)简述隔离刀闸接触部位过热故障的处理预案。

(11)简述刀闸拒绝拉、合闸的处理方法。

(12)简述带负荷误拉、合刀闸的处理方法。

(13)电流互感器异常开路会有哪些故障现象?应如何处理?

(14)发生哪些故障现象时,运行人员应停止电压互感器运行?

(15)简述避雷器爆炸及阀片击穿或内部闪络事故的处理预案。

(16)简述避雷器外绝缘套的污闪或冰闪事故的处理预案。

(17)简述避雷器断裂事故的处理预案。

(18)简述避雷器引线脱落故障的处理预案。

2. 工具准备

安全帽、绝缘靴、手电筒、长柄改刀等。

【任务实操】

某水电厂高压断路器合闸失灵事故处理实操表,见表4-10。学生以2人为一组,正确地戴好安全帽,扣好袖口,盘好头发,携带相关工器具、任务实操表等进入升压站或开关站。在水电站运行人员的监护下,在现场对事故处理预案进行演习,并在事故处理预案各步骤项对应的“处理结果”栏打“√”。事故处理演习时,按任务实操表依次进行,确保事故处理的正确性。

表 4-10 高压断路器合闸失灵事故处理实操表

作业步骤	作业内容	作业标准或要求	处理结果
1	确认操作断路器拒绝合闸	控制屏上断路器位置信号灯红灯不亮，开关柜上断路器位置指示显示“分闸”	
2	确认操作是否得当	用控制开关重新合一次	
3	检查合闸控制电源是否正常	观察断路器位置信号灯绿灯是否亮	
4	检查合闸控制回路熔断器和合闸熔断器是否良好	观察熔断器熔体是否烧毁	
5	检查合闸接触器的触点是否正常(电磁操动机构)	观察动合触点是否断开，动断触点是否闭合	
6	检查合闸铁芯能否正常工作	将控制开关扳至“合闸时”位置，观察合闸接触器铁芯是否动作	
7	判断电气回路正常	报告有关领导	

【相关知识】

4.3.1 高压断路器故障与事故处理

4.3.1.1 油断路器油位异常原因及处理

1. 油断路器严重缺油的主要原因

(1)放油阀门胶垫龟裂或关闭不严引起渗漏油。特别是使用水阀的设备应更换为油阀。

(2)油标玻璃裂纹或破损而漏油。

(3)修试人员多次放油后未作补充。

(4)气温突降且原来油量不足。

2. 处理

运行中油断路器油位指示应正常，油位过低应注油，油位过高应放油，及时调整油位。当油面看不到并伴有严重漏油情况时，应视为严重缺陷。这时要禁止将其自动断开，退出该断路器的操作电源，以防断路器突然跳闸，造成设备的更大损坏。同时应设法使断路器退出运行，如用旁路断路器代送电。

4.3.1.2 液压操动机构异常处理

110 kV 以上高压断路器，一般都配置液压操动机构。液压操动机构体积小、功率大，但其故障率明显高于弹簧和电磁操作机构。

1. 液压操动机构常见的异常及处理

1) 液压操动机构常见的异常及原因

(1)压力异常升高。其原因是：额定油压微动开关接点失灵，高压油进入氮气储压筒,压力表失灵,周围温度升高等。

(2)压力异常降低。其原因是:焊缝不良或充气阀漏气使氮气漏气,单向逆止阀密封不严使氮气窜入油中,有大量漏油处。

(3)严重漏油使油泵频繁启动。其原因多是高压油路封垫损坏。

(4)油泵打压时间长。除上述打压时间长的缺陷严重存在外,还有油泵低压侧有空气存在,油泵电机过载,热继电器脱扣,放油阀没有复位等原因。

2)液压操动机构压力异常处理

(1)当压力不能保持,油泵启动频繁时,应检查液压机构有无漏油等缺陷;

(2)若压力低于启泵值,但油泵不启动,应检查油泵及电源系统是否正常,并上报缺陷;

(3)若“打压超时”,应检查液压部分有无漏油,油泵是否有机械故障,压力是否升高超出规定值等;若液压异常升高,应立即切断油泵电源,并上报缺陷。

2.运行中断路器液压操动机构压力降至零

1)运行中断路器液压操动机构压力降至零故障原因及分析

(1)密封圈损坏:密封圈材料性能差。国产液压机构多使用以三元乙丙烯为材料的尼龙垫和聚氯乙烯橡胶密封圈,在夏季时油温常超过 50 ℃,高压力下容易被冲坏。

(2)微动开关失灵:微动行程开关和电接点压力表使用时间过长,加之机构箱体内湿度过大,使其触点严重氧化而接触不良,或触点压缩弹簧生锈而动作不可靠,造成油泵频繁补压,或油泵不能正常补压则压力低而闭锁,或补压过高而闭锁。另外,电接点压力表的接点接触不良,也是一个非常危险的因素。微动行程开关和电接点压力表的触点同时接触不良的故障,造成油泵和蓄压器的损坏。

(3)阀门密封不良:液压油不清洁、杂质多。其原因:首先是检修人员就地解体检修和滤油时,将阀体随地放置,用毛巾擦拭油箱及阀体,检修现场有时风沙或灰尘很大,使阀体沾上杂物或油中混入杂物;其次是液压系统零部件的锈蚀颗粒污染液压油。这些杂物会卡在球阀和锥阀的密封线上,造成球阀和锥阀密封不良,甚至损坏阀门,造成漏压和频繁打压。

(4)气温变化幅度大:春夏或秋冬交替之间天气变化剧烈,温差特别大。天冷时,油压降低,油泵启动。温度突然升高时,油压就会偏高,使断路器高压闭锁而拒动。

前 3 种原因是引起油泵频繁打压的主要原因。这 4 个原因引起的故障占总故障的 88% 以上,解决这 4 个问题能大幅度降低液压操动机构的故障率。

2)液压操动机构突然失压至零处理

(1)立即断开油泵电机电源,严禁人工打压;

(2)立即取下开关的控制保险,严禁进行操作;

(3)汇报调度,根据命令,断开上一级断路器(或用旁路代),将该故障断路器隔离;

(4)报缺陷,等待检修。

3)防止液压操动机构压力降至零故障的措施

(1)在机构箱内加装加热器和温控器,使机构箱在潮湿季节或气温突变时保持干燥和恒温,以稳定油压。

(2)为保持液压油的清洁,防止漏压,在运行中每隔2年将油过滤一次,但禁止在检修现场滤油,而应在室内滤好后带到现场更换。阀体解体检修必须在室内,并只能用海绵擦拭零部件。

(3)为保持微动行程开关和电接点压力表的触点动作可靠,规定每2年更换1次微动行程开关,每1年检验1次压力表的触点。

(4)将密封圈改用耐高温的丁腈橡胶,保证密封圈在较高油温中性能稳定。

4.3.1.3 断路器拒绝合闸故障的分析、判断与处理

“拒合”情况,基本上是在合闸操作和重合闸过程中发生的。拒合的原因主要有两方面:一是电气方面;二是机械方面。判断断路器“拒合”的处理方法一般可分以下三步:

第一步,用控制开关再重新合一次,目的是检查前一次拒合闸是否因操作不当引起(如控制开关放手太快等)。

第二步,检查电气回路各部位情况,以确定电气回路是否有故障。方法是:

(1)检查合闸控制电源是否正常;

(2)检查合闸控制回路熔断器和合闸熔断器是否良好;

(3)检查合闸接触器的触点是否正常(如电磁操动机构);

(4)将控制开关扳至“合闸时”位置,看合闸铁芯是否动作(液压机构、气动机构、弹簧机构的检查类同)。若合闸铁芯动作正常,则说明电气回路正常。

第三步,如果电气回路正常,断路器仍不能合闸,则说明是机械方面的故障,应停用断路器,报告有关领导安排检修处理。

经以上初步检查,可判定是电气方面还是机械方面的故障。常见的电气方面的故障和机械方面的故障分别叙述如下。

1)电气方面常见的故障

(1)电气回路故障可能有:若合闸操作前红、绿指示灯均不亮,说明控制回路有断线现象或无控制电源。可检查控制电源和整个控制回路上的元件是否正常,如:操作电压是否正常,熔丝是否熔断,防跳继电器是否正常,断路器辅助触点是否良好,有无气压、液压闭锁等。

(2)当操作合闸后红灯不亮,绿灯闪光且事故喇叭响时,说明操作手柄位置和断路器的位置不对应,断路器未合上。其常见的原因有:①合闸回路熔断器的熔丝熔断或接触不良;②合闸接触器未动作;③合闸线圈发生故障。

(3)当操作断路器合闸后,绿灯熄灭,红灯亮,但瞬间红灯又灭,绿灯闪光,事故喇叭响,说明断路器合上后又自动跳闸。其原因可能是断路器合在故障线路上造成保护动作跳闸,或断路器机械故障不能使断路器保持在合闸状态。

(4)若操作合闸后绿灯熄灭,红灯不亮,但电流表计已有指示,说明断路器已经合上。可能的原因是断路器辅助触点或控制开关触点接触不良,或跳闸线圈断开使回路不通,或控制回路熔丝熔断,或指示灯泡损坏。

(5)操作把手返回过早。

(6)分闸回路直流电源两点接地。

(7)SF_6 断路器气体压力过低,密度继电器闭锁操作回路。

(8)液压机构压力低于规定值,合闸回路被闭锁。

2)机械方面常见的故障

(1)传动机构连杆松动脱落;

(2)合闸铁芯卡涩;

(3)断路器分闸后机构未复归到预合位置;

(4)跳闸机构脱扣;

(5)合闸电磁铁动作电压太高,使一级合闸阀打不开;

(6)弹簧操动机构合闸弹簧未储能;

(7)分闸连杆未复归;

(8)分闸锁钩未勾住或分闸四连杆机构调整未越过“死点”,因而不能保持合闸;

(9)机构卡死,连接部分轴销脱落,使机构空合;

(10)有时断路器合闸时多次连续做合分动作,此时是开关的辅助动断触点打开过早。

4.3.1.4 断路器运行中发生拒绝跳闸故障的分析、判断与处理

断路器的“拒跳”对系统安全运行威胁很大,一旦某一单元发生故障时断路器拒动,将会造成上一级断路器跳闸,称为“越级跳闸”。这将扩大事故停电范围,甚至有时会导致系统解列,造成大面积停电的恶性事故。因此,“拒跳”比“拒合”带来的危害性更大。

1.根据事故现象,可判别是否属断路器“拒跳”事故

“拒跳”故障的特征为:回路光字牌亮,信号掉牌显示保护动作,但该回路红灯仍亮,上一级的后备保护如主变压器复合电压过流保护、断路器失灵保护等动作。在个别情况下后备保护不能及时动作,元件会有短时电流表指示值剧增、电压表指示值降低、功率表指针晃动的现象,主变压器发出沉重嗡嗡异常响声,而相应断路器仍处在合闸位置。

2.对“拒跳”故障的处理方法

(1)当尚未判明故障断路器之前而主变压器异常声响强烈,应先拉开电源总断路器,以防烧坏主变压器。

(2)当上级后备保护动作(或该断路器失灵保护动作)造成停电时,若查明有分路保护动作,但断路器未跳闸,应拉开拒动的断路器,切除故障后恢复上级电源断路器;若查明各分路保护均未动作(也可能为保护拒掉牌),则应检查停电范围内设备有无故障,若无故障,则应拉开所有分路断路器,合上电源断路器后,逐一试送各分路断路器。当送到某一分路时电源断路器又跳闸,则可判明该断路器为故障(拒跳)断路器。这时应将其隔离,同时恢复其他回路供电。

(3)在检查“拒跳”断路器时,除属可迅速排除的一般电气故障(如控制电源电压过低,或控制回路熔断器接触不良,熔丝熔断等)外,对一时难以处理的电气或机械性故障,均应联系调度,尽快停用,转检修处理。

3.对“拒跳”断路器的电气及机械方面故障的分析判断方法

1)断路器拒跳故障查找方法

首先应判断是电气方面的故障还是机械方面的故障:

(1)检查是否为跳闸电源的电压过低所致;

(2)检查跳闸回路是否完好,如跳闸铁芯动作良好,断路器拒跳,则说明是机械故障;

(3)如果电源良好,若铁芯动作无力、铁芯卡涩或线圈故障造成拒跳,往往可能是电气和机械方面同时存在故障;

(4)如果操作电压正常,操作后铁芯不动,则多半是电气故障引起"拒跳"。

2)电气方面的原因

(1)控制回路熔断器熔断或跳闸回路各元件接触不良,如控制开关触点、断路器操动机构辅助触点、防跳继电器和继电保护跳闸回路等接触不良;

(2)液压(气动)机构压力降低导致跳闸回路被闭锁,或分闸控制阀未动作;

(3)SF_6 断路器气体压力低,密度继电器闭锁操作回路;

(4)跳闸线圈故障。

3)机械方面的原因

(1)跳闸铁芯动作冲击力不足,说明铁芯可能卡涩或跳闸铁芯脱落;

(2)分闸弹簧失灵,分闸阀卡死,大量漏气等;

(3)触头焊接不良或机械卡涩,传动部分(如销子等)脱落。

4.3.1.5 运行中断路器误跳闸故障的分析、判断与处理

若系统无短路或电网中无故障,继电保护未动作,断路器自动跳闸称为断路器"误跳"。对"误跳"的分析、判断与处理一般分以下三步进行:

第一步根据事故现象的以下特征,可判定为"误跳":

(1)在跳闸前表计、信号指示正常,表示系统无短路故障。

(2)跳闸后,绿灯连续闪光,红灯熄灭,该断路器回路的电流表及有功、无功表指示为零。

第二步查明原因,分别处理:

(1)若属由于人员误碰、误操作,或受机械外力振动,保护盘受外力振动引起自动脱扣的"误跳",应排除开关故障原因,立即送电。

(2)对保护定值不正确或保护回路接错线,电流互感器或电压互感器回路故障等原因,以及其他电气或机械部分故障原因,无法立即恢复送电的,则应联系调度及有关领导将"误跳"断路器停用,转为检修处理。

第三步对"误跳"断路器分别进行电气和机械方面故障的检查、分析。

(1)电气方面故障原因。

保护误动或整定值不当,或电流、电压互感器回路故障;二次回路绝缘不良,直流系统发生两点接地(跳闸回路发生两点接地)。

(2)机械方面故障原因。

合闸维持支架和分闸锁扣维持不住,造成跳闸;液压机械的分闸一级阀和逆止阀处密封不良、渗漏,使断路器跳闸。

4.3.1.6 断路器误合闸故障的分析、判断与处理

若断路器未经操作自动合闸,则属"误合"故障。一般应按如下做法判断处理。

1.检查确认为未经合闸操作

(1)手柄处于"分后位置",而红灯连续闪光,表明断路器已合闸,但属"误合"。

(2)应拉开误合的断路器。

对"误合"的断路器,如果拉开后断路器又"误合",应取下合闸熔断器,分别检查电气方面和机械方面的原因,联系调度和有关领导将断路器停用,作检修处理。

2. 查明"误合"原因

(1)直流两点接地,使合闸控制回路接通。

(2)自动重合闸继电器动合触点误闭合,或其他元件某些故障接通控制回路,使断路器合闸。

(3)若合闸接触器线圈电阻过小,且动作电压偏低,当直流系统发生瞬间脉冲时,会引起断路器误合闸。

(4)弹簧操动机构的储能弹簧锁扣不可靠,在有振动情况下(如断路器跳闸时),锁扣可能自动解除,造成断路器自行合闸。

4.3.1.7　SF_6 断路器故障的分析与处理

SF_6 断路器气压是非常重要的,如果压力过低,将对断路器性能有直接影响。因此,在 SF_6 断路器上装有密度继电器,当断路器的气体压力下降到一定值时,将发出信号。若漏气严重,则红、绿灯熄灭。此时,自动闭锁分合闸回路,以确保断路器可靠运行和动作。平时可用气压表监视气压。

在相同的环境温度下,气压表的指示值在逐步下降,说明断路器漏气。若 SF_6 气压突然降至零,应立即将该断路器改为非自动,断开其控制电源,并与调度和有关部门联系,及时采取措施,断开上一级断路器(或用旁路代),以将该故障断路器停用、检修。

如运行中 SF_6 气室漏气引起发出补气信号,但红、绿灯未熄灭,表示还未降到闭锁压力值。如果由于系统的原因不能停电,可在保证安全的情况下(如开启排风扇等),用合格的 SF_6 气体做补气处理。

1. 造成漏气的主要原因

(1)焊接件质量有问题,焊缝漏气。

(2)铸件表面漏气(有针孔或砂眼)。

(3)密封圈老化或密封部位的螺栓、螺纹松动。

(4)气体管路连接处漏气。

(5)压力表或密度继电器漏气,特别是压力表接头处密封垫损伤。

(6)瓷套管与法兰胶合处胶合不良。

(7)瓷套管的胶垫连接处,胶垫老化或位置未放正。

(8)滑动密封处密封圈损伤,或滑动杆光洁度不够。

(9)管接头处及自封阀处固定不紧或有杂物。

2. SF_6 断路器本体严重漏气的处理

(1)应立即断开该开关的操作电源,在手动操作把手上挂禁止操作的标示牌;

(2)汇报调度,根据命令,采取措施将故障开关隔离;

(3)在接近设备时要谨慎,尽量选择从"上风"接近设备,必要时要戴防毒面具、穿防护服,并应注意与带电设备的安全距离;

(4)室内 SF_6 气体开关泄漏时,除应采取紧急措施处理外,还应开启风机通风 15 min

后方可进入室内。

虽然纯净的六氟化硫气体是无毒的,但在运行过程中,经电晕、火花及电弧放电作用,还会产生多种有毒、腐蚀性气体及固体分解产物。

在工作场所的毒性分解物不能超过容许含量。因此,现场对从事六氟化硫电气设备运行、试验及检修人员的安全防护有明确的规定。六氟化硫气体中的毒性分解物,有的可以用吸附剂吸收去掉,有的可以与酸溶液或碱溶液进行化学反应去掉,用各种方法除去六氟化硫气体中毒性分解物的过程叫作六氟化硫气体净化处理。

4.3.1.8 真空断路器的真空度下降的分析、判断与处理

真空断路器是利用真空的高介质强度灭弧的。真空度必须保证在0.013 3 Pa以下,才能可靠地运行。若低于此真空度,则不能灭弧。由于现场测量真空度非常困难,因此一般均以检查其耐压的情况为鉴别真空度是否下降的依据。正常巡视检查时要注意屏蔽罩的颜色,应无异常变化。特别要注意断路器分闸时的弧光颜色,真空度正常情况下弧光呈微蓝色,若真空度降低则变为橙红色。这时故障断路器应该停用,要设法使断路器退出运行,及时更换真空灭弧室。

造成真空断路器真空度降低的原因主要有:

(1)使用材料气密情况不良。

(2)金属波纹管密封质量不良。

(3)在调试过程中,行程超过波纹管的范围,或超程过大,受冲击力太大。

4.3.1.9 断路器过热的分析、判断与处理

断路器运行中若发现油箱外部颜色异常,且可嗅到焦臭气味,则应判断为出现过热现象。断路器过热会使油位升高,迫使断路器内部缓冲空间缩小,同时由于过热还会使绝缘油劣化、绝缘材料老化、弹簧退火等。多油断路器油箱可用手摸,以判断是否过热。对于少油断路器,可注意观察油位、油色和引线接头示温片有无熔化等过热特征。必要时可用红外线测温仪测试。断路器过热时,应设法使断路器退出运行,如用旁路断路器代送电。

造成断路器过热的原因有:

(1)过负荷。

(2)触头接触不良,接触电阻超过标准值。

(3)导电杆与设备接线卡连接松动。

(4)导电回路内各电流过渡部件、紧固件松动或氧化。

4.3.1.10 断路器分、合闸线圈冒烟判断与处理

合闸操作或继电保护自动装置动作后,出现分合闸线圈严重过热或冒烟,可能是分合闸线圈长时间带电造成的。发生此现象时,应马上断开直流电源,以防分、合闸线圈烧坏。

1. 合闸线圈烧毁的原因

(1)合闸接触器本身卡涩或触点粘连。

(2)操作把手的合闸触点断不开。

(3)重合闸装置辅助触点粘连。

(4)防跳跃闭锁继电器失灵。

(5)断路器辅助触点打不开。

2. 跳闸线圈烧毁的原因

(1)跳闸线圈内部匝间短路。

(2)断路器跳闸后,机械辅助触点打不开,使跳闸线圈长时间带电。

4.3.1.11 断路器因故障跳闸的处理

1. 故障跳闸处理

(1)断路器跳闸后,值班员应立即记录事故发生的时间,停止音响信号,并立即进行特巡,检查断路器;检查断路器本身有无故障并汇报调度,等候调度命令再进行合闸(合闸后又跳闸亦应报告调度员);断路器在切断短路故障后应作好记录,正确统计累计跳闸次数。每次故障跳闸后,就连同保护动作情况及时填入故障记录簿并上报主管部门。

(2)现场运行规程中规定有断路器允许跳闸次数。当断路器达到允许故障跳闸次数时应退出重合闸,并汇报领导安排检修。

(3)若断路器跳闸后,SF_6 开关出现异常,或油开关出现喷油,油色变黑,看不清油面等,即使开关未达到跳闸次数,亦应及时汇报领导安排进行内部检查。

(4)系统故障造成越级跳闸时,在恢复系统送电时,应将发生拒动的断路器与系统隔离,并保持原状,待查清拒动原因并消除缺陷后方可投入运行。

(5)下列情况不得强送:①线路带电作业;②断路器已达允许故障跳闸次数;③断路器失去灭弧能力;④系统并列的断路器跳闸;⑤低周减载装置动作使断路器跳闸。

2. 误拉断路器处理

(1)若误拉需检同期合闸的断路器,禁止将该断路器直接合上。应该检同期条件后再合上该断路器,或者在调度的指挥下进行操作。

(2)若误拉直馈线路的断路器,为了减小损失,允许立即合上该断路器;但若用户要求该线路断路器跳闸后间隔一定时间才允许合上,则应遵守其规定。

4.3.2 高压隔离开关故障与事故处理

4.3.2.1 刀闸触头过热,示温片熔化的处理

刀闸的触头及接触部分在运行维护中是关键部分。因为在运行中,由于触头拧紧部件松动,接触不良,刀片或刀嘴的弹簧片锈蚀或过热,会使弹簧压力减低。刀闸在断开后触头暴露在空气中,容易发生氧化和脏污,刀闸在操作中可能有电弧,会烧伤动、静触头的接触面。各个连动部件会发生磨损或变形,影响接触面的接触。在操作过程中,若用力不当会使位置不正、触头压力不足而导致接触不良使桩头过热。因此,值班人员在巡视配电装置时对刀闸触头发热的情况,可根据接触部分的色漆或示温片颜色的变化和熔化程度来判别,也可以根据刀片的颜色变色,甚至有发红、火花等现象来确定。

用示温片复测或用红外线测温仪测量触头实际温度,若超过规定值(70 ℃或 75 ℃),应查明原因及时处理。如果此时过负荷,则应汇报调度要求减负荷。

外表检查:导电部分若接触不良,刀口和触头变色,则可用相应电压等级的绝缘棒轻推触头,改善接触情况。但用力不能过猛,以防滑脱反而使事故扩大。但事后应观察其过热情况,加强监视。通知汇报调度,等候检修处理。如刀闸已全部烧红,禁止使用该办法。

发现运行中隔离刀闸接触部位的触指过热、烧红,甚至熔化时,应做如下处理:

(1)立即向当值调度员申请将负荷倒出后,停电处理,如不能倒负荷,应设法减去负荷,并加强监视。

(2)如果是双母线侧隔离刀闸发生熔化粘连,应倒母线,用旁路开关带线路运行的方法将负荷倒出,然后停电处理。

(3)如果单母线及单回路的母线或线路隔离刀闸发热,有条件时可采取降温措施或带电将发热刀闸端接,否则停电处理。

4.3.2.2 刀闸瓷件外损或严重闪络现象的处理

(1)应立即报告调度员,尽快处理,在停电处理前应加强监视。

(2)如瓷件有更大的破损或放电,应采用上一级开关断开电源。

(3)禁止用本身刀闸断开负荷和接地点(35 kV 及以下电压等级)。

4.3.2.3 刀闸拒绝拉、合闸的处理

1.拒绝拉闸

(1)用手动操作机构操作隔离刀闸,当拉不开时,不应强行拉开,应注意检查瓷瓶及机械的动作情况,防止瓷瓶断裂。

(2)用电动操作机构操作时拉不开,应立即停止操作,检查电机及连杆。

当刀闸拉不开时,不要硬拉,特别是母线侧刀闸,应查明原因后再拉。如是操作机构冰冻,机构锈蚀、卡死,刀闸动、静触头熔焊变形及瓷件破裂、断裂,操作电源不完好,电动操作机构、电动机失电,隔离刀闸本身传动故障、机械损坏或闭锁失灵等原因,在未查清原因前不应强行拉开,否则可能造成设备损坏事故。

(3)刀闸不能操作时,应及时向当值调度申请倒负荷,改变运行方式,并向调度申请停电检修。

2.拒绝合闸

当刀闸不能合闸时,应及时查明原因,首先检查闭锁回路及操作顺序是否符合规定,再检查轴销是否脱落,是否有楔栓退出、铸铁断裂等机械故障。对于电动机构,应检查电动机是否有失电等电气回路故障,操作电源是否完好并查明原因,处理后,方可操作。

对有些刀闸存在先天性缺陷不易拉合时,可用相同电压等级的绝缘杆配合操作,但用力应适宜,或申请停电检修。

4.3.2.4 带负荷误拉合刀闸的误操作的处理

1.误拉刀闸

误拉刀闸是由于运行人员没有认真执行规程,违反操作原则而发生的失误。一旦发生带负荷误拉刀闸,应按不同传动装置分别按下列方法进行处理:

(1)用手动传动装置:当发生误拉时,如刀片刚离刀口已起弧,但还未拉开,应立即将刀闸反方向操作合上;但如已误拉开,且已切断电弧,则不许再合刀闸。

(2)对于分相操作的刀闸,当误拉开一相时,对其他两相停止操作。

(3)电动蜗轮传动操作隔离刀闸,因分闸过程缓慢,在触头拉开 2 ~3 min 时,就发现错误,此时应迅速合上;如果弧光已经切断,则不许再合上。

2.误合刀闸

运行人员失误带负荷误合刀闸,则不论任何情况,都不准再拉开,如确需拉开,只有用

断路器将这一回路断开,或者用断路器将该隔离刀闸跨接后,方可将误合的隔离刀闸断开。

4.3.3 其他电气设备故障与事故处理

4.3.3.1 电流互感器故障与事故处理

1. 电流互感器异常开路时的处理

由于电流互感器在正常运行中,二次回路接近于短路状态,一般认为无声,电流互感器故障时常伴有声音及其他现象发生。

1)异常现象

(1)电流表指示降为零,有功、无功表的指示降低或有摆动,电度表转慢或停转。

(2)差动断线光字牌示警。

(3)电流互感器发出异常响声或发热、冒烟或二次端子线头放电、打火等。

(4)继电保护装置拒动或误动(此现象只在断路器发生误跳闸或拒跳闸引起越级跳闸后查故障时发现)。

2)处理

电流互感器二次回路开路后,该回路电流表计指示偏小或为零,伴有火花放电、冒烟等,运行人员发现这种现象以后,应立即将故障现象报告所属调度,并保持负荷不变,根据现象判断是属于测量回路还是保护回路的电流互感器开路,停用可能误动的保护装置,通知有关人员迅速处理。若查出故障点后需停电处理,则应减少该故障回路负荷或将负荷转移后,再进行停电处理。

电流互感器二次回路开路引起着火时,应先切断电源,然后可用干燥石棉布或干式灭火器进行灭火。

2. 电流互感器本体故障的处理

电流互感器有漏油、流胶时,要采取紧急堵漏的措施,应做好安全措施进行抢修,否则应停用处理。

电流互感器故障有下列情况之一时,应立即停用处理:

(1)温度升高,内部发出异声或火花放电声、过热,并伴有冒烟及焦臭味。

(2)严重漏油,绝缘瓷质损坏或有放电现象。

(3)喷油着火或严重流胶现象。

(4)金属膨胀器的伸长明显超过环境温度时的规定值。

4.3.3.2 电压互感器故障与事故处理

1. 电压互感器本体故障的处理

当发现电压互感器本身有下列故障现象时,应立即停止运行:

(1)高压侧的熔断器连续两次熔断或快速开关不能恢复。

(2)内部有放电噼啪声或有其他声响。

(3)有臭味或冒烟。

(4)有严重漏油、喷油、漏流胶现象。

(5)本体有过热现象。

(6)绝缘损坏。

(7)有火花放电现象。

(8)油面上升并出现碳质,对装备金属膨胀器的 220 kV 电压互感器,监视窗内的红线位置过高。

运行值班人员应进行的处理和注意事项如下所述:

(1)立即将有关情况汇报所属调度和有关领导,并申请停电处理。

(2)电压互感器故障要停用时,相应的母线或线路必须停用。

(3)严禁用隔离开关或摘下熔断器的方法拉开有故障的电压互感器。

(4)防止自动装置的影响,防止其误动或拒动。

(5)将二次回路主熔断器或自动开关断开,防止电压反送。

2. 电压互感器本体着火的处理

当互感器着火时,应立即断开有关电源,将故障电压互感器隔离,再汇报所属调度,选用干式灭火器或砂子灭火。

4.3.3.3 母线故障分析与处理

母线的故障影响很大,严重时会使整个变电所停电。母线故障的原因很多,或是母线保护区内设备故障而造成的,或是由运行人员误操作时设备损坏而造成的,也有外部原因(如小动物、长草等),或是线路断路器的继电保护拒绝动作越级跳闸造成的。

当母线断路器跳闸时,处理母线故障时一般应先检查母线,只有在消除故障后才能送电,严禁用母联断路器对母线强送电,以防事故扩大。当母线因后备保护动作而跳闸(一般因线路故障而线路的继电保护拒绝动作发生越级跳闸)时,应该判明故障元件并消除故障后再恢复母线送电。若跳闸前在母线上曾有人工作过,更应该对母线进行详细检查,以防误送电而威胁人身和设备的安全。

4.3.3.4 电力电缆异常分析与处理

电力电缆运行中常见的异常有以下几种。

1. 电压异常

运行中电力电缆的电压不得超过额定电压的 15%,超过规定则应视为异常,因其容易造成电缆绝缘击穿事故。

2. 温度异常

电力电缆运行中的长期允许工作温度,不应超过制造厂规定。电缆长时间过热会造成以下危害:

(1)电缆终端头外部接触部分损坏。

(2)电缆绝缘降低、老化。

(3)铅包龟裂膨胀、铠装缝隙开裂。

(4)沥青绝缘胶受热膨胀,使电缆端头、中间接头胀裂。

电力电缆运行中的温度高低,主要取决于所带负荷的大小,因此值班人员可以通过监视和控制其负荷,使电力电缆不至于温度过高。

(5)小电流接地系统单相永久性接地故障时,该系统上的电缆连续运行的时间最长不超过 2 h。

3. 电力电缆故障分析及处理

(1)原因。

①电缆过负荷、发热、漏油、漏胶。

②电缆受腐蚀。

③接头、终端头施工不良。

④地基下沉、弯曲度过大等造成机械损伤。

(2)处理。

①电缆过负荷运行或温度上升超过规定值时,应向有关调度联系转移负荷,单回路供电的电缆线路可通知限制负荷。

②若电缆着火,应立即设法切断电源,设法隔离火源,用干式灭火器或砂子灭火。

4.3.3.5　避雷器异常及故障分析处理

避雷器发生故障或事故后,运行人员在初步判断了故障类别后应立即向上级主管部门报告。运行单位在接到避雷器故障报告后,应迅速组织抢修和事故调查,同时向上级主管单位的安全、生产管理及技术监督部门报告。设备档案立即封存,以备事故调查。

1. 避雷器爆炸及阀片击穿或内部闪络事故的处理

1)运行人员应进行的工作

(1)初步判断故障类别和事故相别;

(2)巡视避雷器引流线、均压环、外绝缘、放电动作计数器、泄漏电流在线监视装置、接地引下线的状态;

(3)向上级主管部门汇报;

(4)对于粉碎性爆炸事故,还应巡视故障避雷器周围邻近的设备有无外绝缘损伤。

在事故调查人员未到达之前,运行人员严禁接触事故避雷器及其附件。对于粉碎性爆炸的碎片,运行人员不得擅自挪动或丢弃。

2)事故的处置

在事故调查人员对事故变压器留取影像资料后,检修人员开始拆除事故避雷器,拆除后应送试验室做进一步的分析。对于变电所内安装的避雷器,还应对所内与事故避雷器有直接电气联系的主变压器、TV、TA、断路器及非故障相避雷器进行试验检查。

3)恢复运行

如存有备品,经试验合格的备品,在安装完毕,验收合格后,对于线路用避雷器即可恢复运行;变电所内与事故避雷器有直接电气联系的主变压器、TV、TA、断路器及非故障相的避雷器经试验检查无异常时,可恢复运行。

2. 避雷器外绝缘套的污闪或冰闪事故的处理

1)运行人员应进行的工作

(1)初步判断故障类别和事故相别;

(2)巡视避雷器引流线、均压环、外绝缘、放电动作计数器、泄漏电流在线监视装置、接地引下线的状态;

(3)向上级主管部门汇报。

在事故调查人员未到达之前,运行人员严禁清擦事故避雷器绝缘外套。

2)事故的处置

事故调查人员应先对事故避雷器留取影像资料,然后对事故避雷器外绝缘表面污秽取样进行等值盐密度测试;对事故避雷器绝缘外套的积污状况、外套及金具的烧伤状况、外套是否出现裂纹或损伤、接地引下线的状况等进行检查。试验人员按试验规程规定进行试验检查。对于变电所内安装的避雷器,还应对所内与事故避雷器有直接电气联系的主变压器、TV、TA、断路器进行试验检查。

3)恢复运行

如避雷器各项试验结果正常,变电所内与事故避雷器有直接电气联系的设备试验也无异常,非故障相避雷器已清扫,可恢复运行。故障避雷器的绝缘外套经检查无裂纹、损伤且烧伤程度不严重,经清扫后可恢复运行;绝缘外套烧伤虽然严重,但是无裂纹、损伤的,经清扫并涂刷 RTV 涂料后,可暂时恢复运行。

3.避雷器断裂事故的处理

1)运行人员应进行的工作

(1)初步判断故障类别和事故相别;

(2)向上级主管部门汇报;

(3)在确认已不带电并做好必要的安全措施后,对避雷器的损伤情况进行巡视。

在事故调查人员未到达之前,运行人员严禁挪动事故避雷器的断裂部分,也不得对断口部分做进一步的损伤检查。

2)事故的处置

在事故调查人员对事故避雷器断口及其他损伤做初步检查并留取影像资料之后,检修人员拆除事故避雷器,并将事故避雷器各个部分送试验室做进一步分析。对于变电所内安装的避雷器,如伴有单相接地或相间短路,还应对所内与事故避雷器有直接电气联系的主变压器、TV、TA、断路器进行试验检查。

3)恢复运行

参照避雷器外绝缘套的污闪或冰闪事故的处理。

4.避雷器引线脱落故障的处理

1)运行人员应进行的工作

(1)初步判断故障类别和事故相别;

(2)向上级主管部门汇报;

(3)在确认已不带电并做好必要的安全措施后,对引线连接端部、均压环的状况进行巡视;

(4)检查故障避雷器周围的设备是否有放电痕迹或损伤。

在事故调查人员未到达之前,运行人员严禁接触引线的端部,也不得攀爬避雷器或构架检查连接端子。

2)事故的处理

事故调查人员检查事故避雷器的连接端子、已脱落的引线连接端部及连接螺丝的状况,检查引线是否烧伤或断股,引线脱落后对其他设备是否造成损伤,非故障相端部连接是否牢靠。试验人员按试验规程规定对避雷器进行检查和试验。对于变电所内安装的避雷器，如伴有单相接地或相间短路，还应对所内与事故避雷器有直接电气联系的主变压器、TV、TA 断路器进行试验检查。

3）恢复运行

在修复损伤的避雷器连接端子和引线的连接端部、更换断股或烧伤的引线后，进行避雷器的连接，连接验收合格后，如避雷器各项试验结果正常，且变电所内与事故避雷器有直接电气联系的电气设备经试验检查无异常（线路用避雷器不要求），避雷器可投入运行。

4.3.4 电气设备标准化事故处理卡举例

下面是某水电厂依据《高压开关设备管理规范》，并结合该厂设备的具体情况制定的高压断路器合闸失灵的标准化事故处理卡（主要部分），见表 4-11 。

表 4-11 高压断路器合闸失灵的标准化事故处理卡（主要部分）

作业步骤	作业内容	作业标准或要求	作业危险点
1	确认操作断路器拒绝合闸	控制屏上断路器位置信号灯红灯不亮；开关柜上断路器位置指示显示“分闸”	误认其他断路器
2	确认操作是否得当	用控制开关重新合一次	误认其他断路器操作手柄；手柄松太快
3	检查合闸控制电源是否正常	观察断路器位置信号灯绿灯是否亮	误认其他断路器信号灯
4	检查合闸控制回路熔断器和合闸熔断器是否良好	观察熔断器熔体是否烧毁	误认其他断路器的熔断器，不采取安全措施
5	检查合闸接触器的触点是否正常（电磁操动机构）	观察动合触点是否断开，动断触点是否闭合	触及带电部分造成触电事故
6	检查合闸铁芯能否正常工作	将控制开关扳至“合闸时”位置，观察合闸接触器铁芯是否动作	误认其他断路器操作手柄；触及带电部分造成触电事故
7	判断电气回路正常	报告有关领导	报告及时、准确

【教学评价】

学生按照规定的步骤，逐一对高压断路器合闸失灵进行处理，每进行一个点可得规定的分数。现场处理时，若有违反安全规程，则该内容记 0 分。高压断路器合闸失灵标准化事故处理评价表见表 4-12。

表4-12 高压断路器合闸失灵标准化事故处理评价表

作业步骤	作业内容	作业标准或要求	(处理点数)满分	得分
1	确认操作**断路器**拒绝合闸	控制屏上断路器位置信号灯红灯不亮;开关柜上断路器位置指示显示“分闸”	(2)4	
2	确认**操作**是否得当	用控制开关重新合一次	(1)2	
3	检查**合闸控制电源**是否正常	观察断路器位置信号灯绿灯是否亮	(1)2	
4	检查**合闸控制回路熔断器**和**合闸熔断器**是否良好	观察熔断器熔体是否烧毁	(1)2	
5	检查**合闸接触器**的触点是否正常(电磁操动机构)	观察动合触点是否断开,动断触点是否闭合	(2)4	
6	检查**合闸铁芯**能否正常工作	将控制开关扳至“合闸时”位置,观察合闸接触器铁芯是否动作	(2)4	
7	判断**电气回路**正常	报告有关领导	(1)2	
8	相关知识	口试或笔试	40	
(总点数)总分			(10)60	

注:百分制得分=(评价表得分/评价表总分)×100。

【拓展阅读】

事故处理案例——高压断路器拒分的原因及其处理

一、断路器分闸线圈失压或欠压故障

(一)控制回路熔断器熔体熔断

除熔体选择、安装、运行等自身原因外,控制回路中电压线圈匝间短路、分压元件被短路、发生电源正负两极两点接地短路等,都会导致熔体熔断。操动机构控制回路因熔体熔断而无直流电源,使操动机构不能分闸。

处理方法:检查熔体熔断的原因,必要时更换熔体。

(二)分闸线圈回路断路或接点接触不良

分闸线圈回路各元件连接线断线,接线松脱,元件触点接触不良,控制开关的接点不能接通,继电保护失灵,其出口接点未能闭合,断路器的辅助触点闭合不好等,都无法使分闸线圈通电分闸。

处理方法:逐段检查。详见断路器拒合的电气故障处理。对辅助触点接触不良,应按照产品使用说明书的技术要求,调整辅助开关拐臂与连杆的角度以及拉杆与连杆的长度,

使之符合要求，并更换锈蚀和损坏的触头。

（三）电源电压过低

因直流电源电压低于分闸线圈的额定电压，致使分闸时虽然动作却不能分闸。

处理方法：调整直流电源电压，使之适合分闸线圈的额定电压。当电源电压调整后，应在断路器处于分闸位置时测量分闸线圈的电压降，其值不小于电源电压的 90% 为合格。具体方法是将保护跳闸回路接通，用高内阻直流电压表（万用表即可）并联在分闸线圈两端，短接分闸回路中断路器辅助触点使分闸线圈动作，即可读出分闸线圈电压降。

（四）控制回路两点接地故障。

如图 4-4 所示。接地发生在 B、E 两点，C、E 两点或 D、E 两点。当保护动作或操作控制开关进行分闸时，可能造成继电器或分闸线圈电流回路被分流，不但造成断路器拒分，而且会引起电源短路，造成熔体熔断，同时有烧坏继电器触点的可能。为监视直流回路绝缘状态，直流母线都设有直流绝缘检测装置，即用直流电压表分别测量母线正极对地、负极对地的电压，以判断直流绝缘水平是否下降。当发现有接地现象存在时，应根据运行方式、操作情况、气候影响判断接地的可能位置，采取拉路寻找分段处理的方法，以先信号和照明部分、后操作部分，先室外部分、后室内部分的原则进行。在切断各专用直流回路时，切断时间不得超过 3 s，不论回路接地与否均应合上。当发现某一直流回路有接地时，应及时找出接地点，尽快消除。

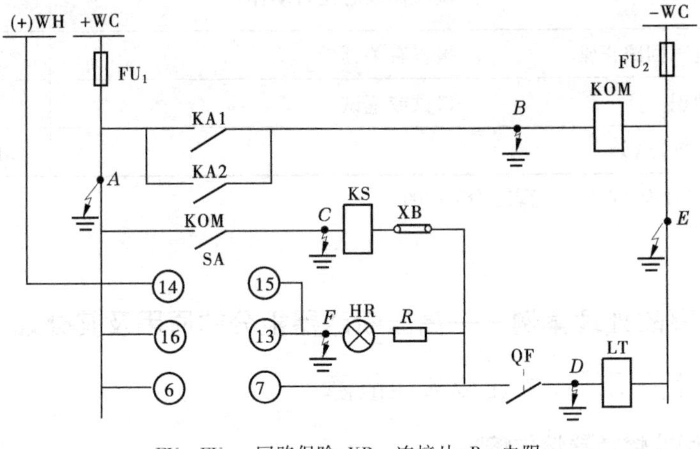

FU_1、FU_2—回路保险；XB—连接片；R—电阻；

KA1、KA2—电流继电器；KOM—中间继电器；KS—信号继电器；

LT—跳闸线圈；QF—断路器辅助触点；SA—控制开关

图 4-4　断路器控制回路两点接地示意图

为减少因直流系统二次回路绝缘电阻降低而发生接地，对安装和运行中的二次回路接线及继电器绝缘电阻，每年春季应进行测试。其绝缘电阻值标准如下：

（1）新安装和定期试验时，应对全部接线回路用 500 V 兆欧表测定绝缘电阻，其值应不小于 1 MΩ。

（2）单个继电器在新安装时或经过解体检修后，应用 500 V 兆欧表测定绝缘电阻，其全部端子对底座和磁导体的绝缘电阻应不小于 50 MΩ，各线圈的绝缘电阻应不小于 10 MΩ，各线圈对触点间的绝缘电阻应不小于 50 MΩ。

(3)在定期试验具有几个线圈的中间继电器时,应分别测试各线圈间的绝缘电阻。

(4)耐压试验。继电器在新安装和经过解体检修后应进行耐压试验。继电器的导体对金属底座部分,应能耐受交流试验电压1 000 V,时间为1 min。允许用2 500 V兆欧表测定绝缘电阻来代替交流耐压试验,所测绝缘电阻应不小于20 MΩ。

(5)进行绝缘电阻测定或耐压测验时,必须将不能承受高电压冲击的元器件,如电容、整流器件等从回路断开或将这些元件短路。

(6)在断开其他所有连接支路时,直流小分母和控制盘电压小分母绝缘电阻应不小于10 MΩ。

(7)二次回路的每一支路和断路器、隔离开关操作机构的电源回路绝缘电阻应不小于1 MΩ。

(8)主操作回路、保护回路和500~1 000 V直流发电机的励磁回路绝缘电阻应不小于1 MΩ。

(9)在比较潮湿的地方,(2)、(3)两项绝缘电阻允许降低到0.5 MΩ。

(10)新安装的元件的平均绝缘电阻参考数值,见表4-13。

表4-13 绝缘电阻参考值

元件种类	绝缘电阻(MΩ)	元件种类	绝缘电阻(MΩ)
安装在电木板上的导线或继电器	100	套管型TA二次绕组	10~20
安装在金属盘上的导线或继电器	50	非套管型TA二次绕组	50~100
电缆长度为200~300 m	25	跳闸及合闸线圈	15~25

对二次回路及设备绝缘电阻的测定,一般应用1 000 V兆欧表;对电压低于24 V的回路(如晶体管保护电路等),应使用电压不超过500 V的兆欧表,亦可用万用表的10 kΩ挡。

二、断路器分闸线圈故障

(1)分闸线圈断线。一般控制回路都设有断路器运行监测回路,即装设断路器合闸位置指示灯,指示断路器处在合闸位置,分闸回路完好。

(2)分闸线圈匝间短路。分闸线圈发生较少匝数之间短路,轻者分闸时因分闸线圈铁芯磁势可能有所下降而使断路器拒分,重者因短路点发热最终造成烧坏线圈。较多匝数之间短路,除上述情况外,还会出现红灯亮度略有增加,分闸时还可能造成控制回路熔体熔断。

(3)分闸线圈最低动作电压整定过高。分闸线圈动作电压在额定电压的30%~65%时应能可靠分闸,不可随便提高最低动作电压,否则易导致断路器拒分,最终还会造成分闸线圈烧毁。

(4)分闸线圈烧毁。断路器控制电路一般都装有跳跃闭锁装置,依靠跳跃闭锁继电器来防止跳跃现象的发生。无论是控制开关还是由保护装置去跳闸,电源电压加到分闸线圈上的同时,与其串联的跳跃闭锁继电器的电流线圈也被激励,其自保持触点闭合,实现自保持,直至断路器动、静触点分断后,串联在分闸线圈回路的断路器辅助触点才断开,以确保可靠分闸。断开断路器辅助触点的目的是使分闸线圈实现短时通电,若这种情况下断路器辅助触点未能正常断开,无法切断自保持回路,则分闸线圈就会因长期通过大电流而被烧毁。由于分闸线圈是按短时通过大电流设计的,对于 220 V 的直流通路,分闸线圈的电阻值是 88 Ω,220 V 电压全部加在分闸线圈上将有 2.5 A 的电流通过,即分闸线圈的额定电流就是 2.5 A。对于 110 V 的直流电源,分闸线圈的额定电流为 5 A。所谓通过大电流,其大小是指通过分闸线圈的电流接近于分闸线圈的额定电流。如果值班人员没有及时发现并处理,分闸线圈将发热直至烧毁,同时会造成跳跃闭锁继电器的电流线圈及其自保持触点、保护出口继电器触点等分闸回路电气元件被烧坏,甚至烧毁。实际运行中,断路器辅助触点未能正常断开的原因很多,如由于断路器辅助触点成扇形结构,若断路器接触行程调深了,断路器分闸后,其辅助触点断不开,或断开过慢。又如由于操作机构调整不当,机构卡死,造成断路器辅助触点断不开。显然,很多原因致使断路器拒分必然导致辅助触点拒断。总之,对具有"防跳"功能的断路器控制电源,不管什么原因启动分闸回路,无论断路器是否断开,只要断路器辅助触点未能正常断开,分闸线圈将会被烧毁。

另外,分闸操作次数过多使分闸线圈温度过高也是烧毁分闸线圈的原因之一,所以应尽量避免频繁操作,当操作次数过多使线圈温度超过 65 ℃时应暂停操作,待线圈温度下降到 65 ℃以下时再进行操作。为减少上述故障,应重视检修和维修工作,其主要内容如下:

(1)要定期对断路器电磁机构进行检修和维护保养。在春、冬两季到来之前,要进行一次转动机械部分的清扫及连接部位螺丝紧固检查,并注入润滑油。

(2)在每年的年检工作时应对分闸线圈做动作电压试验。检测动作电压在额定电压的 30% ~65% 时能否可靠分闸,保证整个电气回路的正确及操作机构的灵活性和可靠性。

(3)检查分闸机构的脱扣板间隙是否符合要求,如果分闸电磁铁因无冲程而全被压死,则使得分闸动作的所需电压升高。

(4)断路器辅助开关传动机构应无变形、卡阻,连接片的固定螺丝应无松动脱落,触点接触可靠到位,无氧化、油污现象,保证分闸时可靠动作。

在实际运行中,经常发生断路器分闸线圈被烧毁的情况,除加强检修和维护工作,以减少故障率外,用户还可针对控制分闸回路存在的问题进行改进。例如:根据一般断路器的控制接线原理图,将其中的跳跃闭锁继电器 KCF 的另一常开触点 KCF_4 与一只具有延时动作触点、遮断容量为 5 A 的中间继电器 2KM 串联,如图 4-5 所示。

当分闸线圈通电动作时,KCF 电流线圈也动作并自保持,其 KCF_4 闭合,KM 通电,但其所有触点都延时动作。在延时期间,若分闸完成且断路器辅助触点(图中未画出)正常断开,KCF 电流线圈失电,其 KCF_4 返回,2KM 失电。若此时断路器辅助触点不能正常断开的时间超过了 KM 的延长时间,则串联在分闸回路的常闭触点 $2KM_1$、$2KM_2$ 断开,避免分闸线圈因通大电流时间过长而烧毁。同时常开触点 $2KM_3$ 闭合自保持,发出预告信号,SB 为信号解除按钮。中间继电器的 $2KM_1$、$2KM_2$ 两对触点并联后串联于分闸回路,其目

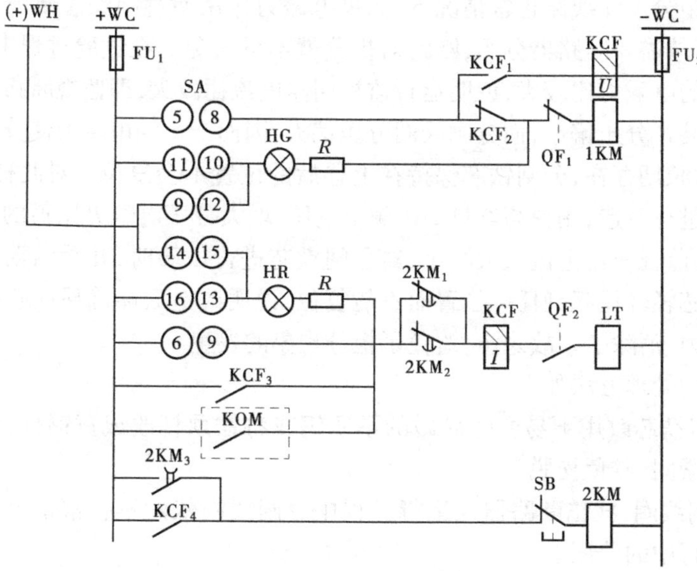

1KM—合闸接触器；KCF—跳跃闭锁继电器；KOM—保护出口中间继电器；
2KM—中间继电器；LT—跳闸线圈；HR—红色信号灯；HC—绿色信号灯；SB—信号解除按钮

图4-5　改进后的断路器控制回路接线示意图

的是增加分闸回路的可靠性，故每个触点的遮断电流容量应不小于5 A。为使分闸有充分的时间，中间继电器所有的触点延时时间应等于或大于800 ms，才能完全躲过断路器的分闸时间。

三、断路器分闸铁芯故障

（一）电磁操动机构分闸铁芯上移后不复位故障

断路器电磁操动机构分闸前就已经上移，且上移后不能复位，即铁芯没能回到正常位置。分闸时，分闸铁芯行程不够，导致作用于连板的冲击力不足，从而造成断路器拒分。故障分析结果表明，可能有以下几种原因：

（1）断路器在运行过程中，由于振动等原因，铁芯上移。

（2）在分闸过程中控制回路的电压偏低或操作人员操作不到位，使分闸铁芯向上移动，但没有完成分闸。

（3）由于分闸铁芯具有较大的剩磁，铁芯与铁顶杆产生较大的电磁力，铁芯被吸住，造成铁芯上移后不能复位。

（4）分闸线圈因故流过电流过大，使分闸线圈产生的电磁力能够造成铁芯慢慢上移且不能复位。

某电站10 kV线路故障，速断保护动作，断路器拒分，越级到母联开关保护动作，母联开关分闸，扩大了停电面积。事故发生后，经现场检查，发现该线路断路器分闸线圈的铁芯已经上移了一段距离，分闸铁芯行程不够，实测行程为16～18 mm，而检修规程规定，分闸铁芯行程为33～34 mm。由此推断，保护动作后分闸铁芯作用于连板的冲击力不足，从而造成了断路器拒分。在线路正常情况下,如果电磁力作用使跳闸铁芯慢慢上移到一定位置,一旦发生事故需要断路器分闸,断路器拒分就不可避免。在试验过程中,明显感觉到作用在铁芯上的电磁力比较大,说明运行监视回路电流比较大,即监视断路器分合状态的红灯 HR 及电阻 R 分压偏小,而分闸线圈分压偏大,因而产生的电磁力使分闸铁芯慢慢上移,因该电磁力长期存在,分闸铁芯保持在上移后的位置不会复位。对此种故障,可以对运行监测回路进行改造,用提高红灯 HR 额定电压、增大分压电阻 R 阻值的办法就可解决。替换后,运行监视回路电流大大减小,对分闸铁芯进行试验时,几乎感觉不到电磁力的作用。再将铁芯轻轻托起到任一位置而不能复位,说明改造后能确保铁芯的行程和作用于连板的冲击力,消除了事故隐患,避免了拒分现象的发生。

对该类事故的处理方法如下:

(1)可考虑将铁芯改用不易产生剩磁的不锈钢或将铁顶杆改成黄铜杆,但黄铜杆必须与铁芯用销子紧固,避免松脱。

(2)检查分闸线圈,找出断路器在运行过程中分闸线圈依然不正常带电的原因或降低分闸线圈在运行中的分压。

(3)测量分闸铁芯顶杆冲击间隙应大于 25 mm,间隙过小分闸时无冲击力。

通过上述检查和处理,使铁芯不管什么原因,上下移动后都能顺利地复位。

(二)分闸铁芯卡涩故障

分闸铁芯卡涩往往是由于铁芯的铜套变形,或铁芯与铜套间有油垢堵塞所造成的。所以,检修时应检查分闸线圈内铜套有无严重磨损开裂,铜套内应无灰尘、油垢等脏物,转动和起落分闸铁芯,不应有卡涩现象。

任务 4.4 继电保护、监控及直流系统的故障与事故分析处理

【教学目标】

1. 技能目标

能在水电厂值长(或正值班员)的组织下开展事故演习,按照电力行业及现场运行规程的内容及要求,依次对设定的继电保护装置、微机监控系统、直流系统等二次系统和设备的故障和事故现象进行分析,提出相应的处理预案或模拟实操,工作结束后向值长作口头汇报。

2. 知识目标

熟悉继电保护装置、微机监控系统、直流系统等设备和系统的组成、作用及工作原理,掌握这些系统和设备异常、故障和事故处理的程序和措施。

【任务描述】

得值长事故处理令,学生以副值班员的身份,在水电厂运行人员的监护下,做好安全措施,携带事故处理所需的工器具,按照微机监控系统上位机与现地 LCU 通信故障处理实操表的内容、处理要求(或标准),进行模拟处理,并将处理结果记录在实操表中。

【任务准备】

1. 知识准备

(1)保护装置电压故障有何事故现象?采取哪些处理措施?

(2)简述运行中的线路“高频通道故障”(或载波故障)信号告警的处理预案。

(3)简述“保护装置故障”信号告警的处理预案。

(4)如何处理测点异常?

(5)若系统发出控制操作命令后无响应,应作何处理?

(6)若系统控制命令发出后现场设备拒动,应如何处理?

(7)若系统控制调节命令发出后现场设备动作不正常,应如何处理?

(8)如何处理机组有功、无功功率调节异常?

(9)如何处理机组自动退出、自动发电控制、自动电压控制?

(10)蓄电池组常见故障有哪些?

(11)如何处理蓄电池组着火?

(12)如何判断直流系统发生接地故障?

(13)分析直流系统一点接地故障可能产生的危害。

(14)简述查找直流接地故障的一般顺序和方法。

(15)查找接地故障时应注意哪些事项?

(16)硅整流装置在哪些情况下应退出运行?

2. 工具准备

安全帽、手电筒、万用表、兆欧表等。

【任务实操】

某水电厂微机监控系统上位机与现地 LCU 通信故障处理实操表,见表4-14。学生以2人为一组,正确地戴好安全帽,扣好袖口,盘好头发,携带工具、任务实操表等进入中控室、发电机层。在水电站运行人员的监护下,在现场对事故处理预案进行演习,在事故处理预案各步骤项对应的故障“处理情况”栏打“√”。事故处理演习时,按实操表依次进行,确保事故处理不漏项。

表4-14 微机监控系统上位机与现地 LCU 通信故障处理实操表

作业步骤	作业内容	作业标准(或要求)	处理情况
1	确认上位机与现地 LCU 通信故障	数据不刷新	
2	检查从网是否正常投入	从网应投入	
3	双网均故障处理	控制权打在“现地”	
4	判断故障点	根据交换机工作指示灯运行状况判断	
5	作好记录,并通知检修人员	需检修,则报上级通知检修,记录准确清晰	
6	对照工具、材料卡清点工器具	现场无遗留工具,工器具定点回放	

【相关知识】

4.4.1 继电保护异常与故障处理

4.4.1.1 保护装置电源故障

保护装置电源故障现象有：

保护装置的电源由变电所的直流系统或交流保安电源系统供给，再由保护装置内部的稳压电源装置转变为适合于装置电子电路工作的专用电源。在运行中，保护屏内所有保护装置和保护专用的电源部件面板上的电源指示灯(发光二极管)均应正常发光。

保护电源中断或其电源装置发生故障时，装置的电源正常指示灯熄灭，中央信号发出“保护电源故障”告警信号，某些保护监视电源的信号继电器将掉牌。在失去电源情况下，保护不能正常工作，有些保护将自动闭锁，并自动向线路对侧发出闭锁信号。

处理措施如下所述：

(1)立即检查保护装置所有电源指示灯是否正常发光，装置电源故障指示信号是否掉牌，直流配电屏上保护电源熔断器是否熔断，保护屏直流电源端子上电压是否正常。

(2)如果直流配电屏上电源熔断器熔断，可换规定的相同容量的熔断器试投。在装新熔断器之前最好将保护出口(包括跳闸和启动开关失灵保护回路)暂时断开，待电源恢复后再接通，避免在电源恢复过程中保护误动跳闸。

如果换上熔断器又熔断，可能保护装置内部(包括保护内部专用电源装置)或直流配线有短路故障，应申请将保护装置暂时退出，然后进一步进行检查。

(3)如果直流配电屏上熔断器没有熔断，直流供电正常，而保护屏直流电源端子没有电压，可能直流电源回路断线。应立即汇报调度及有关部门。

(4)如果保护屏上直流电源端子电压正常，而保护电源故障信号不能复归，可能是保护内部电源装置故障。可观察电源装置的正常运行指示灯是否发光，有条件时可进一步测量电源装置输入和输出电压是否正常来判断。如电源指示灯灭，或测得电源装置输出电压不正常，应报请继电保护专业人员处理或用合格的备品更换。以上检查和处理工作，均应在保护装置停用(退出)状态下进行。

(5)220 kV 及 500 kV 线路一般有两套主保护，当其中一套主保护因电源故障退出运行时，如果另一套主保护装置运行正常，线路仍可继续运行。如线路只有一套主保护，或两套主保护共用一电源，当共用的保护电源发生故障时，线路就失去主保护了。在这种情况下，应申请上级调度采取紧急措施，将线路退出运行或用旁路代用或采用其他运行方式。

4.4.1.2 保护装置故障

保护装置故障是指保护装置内部元件损坏或运行状态不正常。当“保护装置故障”信号告警时，运行人员应立即对保护装置进行外部检查：注意哪些异常信号指示灯发光，哪些信号继电器掉牌，电源和各种正常运行指示灯有无熄灭，各种仪表指示是否正常，带有屏幕或打印装置的保护显示或打印什么内容；注意保护装置有无异常声响、焦臭气味、冒烟、冒火及其他异常现象。

保护装置故障告警不能复归时,应申请将保护装置停用,然后检查处理。停用保护装置,除断开其出口跳闸连接片外,还必须同时停用该保护装置,启动断路器失灵保护的回路,启动远方切机切负荷的回路,启动远方跳闸发信的回路以及高频闭锁装置的独立出口回路。输电线路闭锁式高频保护装置和相差高频保护停用时,应通过调度,通知线路对方同时停用。

若保护装置内部故障,应联系继电保护专业人员处理。

4.4.1.3 高频通道故障

1. 高频保护知识

(1)超高压线路普遍采用高频保护,在系统发生接地或短路故障时,线路两端的保护装置通过高频通道自动快速交换信息,判断故障是否发生在本线路范围内,达到在本线路故障时实现全线速动的要求。高频通道的良好状况,是高频保护正确动作的必要条件。

(2)高频保护的配合方式,除相差高频保护外,一般有四种类型:闭锁动作式、容许动作(跳闸)式、闭锁加速式、容许加速式。

2. 高频保护通道故障危害

当高频通道发生故障时,由于保护不能收到对方保护发出的高频信号,如果系统发生短路或接地故障,将不能正确判断是区内故障或区外故障,因而产生下列后果:

(1)闭锁式保护在保护区外故障时可能误动作;

(2)相差高频保护接收不到对方经过操作调制的高频信号,只接收本侧间断的高频信号,因而在保护区外故障时可能误动作;

(3)容许动作(跳闸)式保护因接收不到对方容许信号而拒动,但近区故障由独立方式启动跳闸除外;

(4)容许加速式保护因收不到容许信号不能加速,在保护区内第二段范围内故障时失去全线速动的功能,但可经第二段延时跳闸。

3. 高频保护通道故障原因

线路正常运行中发生高频通道故障,可能原因有:

(1)发信机故障或其电源中断;

(2)收信机故障或其电源中断;

(3)高频通道设备(包括分频器、线路阻波器及其调谐元件、耦合电容器、结合滤波器、高频电缆等)故障。

4. 运行中的线路"高频通道故障"(或载波故障)告警时运行人员的处理措施

(1)立即向运行负责人及上级调度报告;

(2)检查收发信机是否正常,电源灯是否正常发光,移频式通道导频收信是否正常(采用载波机复用通道的保护应通知载波值班人员检查)。

(3)若收、发信机电源正常,但接收不到对方信号,应检查全部通道设备是否正常,并且立即与线路对方取得联系,共同检查处理。

(4)在检查的同时,应申请停用可能误动作的闭锁动作式高频方向保护和相差高频保护。容许式高频保护虽然在这种情况不会误动作,但其功能受到影响,是否需要退出运行或应如何处置,按现场规程和上级调度部门的命令执行。

(5)为了监视、保护高频通道在良好状态下运行,运行人员应按照现场规程的规定,认真做好每天定期的高频通道检测工作,及时发现通道的故障。特别是对于采用发信停信方式运行的高频保护,即正常运行不发信,线路故障才起信、停信的高频保护,尤其必要。因为这种保护在正常运行时不发信,不能经常监视通道是否完好。如果通道存在缺陷未及时发现,一旦线路或系统发生故障,保护将不能正确动作,可能使故障扩大,造成严重后果。带有自动定时、检测功能的保护,可将此功能投入,以弥补运行人员每天的通道检测工作的不足,及时发现通道的故障。运行人员在检测中发现不能远方启动发信,收不到远方信号,或者收信裕度不足,都是通道不正常的表现,应立即联系对方共同检查处理。

4.4.2 微机监控系统异常与故障处理

4.4.2.1 厂站层设备与现地控制单元数据通信故障处理

1. 模拟量或开关量单点数据异常

(1)在厂站层设备侧退出与该点数据相关的控制与调节功能;

(2)检查对应现地控制单元的数据采集模件;

(3)检查变送器、模拟量采集板、I/O板、通道光隔等硬件设备;

(4)必要时,做好相关安全措施后,在现地控制单元侧重启通信进程。

2. 厂站层设备与现地控制单元通信中断

(1)退出与该现地控制单元相关的控制和调节功能;

(2)检查厂站与对应现地控制单元通信进程;

(3)检查现地控制单元工作状态;

(4)检查现地控制单元网络接口模件及相关网络设备;

(5)检查通信连接介质。

4.4.2.2 厂站与调度数据通信工作故障处理

1. 部分遥信、遥测数据异常

(1)接到调度值班人员通知后,应联系维护人员与调度共同进行处理;

(2)退出与异常数据点相关的控制与调节功能;

(3)检查对应现地控制单元数据采集通道情况;

(4)检查相关数据通信进程及通信数据配置表;

(5)必要时,做好相关安全措施后,在现地控制单元侧重启通信进程。

2. 厂站与调度数据通信中断

(1)接到调度值班人员通知后,应联系维护人员与调度共同进行处理;

(2)在调度侧退出与该厂站数据通信相关的控制与调节功能(由调度人员完成);

(3)检查数据通信链路,包括通信处理机、网关机、路由器、防火墙、光/电收发机、通信线路等工作状态;

(4)在两侧分别检查通信进程所在机器的操作系统、通信进程、通信协议的工作状态和日志(调度侧由调度方完成);

(5)必要时,做好相关安全措施后在两侧重启通信进程。

4.4.2.3 测点异常处理

1. 模拟量测点异常

(1)退出与该测点相关的控制与调节功能；

(2)采用标准信号源检测对应现地控制单元模拟量采集通道是否正常；

(3)检查相关电量变送器或非电量传感器是否正常；

(4)检查数据库中相关模拟量组态参数(如工程值范围、死区值等)是否正确。

2. 温度量测点异常

(1)退出与该测点相关的控制与调节功能；

(2)用标准电阻检查对应现地控制单元温度量测点采集通道是否正常；

(3)检查温度传感元件；

(4)检查现地控制单元数据库中相关温度量的组态参数(如工程值范围、死区值等)是否正确。

3. 开关量测点异常

(1)退出与该测点相关的控制与调节功能；

(2)短接或断开对应现地控制单元开关量采集通道，以检测模件是否正常；

(3)检查现场开关量输入回路是否短接或断线；

(4)检查现场设备是否正常。

4.4.2.4 控制、调节异常处理

1. 控制操作命令无响应

(1)检查操作员工作站 CPU 资源占用情况；

(2)检查控制系统网络通信情况；

(3)检查联动设备动作条件是否满足；

(4)检查相关对象是否定义了不正确的约束条件。

2. 系统控制命令发出后现场设备拒动

(1)检查开关量输出模件是否故障；

(2)检查开关量输出继电器是否故障；

(3)检查开关量输出工作电源是否投入或故障；

(4)检查柜内接线是否松动，控制回路电缆或连接是否断开；

(5)检查被控设备本身的控制、电气、机械部分是否故障。

3. 系统控制调节命令发出后现场设备动作不正常

(1)检查被控设备是否故障；

(2)检查控制输出脉冲宽度是否正常；

(3)检查调节参数设置是否恰当。

4. 控制流程退出

(1)检查相应判据条件是否出现测值错误；

(2)检查判据条件所对应设备状态是否满足控制流程要求；

(3)检查判据条件限值是否正确。

5. 机组有功、无功功率调节异常处理

(1)退出该机组的自动发电控制、自动电压控制、单机功率调节功能;

(2)检查调节程序保护功能(如负荷差保护、调节最大时间保护、定子电流和转子电流保护等)是否动作;

(3)检查现地控制单元有功、无功功率控制调节输出通道(包括 I/O 通道和通信通道)是否工作正常;

(4)检查调速器和励磁调节器工作是否正常。

6. 机组自动退出自动发电控制、自动电压控制

(1)检查调速器、励磁装置是否故障;

(2)检查机组给定值调节是否失败或超调;

(3)检查是否因测点错误而出现机组状态不明确的现象;

(4)检查机组现地控制单元工作是否正常;

(5)检查机组现地控制单元与厂站层设备之间的通信是否正常。

4.4.2.5 报表及事件记录异常处理

1. 不能打印报表、报警列表、事件列表

(1)检查打印机是否缺纸、打印介质是否需要更换;

(2)检查打印机自检是否正常;

(3)检查打印列队是否阻塞。

2. 部分现地控制单元报警事件显示滞后

(1)检查事件列表,确认其他节点的事件正常;

(2)检查对应现地控制单元的时钟是否同步;

(3)检查对应现地控制单元是否出现事件、报警异常频繁;

(4)检查对应现地控制单元 CPU 负荷率;

(5)检查对应现地控制单元网络节点网络通信负荷。

3. 报表无法正常自动生成

(1)检查历史数据库的数据采集功能;

(2)检查报表自动生成进程是否正常;

(3)检查报表自动生成定义是否错误。

4.4.3 直流系统异常与故障处理

4.4.3.1 蓄电池组异常与事故处理

电压异常:检查各电瓶电压,连接端子是否有故障,发现后尽快进行处理。

物理性损伤,如壳、盖有裂纹变形等,应通知有关负责人联系管辖班组进行更换容器。

电解液泄漏,联系管辖班组进行更换处理。

局部放电、电压低,及时进行清擦或清洗。

当蓄电池发生爆炸、起火时,首先应隔离电源,用二氧化碳灭火器进行灭火。

蓄电池组着火的处理:

(1)着火蓄电池处于单充状态时,将充电器开关 Q_1 切至"断开"位置,充电器停止

运行；

(2)着火蓄电池处于浮充状态时，将开关 Q_2 由“池联”位置切至“母联”位置，将另一组蓄电池转浮充运行；

(3)用干粉或1211灭火器灭火；

(4)灭火时注意安全，戴防毒面具。

4.4.3.2 直流系统异常与事故处理

直流系统的用电负荷极为重要，供给继电保护、控制、信号、微机监控、事故照明、交流不间断电源等，对供电的可靠性要求很高。直流系统的可靠性是保障变电所安全运行的决定条件之一。

1. 直流系统接地故障的分析

直流系统分布范围广、外露部分多、电缆多，且较长，所以很容易受尘土、潮气的腐蚀，使某些绝缘薄弱元件绝缘降低，甚至绝缘破坏，造成直流接地。直流接地的原因有如下几个方面：

(1)二次回路绝缘材料不合格、绝缘性能低，或年久失修、严重老化。或存在某些损伤缺陷，如磨伤、砸伤、压伤、扭伤或过流引起的烧伤等；

(2)二次回路及设备严重污秽和受潮、接地盒进水，使直流对地绝缘严重下降；

(3)小动物爬入或小金属零件掉落在元件上造成直流接地故障，如老鼠、蜈蚣等小动物爬入带电回路，某些元件的线头、未使用的螺丝、垫圈等零件掉落在带电回路上。

2. 直流系统接地故障的危害

直流接地故障中，危害较大的是两点接地，可能造成严重后果。直流系统发生两点接地故障，便可能构成接地短路，造成继电保护、信号、自动装置误动或拒动，或造成直流保险熔断，使保护及自动装置、控制回路失去电源。在复杂的保护回路中同极两点接地，还可能将某些继电器短接，不能动作于跳闸，致使越级跳闸。

3. 直流系统接地故障的处理

直流系统接地故障，不仅对设备不利，而且对整个电力系统的安全构成威胁。因此，规程上规定直流接地达到下述情况时，应停止直流网络上的一切工作，并查找接地点。

(1)直流电源为220 V，接地电压在50 V以上。

(2)直流电源为24 V，接地电压在6 V以上。

查找直流接地故障的一般顺序和方法如下所述：

(1)分清接地故障的极性，分析故障发生的原因。

(2)若站内二次回路有工作，或有设备检修试验，应立即停止，拉开其工作电源，看信号是否消除。

(3)用分网法缩小查找范围，将直流系统分成几个不相联系的部分。注意：不能使保护失去电源，操作电源尽量用蓄电池带。

(4)对于不太重要的直流负荷及不能转移的分路，利用“瞬时停电”的方法，查该分路中所带回路有无接地故障。

(5)对于重要的直流负荷，用转移负荷法，检查该分路所带回路有无接地故障。若查找直流系统接地故障，应随时与调度联系，并由二人及以上配合进行，其中一人操作，一人监护并监视表计指示及信号的变化。

利用瞬时停电的方法选择直流接地时，应按照下列顺序进行：①断开现场临时工作电源；②断合事故照明回路；③断合同期电源；④断合附属设备；⑤断合充电回路；⑥断合合闸回路；⑦断合信号回路；⑧断合操作回路；⑨断合蓄电池回路。

查找接地故障时的注意事项如下所述：

(1)瞬停直流电源时，应经调度同意，时间不应超过 3 s，动作应迅速，防止失去保护电源及带有重合闸电源的时间过长；

(2)为防止误判断，观察接地现象是否消失时，应从信号、光字牌和绝缘监察表计指示情况综合判断；

(3)尽量避免在高峰负荷时进行；

(4)防止人为造成短路或另一点接地，导致误跳闸；

(5)按符合实际的图纸进行，防止拆错端子线头，防止恢复接线时遗留或接错，所拆线头应作好记录和标记；

(6)使用仪表检查时，表计内阻应不低于 2 000 Ω/V；

(7)查找故障，必须由二人及以上进行，防止人身触电，做好安全监护；

(8)防止保护误动作，必要时在顺断操作电源前，解除可能误动的保护，操作电源正常后再投入保护。

若在进行上述各项检查后仍未查出故障点，则应考虑同极性两点接地。当发现接地在某一回路后，有环路的应先解环，再进一步采用取保险及拆端子的办法，直至找到故障点并消除。

4.4.3.3 整流装置异常与事故处理

整流装置输出电压、电流至零，充电装置“告警”灯亮时，应作如下处理：

(1)检查充电装置跳闸原因，通知检修查明原因，恢复运行；

(2)交流电源消失，先切换至另一路电源，再查找原因。

硅整流装置出现下列情况之一者，应停止运行，进行处理：

(1)过电压保护动作；

(2)过电流保护动作；

(3)绝缘损坏或短路；

(4)硅元件损坏或电容器击穿；

(5)保险有短路象征的熔断。

4.4.4 微机监控系统及其他二次系统标准化事故处理卡举例

下面是某水电厂依据《水电厂微机监控系统运行及维护规程》(DL/T 1009—2006)，并结合该厂设备的具体情况制定的微机监控系统上位机与现地 LCU 通信故障处理卡，见表 4-15。

【教学评价】

学生按照规定的步骤，逐一对微机监控系统相关部分进行处理，每进行一个点可获得相应的得分;现场处理时,若有违反安全规程,则该内容记0分。微机监控系统上位机与现地LCU通信故障处理考核表见表4-16。

表4-15 微机监控系统上位机与现地LCU通信故障处理卡

作业步骤	作业内容	作业标准(或要求)	作业危险点
1	确认上位机与现地LCU通信故障	数据不刷新	误判断
2	检查从网是否正常投入	从网应投入	从网未投入、上位机与现地LCU失去联系
3	双网均故障处理	控制权打在“现地”	控制权操作把手失灵
4	判断故障点	根据交换机工作指示灯运行状况判断	误判断故障点
5	作好记录,并通知检修人员	需检修,则报上级通知检修,记录准确清晰	漏报、误报、记录不准确
6	对照工具、材料卡,清点工器具	现场无遗留工具,工器具定点回放	工具、材料遗留在现场

表4-16 微机监控系统上位机与现地LCU通信故障处理考核表

作业步骤	作业内容	作业标准(或要求)	(处理点数)满分	得分
1	确认上位机与现地LCU通信故障	数据不刷新	(1)2	
2	检查从网是否正常投入	从网应投入	(1)2	
3	双网均故障处理	控制权打在“现地”	(1)2	
4	判断故障点	根据交换机工作指示灯运行状况判断	(1)2	
5	作好记录,并通知检修人员	需检修,则报上级通知检修,记录准确清晰	(2)4	
6	对照工具、材料卡,清点工器具	现场无遗留工具,工器具定点回放	(1)2	
7	相关知识	口试或笔试	40	
(总点数)总分			(7)54	

注:百分制得分=(评价表得分/评价表总分)×100。

拓展知识——设备的验收与试运行

为保证发电厂、变电站电气设备安装施工和检修质量，确保发、变电设备安全运行，必须按照《电气装置安装工程施工及验收规范》、《电气装置安装工程电气设备交接试验标准》的要求进行验收。验收分为新安装工程验收和检修后验收。对电气设备的验收有以下规定：

(1)凡是新建、扩建、大小修、预试的一、二次设备，必须符合颁布的有关规程和技术标准，验收合格、手续完备后方能投入运行。

(2)设备的安装或检修，在施工过程中需要中间验收时，变电站(发电厂)负责人应指定专人配合进行，对其隐蔽部分，施工单位应作好记录，中间验收项目应由变电站(发电厂)负责人与施工单位共同商定。

(3)在大小修、预试、继电保护、仪表检验后，由有关修试人员将有关情况记入记录簿中，并注明是否可以投入运行，无疑问后方可办理完工手续。

(4)当验收的设备个别项目未达到验收标准，而系统又急需投入运行时，需经主管局总工程师批准，方可投入运行。

为保证检修质量，设备检修竣工后，应进行整体验收，具体如下：

(1)工艺比较简单的检修工序，一般由施工人员自检，然后由班组长检查验收。

(2)重要工序根据工艺的复杂性和部件的重要性，分别由班长、专业人员或检修负责人进行验收。

(3)有关技术监督的验收项目，如绝缘、测量仪表等，分别由专业人员参加验收。

检修验收时，工作负责人应向验收人报告以下内容：

(1)检修工作计划的执行情况。

(2)组织措施、安全措施、技术措施的执行情况。

(3)设备原有缺陷消除情况以及检修过程中发现的新缺陷的消除情况。

(4)反事故措施、技术改进措施的完成情况。

(5)各分段验收情况。

(6)检修现场的整洁情况。

(7)尚存在的问题及投入运行操作的注意事项。

(8)有关技术资料的整理和填写的记录情况。

运行人员主要是做检查性验收，即从运行角度出发，做投运前的检查工作，包括拆除安全措施、场地清扫等。

Ⅰ 水轮发电机组的试运行

当机组安装工作基本完成后,或大修机组完工经检验合格后,对机组进行一次综合性的启动运行试验,称为机组启动试运行,目的如下:

(1)参照设计、施工、安装等有关规范、规程及有关技术文件的规定,结合本电厂的具体情况,对整个水电厂建筑和安装工作进行全面的、系统的、整体的质量检查和鉴定,以检验土建工程施工质量及机电设备的制造与安装质量是否符合设计要求和有关规范、规程的规定。

(2)通过启动试运行,了解机电设备的安装质量,掌握机电设备的运行性能,测定运行中必要的技术数据并绘制一些设备特性曲线,作为正式运行的基本依据之一,为电厂编制运行规程,准备技术资料。

(3)通过试运行前后的检查,及时发现遗漏或尚未完工的工作以及工程和设备存在的缺陷,并及时处理,避免发生事故,保证建筑物和设备能安全、可靠地投入运行。

(4)根据订货合同,有些电厂进行机组的效率试验和稳定性试验,以验证厂家保证值,作为电厂运行调度的依据。

一、水轮发电机组试运行前的检查

(一)过水系统检查

从进水口开始,对闸门、拦污栅、压力钢管、转轮室、蜗壳、尾水管等过水系统作全面检查,应满足要求。

(二)水轮机检查

水轮机各部件、各机构、各表计经检验全部合格。

(三)调速器及其设备检查

调速器各部件、各机构、各表计经检验全部合格。

(四)发电机检查

(1)发电机整机已安装(检修)完成,检验合格,记录完整。发电机内部已彻底清扫,定子、转子空隙内无任何杂物。

(2)推力轴承的高压起顶装置已调试合格,压力继电器工作正常,单向阀及管道阀门都无渗油现象。

(3)导轴承及推力轴承油位正常,测温装置及冷却水压已调试,整定值符合设计要求。

(4)发电机风罩内所有管路阀门、接头、电磁阀、变送器都已检验合格,处于正常工作状态。

(5)发电机内灭火水管、水喷雾灭火喷嘴均已检查合格。管路及喷嘴经手动操作,动作正确,压缩空气畅通无阻。

(6)发电机制动系统已检验,调试合格,手动与自动工作正常。

(7)发电机转子集电环、碳刷架已检验,并经调试合格。

(8)发电机的风罩内所有电缆、导线、辅助线、端子板均已检查,正确无误。

(9)发电机的空气冷却器已检验合格,水路畅通无阻,阀门无渗漏水现象。

(10)测量工作状态的各种表计、振动和摆度的传感器均已调试、整定合格。

二、机组充水试验

机组充水试验包括以下步骤:

(1)试验条件已具备;

(2)钢管充水;

(3)蜗壳充水。

通过机组充水试验,检验有无渗漏水现象,各机构、各阀门、各表计等是否正常。

三、水轮发电机组空载试运行

水轮发电机组空载试运行包括以下步骤(限于篇幅,本书仅介绍发电机的试运行方法):

(1)启动前的准备。

(2)首次手动启动试验。

(3)机组空转运行时调速系统的调整。

(4)首次启动后的停机及检查。

(5)过速试验与检查。

(6)自动启动和停机试验。

(7)水轮发电机组升压试验。

①发电机升压试验应具备以下条件:

ⅰ.发电机定子绝缘电阻及吸收比合格,并按规范要求,耐压试验合格。

ⅱ.发电机保护系统投入,励磁及其调节回路电源投入,辅助设备及信号回路电源投入。

ⅲ.发电机振动、摆度等监察系统投入。

②电压升至50%额定电压后的检查。自动开机回路各部分应正常。测量发电机电流互感器二次侧残压,并检查其对称性。如无异常,可手动升至50%额定电压值,并检查下列各项:

ⅰ.发电机引出母线与断路器及分支回路设备工作情况是否正常。

ⅱ.运行中机组振动和摆度情况。

ⅲ.电压回路二次侧相序、相位与电压是否正常。

如上述情况正常,继续升压至发电机额定电压。

③发电机升压过程检查。发电机在升压过程中,应检查低压继电器、过电压继电器工作情况。

④发电机空载特性曲线绘制。发电机空载特性曲线指发电机电压和励磁电流上升、下降关系曲线。当发电机励磁电流升至额定值时,测量发电机的最高电压。

⑤灭磁检查。分别在50%、100%额定电压条件下跳灭磁开关,检查消弧情况,绘制

示波图,并求取灭磁时间常数。

(8)发电机空载条件下,励磁调节器的调整试验。

①具有起励装置的晶闸管励磁调节器的起励工作,应正常可靠。

②检查励磁调节系统的电压调整范围,应符合设计要求。自动励磁调节器应能在发电机空载额定电压的70%~110%范围内稳定调节。

③在发电机空载额定转速下,手动控制单元调节的范围:下限不得高于发电机空载励磁电压的20%;上限不得低于发电机额定励磁电压的110%。

④测量励磁调节器开环放大倍数。

⑤在等值负载情况下,录制和观察励磁调节器的各种特性。对于晶闸管励磁系统,还应在额定励磁电流情况下,检查功率整流桥的均流与均压系数。功率整流桥设有串联元件均压措施,以及并联支路和整流柜之间的均流措施,均压系数不应低于0.9,均流系数不应低于0.85。

⑥应检查在发电机空载状态下,励磁调节器的投入、上下限的调节、手自动的切换工作情况。并检查励磁调节器开、停机等情况下的稳定和超调量,即在发电机空载、转速在额定转速的0.95~1.0范围内,突然投入励磁使发电机各电气量从零升至额定值时,超调量不大于额定值的10%,振荡次数不超过2次,调节时间不大于5 s。

⑦带自动励磁调节器的发电机电压—频率特性试验,应在发电机空载状态下,改变发电机的转速,测量端电压的变化值,绘制发电机电压—频率关系曲线。自动励磁系统应保证频率值每变化1%,发电机电压变化值不大于额定值的±0.25%。

⑧晶闸管励磁调节器应进行低励磁、过励磁、断线、过电压、均流等保护的调整及模拟动作试验,其动作应正确。

⑨对于采用三相全控整流桥的静止励磁装置,还应进行逆变灭磁试验。

四、机组对主变压器及高压配电装置试验和主变冲击合闸试验

(一)机组对主变压器及高压配电装置短路升流试验

1. 试验前检查

(1)发电机侧电压设备(发电机断路器、隔离开关)及有关高压设备均已试验合格,具备投入运行条件。

(2)主变压器经试验验收合格,油位正常,分接头开关正常。

(3)高压配电装置经试验验收合格。

(4)主变压器高压侧或高压配电装置在适当位置,已装设可靠的三相短路点。

(5)投入发电机继电保护、自动装置和主变压器控制及信号回路。

2. 短路升流试验

(1)开机后递升加电流,检查各电流回路的通流情况和表计指示,并绘制主变压器、母线差动保护和线路保护的电流向量图。

(2)投入主变压器继电保护装置。

(二)机组对主变压器及高压设备递升加压试验

(1)拆除主变压器及高压配电装置各短路点的短路线。

(2)手动递升加压,分别在发电机额定电压值的25%、50%、75%、100%等情况下检查一次设备工作情况。

(3)检查电压回路和同期回路的电压、相序和相位是否正确。

(三)电力系统对主变压器冲击合闸试验

(1)发电机侧的断路器及隔离开关均已断开,必要时可拆除主变压器低压侧母线连接端子的接头。

(2)投入主变压器中性点接地开关。

(3)投入主变压器继电保护及冷却系统的控制、保护及信号。

(4)合上主变高压侧断路器,使电力系统对主变压器冲击合闸5次,每次间隔10 min。检查变压器有无异状,并检查主变压器差动保护及瓦斯保护动作情况。

(5)有条件时,绘制主变压器冲击时激磁涌流示波图。

五、水轮发电机组并列及带负荷试验

(一)水轮发电机组空载并列试验

(1)检查同期回路的正确性。

(2)以手动和自动准同期方式进行并列试验。在正式并列试验前,应先断开相应的隔离开关,进行模拟并列试验,以确定同期装置的正确性。

(3)正式进行手动和自动准同期并列试验。绘制电压、频率和同期时间的示波图。

(二)水轮发电机组带负荷试验

1. 水轮发电机组的带负荷试验

操作调速器的转速调整或功率给定使有功负荷逐步增加,并观察各仪表指示及各部位运行情况和各负荷下尾水补气装置的工作情况;观察机组在加负荷时有无振动区,测量摆度与振动值,必要时进行补气试验。

2. 水轮发电机组带负荷下励磁调节器试验

(1)在发电机有功功率分别为0、50%、100%额定值下按设计要求调整发电机无功功率从零到额定值。调节应平稳,无跳动。

(2)有条件时,可测定并计算水轮发电机组的端电压调差率、调差特性等,应具有较好的线性,符合设计要求。

(3)有条件时,可测定并计算水轮发电机组的端电压静调差率,其值符合设计要求。当无设计规定时,对半导体型不应大于0.2%~1%;对电磁型不应大于1.0%~3.0%。

(4)对晶闸管励磁调节器,应分别进行各种限制器及保护的试验和鉴定。

3. 机组突变负荷试验

根据现象情况,使机组突变负荷变化量不大于额定负荷的25%,应自动记录机组转速、蜗壳水压、尾水管压力脉动、接力器行程和功率变化过程,并选择各负荷工况下的调速器的最优调节参数。

六、水轮发电机组甩负荷试验

(一)甩负荷试验应具备的条件

(1)将调速器的参数选择在空载确定的最佳值。

(2)调整好测量机组振动、摆度、蜗壳压力、机组转速(频率)和接力器行程等电量和非电量的监测仪表。

(3)所有继电保护及自动装置均已投入。

(4)自动调节励磁已选择在最佳值。

(二)机组甩负荷试验

甩负荷试验应在额定负荷的25%、50%、75%和100%下分别进行,并记录有关数据。同时应绘制各种参数变化曲线。

当电站受运行水头和电力系统条件限制时,若机组不可能带额定负荷或甩额定负荷,则可按当时条件在尽可能大的负荷下进行甩负荷试验。

(三)自动励磁调节器的稳定性和超调量检查

当发电机甩100%额定负荷时,发电机电压超调量不应大于额定电压的15%~20%,振荡次数不超过3~5次,调节时间不大于5 s。

(四)水轮机调速系统调节性能检查

校核导叶接力器紧急关闭时间、蜗壳水压上升率和机组转速上升率等,均应符合设计规定。

(五)调速器动态品质检查

考核机组甩负荷时,调速器的动态品质应达到如下要求:

(1)机组甩100%额定负荷后,在转速变化过程中稳态转速3%以上,波峰不应超过2次。

(2)机组甩100%额定负荷后,从接力器第一次向关闭方向移动起到机组转速摆动值不超过±0.5%为止,所经历时间不应大于40 s。

(3)接力器不动时间,对于电液调速器不大于0.4 s,对于机械调速器不大于0.5 s。

(六)转桨式水轮机甩负荷后检查

对于转桨式水轮机,甩负荷后应检查调速系统的协联关系和分段关闭的正确性,以及突然甩负荷引起的抬机情况。

七、水轮发电机组连续带负荷运行

(1)完成以上试验内容经验证合格后,机组已具备并入电力系统带额定负荷连续运行条件。连续试运行时间,对新投产机组为72 h;对大修机组为24 h。

若由于水库未达设计水位等外部特殊原因使机组不能达到额定出力,可根据具体情况确定机组应带最大负荷值。

(2)根据正式运行值班制,全面记录运行有关参数。

(3)在连续运行中,由于机组及附属设备的制造和安装质量原因引起的运行中断,经检查、处理合格后重新开始连续试运行,中断前的运行时间不得累加计算。

(4)连续试运行后,应停机检查并将蜗壳钢管的水排空,检查机组流道部分及水工建筑物排水系统情况,处理连续试运行中发现的所有缺陷。

(5)新投产机组 72 h 试运行,并经停机处理发现所有缺陷后,即可开始为期一年的试生产。试生产由电站建设单位委托生产单位进行。生产期满后,方可办正式移交。通过国际招标引进的进口机组,在连续 72 h 试运行后还应投入一般为 30 d 的商业运行。

Ⅱ　变压器竣工验收与试运行

一、新安装或大修后的变压器投运前的验收

(一)大修后变压器的验收项目

(1)变压器本体无缺陷,外表整洁,无严重漏油和油漆脱落现象。

(2)变压器绝缘试验应合格,无遗漏试验项目。

(3)各部油位应正常,各阀门的开闭位置应正确,油的性能试验、色谱分析和绝缘强度试验应合格。

(4)变压器外壳应有良好的接地装置,接地电阻应合格。

(5)各侧分接开关应符合电网运行要求,有载调压装置、电动手动操作均正常,指针和实际位置相符。

(6)基础牢固,轱辘应有可靠制动装置。

(7)保护测量信号及控制回路的接线应正确,各种保护均应实现传动试验,动作应正确,定值应符合电网运行要求,保护连接片在投入运行位置。

(8)冷却风扇通电试运行良好,风扇自启动装置定值应正确,并进行实际传动。

(9)呼吸器应有合格的干燥剂,检查应无堵塞现象。

(10)主变压器引线对地和线间距离合格,各部导线触点应紧固良好,并贴有示温蜡片。

(11)变压器防雷保护应符合规程要求。

(12)防爆管内无存油,玻璃应完整,其呼吸小孔螺丝位置应正确。

(13)变压器的安装坡度应合格。

(14)检查变压器的相位和接线组别应能满足电网运行要求,当变压器的二、三次侧有可能和其他电源并列运行时,应进行核相工作,相位漆应标示正确、明显。

(15)温度表及测温回路完整良好。

(16)套管油封的放油小阀门和瓦斯放气阀门应无堵塞现象。

(17)变压器上应无遗留物,临近的临时设施应拆除,永久设施布置完毕后应清扫现场。

新安装的变压器,除按大修验收的内容进行验收外,还应审查以下内容:

(1)变压器制造厂试验记录。

(2)变压器制造厂铭牌和技术规范的附件。

(3)变压器吊芯(或进入油箱内)检查报告。

(4)如进行过干燥,应审查干燥过程及干燥记录。

(5)交接试验及测量记录。

(6)冷却系统管路连接图。

(二)有载调压变压器的调压装置验收项目

(1)有载调压装置的储油柜油位应正常,外部各密封处应无渗漏,控制箱防尘应良好。

(2)检查有载调压机械传动装置,用手摇操作一个循环,位置指示及动作计数器应正确动作,极限位置的机械闭锁应可靠动作,手摇与电动控制的联锁也应正常。

(3)有载调压装置电动控制回路各接线端子应接触良好,保护电动机用的熔断器的额定电流与电动机容量应配合,在主控室电动操作一个循环,行程指示灯、位置指示盘、动作计数器指示应正确无误,极限位置的电气闭锁应可靠,紧急停止按钮应好用。

(4)有载调压装置的瓦斯保护应接入跳闸。

二、变压器的试运行

(一)试运行的准备工作

(1)安装收尾工作达标、交接验收合格后,再一次对变压器本体工作状态复查完毕,没有发现安装缺陷,或在全部处理完安装缺陷后方可进行试运行。

(2)试运行前对电网保护装置通过试验和整定合格,如确定好变压器试运行引接电源方案,采取了相应的继电保护措施,对电网及变压器自身的保护、控制与闭锁装置进行试验,各动作准确、可靠,方可进行试运行。

(二)变压器的试运行

安装后的变压器试运行通常是在其工作的电网内进行的,不单独引入另外电网作电源。试运行的顺序应先做空载试运行,再做带负载试运行。具体步骤如下:

(1)电源引接。试运行的电源可以从变压器的任一侧绕组引接,但电源侧应有完善的保护措施,以便在发生故障时,能把电源与变压器迅速断开。

(2)不同电压等级变压器试运行。

①电压为10~35 kV的变压器空载运行时,由于其所带母线的三相对地电容不相等,会产生中性点位移,使三相电压不平衡,甚至引起接地保护动作,发出音响信号。应了解这不是故障,一旦变压器正式带负载运行,此种现象将消失。

②220 kV及以上的变压器在高压电网下试运行,如果电压互感器绕组的电感阻抗甚大,大于母线对地的电容阻抗,引起空载变压器的中性点位移较大,有可能产生较高的谐振过电压,所以试运行时,要特别注意这一点,应做好预防工作。

③对于强风或强油循环冷却的变压器,要检测空载下的温升。具体的做法是:不开启冷却装置,使变压器空载运行12~24 h,记录环境气温与变压器上部油温;当油温升至75℃时,启动1~2组冷却器进行散热,继续测量、记录油温,直到油温稳定。

(3)负载试运行。空载试运行无问题后,可转入负载试运行。负载试运行的做法如下:

①负载的加入要逐步增加,一般从25%负载开始投运,接着增加到50%~75%,最后

满负载试运行。

②在带负载运行中，随着变压器温度的升高，应陆续启动一定数量的冷却器。

③带负载试运行的时间，当达到满负载后，运行 2 h 即可。

④在带负载试运行中，尤其满负载试运行中，若检查变压器本体及各组、附件均正常，可结束带负载试运行工作。

三、变压器试运行过程的检验项目

(一)相位检定

变压器试运行前，应检查其相位是否与电网相位一致，尤其对两台并列运行的变压器，安装后更应仔细检定相位。把相位不同的变压器连接在一起，将造成相间短路。

(二)空载冲击合闸与分闸试验

通过这项试验，考核安装好的新变压器或大修好的变压器，能否承受住过电流的电动应力作用而无损伤，还考核其受过电压作用后，绝缘强度是否受损伤，以及通过该试验对继电保护进行一次验证。

(三)冷却装置的运行方式试验

这个试验主要是校核冷却器制造厂对空载下启动冷却器的规定是否符合实际；其次确定变压器在各种负载范围内应当投入的冷却器组数，作为今后正式运行的依据。

(四)气体继电器的报气检验

安装后的变压器在试运行中，气体继电器常会动作，其原因有两方面：

(1)在安装过程中，油箱、储油柜、分接开关、吸湿器及气体继电器在注油排气过程中，空气未排彻底，故油箱内部与绝缘油中有空气存在，如属这方面，可打开气体继电器的排气阀门，进行放气。

(2)如放气后仍未好转，气体继电器仍动作频繁，则需把积聚在气体继电器内的气体收集起来进行化验。当气体无色且不可燃，说明是空气未排尽，继续排气即可；如收集的气体有色，且可燃，说明变压器在试运行中可能发生新的故障，或变压器出厂后就有故障隐患，在安装前后的检测未发觉，在试运行中暴露出来了。此时，应取油样进行气相色谱分析，根据化验结果，判定故障类别及排除故障。

(五)变压器试运行中应检查及试验的项目

(1)变压器与发电机单元连接时，在第一次投入时，一般应从零开始逐渐升压，其他变压器均以全电压冲击合闸(在中性点直接接地系统中的变压器冲击合闸时，中性点必须接地)。

(2)第一次带电后，运行时间不应少于 10 min，以便倾听变压器内部有无不正常杂音。

(3)变压器通常应从装有过电流保护装置的电源侧投入，使变压器遇到故障时能可靠跳闸。

(4)新变压器应进行全电压冲击合闸，应无异常情况，特别是应保证在冲击时不致因励磁涌流引起保护装置的误动作。

(5)必要时应进行变压器的并列操作，并列前应先定相。

(6)分析、比较试运行前后变压器油的色谱数据,应无明显变化。

在变压器开始带电并带一定负荷运行的24 h所经历的全部过程都属于启动试运行期间,在此期间运行人员应对变压器加强巡视检查,试运行24 h结束后由安装部门向运行单位正式移交。

Ⅲ 电气设备的竣工验收与试运行

一、竣工验收

(一)新安装或大修后的断路器的验收

1. 新安装断路器的验收项目

(1)审核断路器的调试记录。

(2)检查断路器的外观,包括油位及密封情况、瓷质部分,接地应完好,各部分无渗漏油等。

(3)机构的二次线接头应紧固,接线正确,绝缘良好;接触器无卡涩,基础良好;辅助断路器打开距离合适,动作接触无问题。

(4)液压机构应无渗漏油现象,各管路接头均紧固,各微动断路器动作正确,预充压力符合标准。

(5)手动合闸不卡劲、抗劲,电动分合动作正确,保护信号灯指示正确。

(6)记录验收中发现的问题及缺陷,并上报有关部门。

2. 检修后断路器的验收项目

(1)断路器各侧引线无松股、断股现象,接线柱头接触良好,螺丝应紧固。

(2)防雨罩完好,相色标志清晰。

(3)断路器法兰、底架等金属部分油漆良好,无严重锈蚀。

(4)断路器及液压传动机构应无渗漏油现象,油位应正常;六氟化硫断路器压力正常,无泄漏。真空断路器真空度合格。

(5)断路器及操动机构的联动应正常,无卡涩现象,分合闸指示正确,远方操作及现场手动分合闸应正常。

(6)辅助接点动作可靠,铁芯接触良好。

(7)合闸电磁铁动作可靠,铁芯在任意转动位置下应灵活无卡涩,铁芯上不沾油渍。电动机转向正确,传动部分固定螺栓紧固,开口销齐全。

(8)分、合闸电压满足规程要求。

(9)断路器及其机构无异物,机构箱、端子箱密封良好,现场清洁无杂物。

(10)接地部分接地良好,防误装置应完好。

(11)各项检修试验数据全部合格,试验项目、周期、标准记录齐全,有可投运的结论。

3. 断路器大修后应进行的试验项目

(1)行程及同期试验。

(2)低电压合闸试验,具体试验项目如下:①分合闸时间;②分合闸速度;③测量绝缘电阻；④测量接触电阻；⑤少油断路器的泄漏试验；⑥交流耐压；⑦绝缘油试验；⑧操作试验。

（二）隔离开关、负荷开关检修后的验收

（1）一次引线接线相位正确，导线无松股、断股现象，相间和对地距离应符合要求，连接柱头接触良好，螺栓紧固，转动部分灵活，无卡阻现象。

（2）绝缘子清洁，无裂纹，接地部分接地良好。

（3）机械闭锁和电气闭锁试验正常，防误闭锁完好。

（4）辅助触点接触良好，接线正确，密封良好。

（5）合闸时三相同步，分闸时触头打开角度或距离应符合要求。

（6）操动机构、传动机构开口销应完好，螺栓紧固，油漆完好，相色标志清晰、正确。

（7）设备上无遗留物，场地清洁。

（8）各项检修试验数据合格，试验项目、周期、标准记录齐全，有可投运的结论。

（三）新安装或检修后互感器的验收

1.新安装互感器的验收

（1）技术资料齐全。

（2）根据《电气装置安装工程电气设备交接试验标准》的规定，试验合格。

（3）充油式互感器的外壳清洁，油色、油位均正常，无渗漏现象。

（4）瓷套管清洁完好，无裂纹。

（5）一、二次接线正确，引线接头接触良好。

（6）外壳接地良好，相位色正确、醒目。

2.检修后互感器的验收

（1）互感器一次引线螺栓紧固，接触良好，导线无松股现象。

（2）瓷套管表面清洁，无裂纹，无渗漏油。

（3）三相油位表油位指示正确，无裂纹，无渗漏油。

（4）二次小套管无裂纹，无渗漏油，二次接地良好。

（5）防潮用的硅胶颜色正常，阀门开启。

（6）互感器外壳接地良好。

（7）高低压熔断器接触良好。

（8）端子箱中编号清晰，接线正确，门密封良好，无渗漏水现象。

（9）互感器外部无遗留物，周围场地应清洁。

（10）各项检修、试验数据合格，试验项目、周期、标准记录齐全，有可投运的结论。

（四）母线的验收

1.新安装母线的验收

（1）金属构件加工、配制、螺栓连接等应符合国家现行标准的有关规定。

（2）所有螺栓、垫圈、闭口销、锁紧销、弹簧垫圈、锁紧螺母应齐全可靠。

（3）母线配制安装架设应符合设计规定，且连接正确，螺栓紧固，接触可靠。相间及对地距离应符合要求。

（4）瓷件应完整、清洁，铁件和瓷件胶合处应完整无损，充油套管应无渗漏油，油位正常。

(5)油漆完好,相色标示正确,接地良好。

2. 检修后母线的验收

(1)软母线无松股、断股现象,母线相间及对地电气距离符合要求,硬母线接头接触良好,螺栓紧固,相色明显。

(2)母线绝缘子、球头、金具不锈蚀,开口销等零部件齐全可靠,油漆完好。

(3)母线绝缘子和支持瓷板表面清洁,无裂纹、放电痕迹。

(4)瓷瓶地脚接地应可靠。

(5)母线上无遗留物,现场清洁。

(6)各项检修、试验数据合格,试验项目、周期、标准记录齐全,有可投运的结论。

(五)避雷器检修或试验后的验收

(1)一次引线无松股、断股现象,恢复接线正确,柱头螺栓应紧固。

(2)避雷器表面清洁,无裂纹、放电痕迹。

(3)法兰间连接紧固、密封,不锈蚀,油漆完好,相色标志清晰正确。

(4)放电记录器密封良好,引线不碰地。

(5)试验引线拆除,无遗留物;常规遮栏恢复。

(6)各项检修试验数据合格,试验项目、周期、标准记录齐全,有可投运的结论。

(六)新安装电容器的验收

(1)电容器外部检查完好,试验合格。

(2)电容器接线正确,安装合格。

(3)各部分连接牢固可靠,不与地绝缘的每个电容器外壳及构架均已可靠接地。

(4)放电变压器容量符合要求,使用合格,各部件完好。

(5)电容器保护及监视回路完整并经传动试验良好。

(6)电抗器、避雷器完好,试验合格。

(7)电容器符合要求,经投切试验合格,并且投入前应在断开位置。

(8)接地隔离开关均在断开位置。

(9)室内通风良好,电缆沟有防小动物措施。

(10)电容器设有储油池和灭火设施。

(11)五防联锁安装齐全、可靠。

二、试运行

(一)正式送电的条件

(1)送电线路安装完毕且空载运行正常;送电线路与站内进户点的接线已完成,且接头合格;双回路送电线路的相序已核定且应正确。

(2)站内通信线路及设备已安装完毕且已通话运行。站内一般应有市区网内直拨电话、直通上一级调度的电话,除市区电话外均应为录音电话。

(3)站内其他设施的安装已完毕,且试验正常。站内电气系统已全部安装完毕,系统试验及调试正常,且已经零起升压送电试验正常。

(4)消防设施及装置已配备，且试验、消防功能正常。

(5)主管部门电气总工程师、建设单位项目负责人及有关技术人员对站内电气系统及其他设施进行了送电前的检查和必要的测试，所有不妥之处已修复。

(6)编制送电方案并确定项目的操作、监视、记录及负责人，送电指挥人员已向所有参与送电的人员进行了技术交底及安全交底。

(7)所有安全用具、防护用品、交通工具、步话机及医护设施已准备齐全，并经试验检查合格。

(8)仪器、仪表齐备且检定试验合格。

(9)从系统调试开始，昼夜24 h值班，监护人员认真负责，未发生任何意外或人为事故，除调试人员外，闲人一律禁止进入现场。

(二)正式送电的时间及程序安排

(1)正式送电的时间最好安排在晴朗无风的天气。凡不能按时进行的，最好在正式送电前，再进行一次倒送电试验，做到有备无患，万无一失。

(2)正式送电的程序安排：

①先母线后变压器回路。

②先站用变压器，后主变压器。

③先变压器高压侧，后变压器低压侧。

④先单台运行，后并列运行。

⑤闭合回路时，先合隔离开关，后合断路器或负荷开关；断开回路时，先分断断路器或负荷开关，后分断隔离开关。

⑥操作时，先发布命令后进行操作；先检查并复诵命令及操作规程，后进行操作，且监护及操作同步。

⑦接入变压器回路时，先投高压、后投低压；切除变压器回路时，先断低压、后断高压。

⑧送出回路时，先投入负荷小的回路，后投入负荷大的回路。

⑨变压器投入后，先空载运行并测试电流，测听声响及检查油路，一切正常后，再投入负载运行。

(三)正式送电的组织

正式送电前组织严密，分工明确，责任到人，认真负责，一丝不苟。

(1)总指挥。负责送电全部工作，编制送电试运行方案，人员分工安排，技术及安全交底，发布送电命令，处理事故及技术难题，编制送电申请报告，审核调试及试验记录，与有关部门联系并统筹送电有关事宜，协调有关部门的工作及关系等。

(2)副总指挥(兼总工程师或技术负责人)。协助总指挥工作，主要负责送电的技术工作，必要时接替总指挥的工作。

(3)操作员。一般设2人，执行总指挥或副总指挥的命令，进行合闸操作或倒闸操作，严格执行操作规程，熟悉系统回路及安全用具的使用，能处理意外事故。

(4)监护员。一般设2人，执行总指挥或副总指挥命令，监护操作员的操作动作，杜绝误操作及触电事故发生。复核操作员复诵命令及操作规程，熟悉系统回路及安全用具的使用，配合操作员处理事故。

(5)记录员。按照顺序记录送电的命令、执行情况、开关分合及倒闸后系统运行情况及送电时发生的一切情况,熟悉系统回路及二次继电保护装置,能处理紧急事故。

(6)检修人员。负责系统各部门及回路送电前后的检查、巡视及运行情况,并及时向指挥人员、操作人员汇报,能果断处理事故,熟悉系统回路及其安装调试状况,同时按时抄录仪表数值。每投入一个回路或项目,巡视员便立即进入巡视。

巡视员应分段负责,如母线、变压器、隔离开关及断路器、10 kV 开关柜、计量仪表及保护装置、低压系统、电缆头进户端等。

(7)安全员。一般为 1 ~ 2 人,应由技术高超的有威信的工人担任,负责整个送电及试运行的安全工作。熟悉安全操作规程,掌握安全用具及防护用品的使用、保管、校验,监督所有人员的命令、操作程序及运用、工作状况,有权制止任何人违反操作规程或安全规程的行为,杜绝事故发生,能果断处理意外事故,熟悉系统部位,制订送电方案中的安全要求及注意事项。

(8)医生。抢救受伤人员,熟练掌握人工呼吸、触电急救、烧伤处理等急救手术及方法,并能按国家劳动保护法规制订防护措施及各类用品的发放计划,熟悉掌握急救药物的服用。

(9)消防员。若干人,熟悉掌握电气消防技术及消防用具的使用,果断处理火灾事故的发生。

(10)警卫员。负责电站的保卫工作。

(四)送电试运行方案的内容

(1)送电试运行的操作程序及安全操作规程。

(2)组织及人员安排。

(3)事故处理方法。

(4)注意事项。

(5)安全要求。

(6)其他需要说明的特殊事宜等。

(五)正式送电前的检查

电气工程在送电试运行前,应进行送电前的最后一次检查,确认其符合运行条件时,方可投入送电运行。检查应在送电前一刻进行,一般不得间隔,如有间隔,必须安排电气人员 2 人以上监护值班,不得有误,以防不测。检查应由工程师或技师负责。必要时应有建设单位、设计单位、供电部门、生产厂家的技术人员参加。

Ⅳ 二次系统的验收

新设备验收时,应具备装置的原理图及与之相符合的二次回路安装图,电缆敷设图,电缆编号图,断路器操动机构二次回路图,电流、电压互感器端子箱图及二次回路分线箱图等。同时还要有完整的成套保护、自动装置的技术说明书,开关操动机构说明书,电流、电压互感器出厂试验书等。

一、二次回路及有关设备的检查

(1)检查外观应完好无损;

(2)检查铭牌、规范、型号、级别等应正确无误;

(3)设备、元件的安装位置应核对无差错;

(4)仪表、继电器等已校验;

(5)检查设备、元件等是否安装牢固(尤其是可动部件),在振动场所应检查有无防振措施,设备间相互连接时应检查有无外应力;

(6)检查控制按钮、控制开关等接点及其连接是否与设计要求一致,检查辅助开关接点的转换是否与一次设备或机械部件的动作相对应;

(7)检查信号灯、光字牌的灯具与灯泡是否齐全,灯罩颜色是否合适,光字牌的字是否正确清晰;

(8)检查熔断器熔丝的选用是否适当;

(9)检查端子排上的各种标号是否齐全、正确;

(10)检查盘前标签、盘后标号和设备代号等是否齐全、正确;

(11)检查盒内配线是否已绑扎、固定好,不用的线头是否已包扎起来,以防发生意外;

(12)检查控制电缆编号是否正确,固定是否牢靠,备用线芯是否整齐地排放在线束内;

(13)在室外、潮湿、污秽场所,还应检查其防雨、防污、防尘、防腐蚀等措施是否符合要求;

(14)在可能受到滴油的场所,应检查有无防油措施;

(15)当设备有通风、降温要求时,应检查其所需辅助设备及条件是否已具备。

二、二次回路的绝缘检查

在二次专责人员参与下,进行二次回路的绝缘检查,或查看试验记录确认,或经有关技术主管确认合格。

(1)外观检查所有绝缘部件,如控制电缆芯套管、继电器接线螺杆、导线和控制电缆的绑线绝缘状况。

(2)为确保二次回路正常工作,专责试验人员必须用500 V或1 000 V的兆欧表(48 V及以下回路应使用不超过500 V的兆欧表)按一次设备分单元,对二次回路的绝缘进行测试,绝缘电阻应符合如下要求:①直流小母线绝缘电阻在断开其他所有并联支路时应不小于10 MΩ。②二次回路的每一支路和断路器、隔离开关操动机构电源回路的绝缘电阻,均应不小于1 MΩ;在比较潮湿的地方,允许降低至不小于0.5 MΩ。

(3)测量绝缘电阻符合上述标准后,则用1 000 V的交流电压(可用1 000 V兆欧表)对上述回路进行交流耐压试验,时间为1 min。

三、二次回路通电试验检查

在前面各项检查确认合格后,在检修专责人员的陪同认可下,将发电机、变压器、水轮机、出线回路等各个一次设备保护控制单元逐一分别投入直流电源熔断器，对二次回路通电检查。

（一）闪光装置的检查

闪光装置本体经查线确认无误，绝缘试验合格后，即可送上直流电源，进行检查。按下试验按钮时闪光继电器应有节奏地动作，试验信号灯发闪光。当动作正常后，即可投入。

（二）中央音响信号装置检查

（1）检查预告信号装置。按下预告信号按钮，此时应立即发出音响信号，并自保持；按下预告信号解除按钮，音响应立即消失。当有自动复归装置时，在不解除按钮的情况下应能定时停止音响。

（2）光字牌检查。光字牌试验操作开关转至“试验”位置，光字牌应全部点亮，仔细检查有无不亮的光字牌。如有不亮，应找寻原因，并予以处理。操作开关复归后，光字牌的灯应全灭。

（3）事故信号装置检查。按下事故信号试验按钮，蜂鸣器应发出音响，按下解除按钮后音响应立即停止。断开事故信号回路熔断器（模拟熔断器熔断），预告信号应发出音响，同时“事故信号回路熔断器熔断”光字牌应点亮，合上熔断器，光字牌应自动复归；按下解除按钮，音响消失。

上述试验时如发现问题，应由有关专责人员及时寻找原因并予以处理好。

（三）保护回路的模拟动作检查试验

全电站的设备，包括发电机、主变压器和出线回路等的全套继电保护新安装后或局部检修后，都必须由运行值班人员进行成组保护的模拟动作试验。先检查保护整定值核对正确，一般是由专责人员按二次展开图在屏的端子排上用短接保护的交流继电器触点的办法，启动整个保护装置，检查保护装置动作结果是否正确。

（四）断路器开关跳合检查试验

经现场检查后，在中央控制室用手转动具体那台断路器的控制操作开关，作跳、合检查。有异常时，由有关专责人员及时处理好。

如果是微机监控系统的水电站，则要按照设计图纸要求，对主菜单、子菜单等一一进行切换检查试验。

附　录

附录 1　变电站(发电厂)倒闸操作票

单位：＿＿＿＿＿＿　　　　　　　　　　　编号：＿＿＿＿＿＿

发令人：	受令人：	发令时间：　年　月　日　时　分
操作开始时间：　年　月　日　时　分		操作结束时间：　年　月　日　时　分
(　　　)监护下操作	(　　　)单人操作	(　　　)检修人员操作
操作任务：		

顺序	操作项目	√
1		
2		
3		
4		
5		
6		
7		
8		
9		
10		
11		
12		
13		
14		
15		
16		
17		
18		
19		
20		
备注：		
操作人：	监护人：	值班负责人(值长)：

附录2　变电站(发电厂)第一种工作票

单位:____________　　　　　　　　　　　　　　　编号:____________

1. 工作负责人(监护人)__________________　班组______________________________

2. 工作班人员(不包括工作负责人)____

____共________人

3. 工作的发变电站名称及设备双重名称______________________________________

4. 工作任务

工作地点及设备双重名称	工作内容

5. 计划工作时间:自______年__月__日__时__分至______年__月__日__时__分

6. 安全措施(必要时可附页绘图说明)

应拉断路器(开关)、隔离开关(刀闸)	已拉断路器(开关)、隔离开关(刀闸)
应装接地线、应合接地刀闸 (注明确实地点、名称)	已装接地线、已合接地刀闸 (注明编号、确实地点)
应设遮栏,应挂标示牌及防 止二次回路误碰等措施	已设遮栏,已挂标示牌 及防止二次回路误碰等措施

工作地点保留带电部分和注意事项（由工作签发人填写）	工作地点保留带电部分和补充安全措施（由工作许可人填写）

工作票签发人签名:＿＿＿＿＿＿　签发日期:＿＿＿年＿月＿日＿时＿分

7. 收到工作票时间:＿＿＿年＿月＿日＿时＿分

运行值班人员签名:＿＿＿＿＿＿工作负责人签名:＿＿＿＿＿＿

8. 确认本工作票 1 ~7 项 工作负责人签名:＿＿＿＿＿工作许可人签名:＿＿＿＿

许可开始工作时间:＿＿＿年＿月＿日＿时＿分

9. 确认工作负责人布置的工作任务和本施工项目安全措施

工作班组人员签名:＿＿＿＿＿＿＿＿＿＿＿＿＿＿＿＿＿＿＿＿＿＿＿＿＿＿＿＿＿

＿＿＿＿＿＿＿＿＿＿＿＿＿＿＿＿＿＿＿＿＿＿＿＿＿＿＿＿＿＿＿＿＿＿＿＿＿

＿＿＿＿＿＿＿＿＿＿＿＿＿＿＿＿＿＿＿＿＿＿＿＿＿＿＿＿＿＿＿＿＿＿＿＿

10. 工作负责人变动:接工作票签发人＿＿＿＿＿通知,原工作负责人＿＿＿＿离去,变更＿＿＿＿＿为工作负责人。变动时间＿＿＿年＿月＿日＿时＿分

工作人员变动情况(变动人员姓名、日期及时间):＿＿＿＿＿＿＿＿＿＿＿＿＿＿

＿＿＿＿＿＿＿＿＿＿＿＿＿＿＿＿＿＿＿＿＿＿＿＿＿＿＿＿＿＿

＿＿＿＿＿＿＿＿＿＿＿＿＿＿＿＿＿＿＿＿＿＿＿＿＿工作负责人签名:＿＿＿＿

11. 工作票延期:有效期延长到＿＿＿年＿月＿日＿时＿分

工作负责人签名:＿＿＿＿＿＿＿＿年＿月＿日＿时＿分

工作许可人签名:＿＿＿＿＿＿＿＿年＿月＿日＿时＿分

12. 每日开工和收工时间:＿＿＿＿(使用一天的工作票不必填写),执行《工作票间断记录》簿。

13. 工作终结:全部工作于＿＿＿年＿月＿日＿时＿分结束。设备安全措施已恢复至开工前状态,工作人员已全部撤离,材料工具已清理完毕,工作终结。

工作负责人签名:＿＿＿＿＿工作许可人签名:＿＿＿＿＿

14. 工作票终结:临时遮栏、标示牌已拆除,常设遮栏已恢复。未拆除或未拉开的接地线编号＿＿＿＿＿＿＿＿等共＿＿＿组、接地刀闸(小车)共＿＿＿副(台),已汇报调度值班员。工作许可人签名:＿＿＿＿＿＿＿＿年＿月＿日＿时＿分

15. 备注:

(1)指定专责监护人＿＿＿＿＿＿＿＿＿＿＿＿＿＿＿＿＿＿＿＿＿＿负责监护

＿＿＿＿＿＿＿＿＿＿＿＿＿＿＿＿＿＿＿＿＿＿＿＿＿(地点及具体工作)

(2)其他事项＿＿＿＿＿＿＿＿＿＿＿＿＿＿＿＿＿＿＿＿＿＿＿＿＿＿＿＿＿

＿＿＿＿＿＿＿＿＿＿＿＿＿＿＿＿＿＿＿＿＿＿＿＿＿＿＿＿＿＿＿＿＿＿＿＿＿

16. 工作票检查人:＿＿＿＿＿＿＿＿＿＿＿＿＿＿＿＿＿＿＿＿＿＿＿＿＿＿＿＿

附录 3　变电站(发电厂)第二种工作票

单位:____________　　　　　　　　　　　　　　　　　　编号:____________

1. 工作负责人(监护人)____________　班组______________________________
2. 工作班人员(不包括工作负责人)______________________________
____共________人
3. 工作的发变电站名称及设备双重名称______________________________
4. 工作任务

工作地点及设备双重名称	工作内容

5. 计划工作时间:自_____年__月__日__时__分至_____年__月__日__时__分
6. 工作条件(停电或不停电,或临近及保留带电设备名称)______________________________
____
____
7. 注意事项(安全措施)______________________________
____
____
____
____
____
____
____

工作票签发人签名:____________　签发日期:_____年__月__日__时__分

8. 补充安全措施(工作许可人填写)______________________

____

____

9. 确认本工作票 1 ~8 项

许可开始工作时间:______年__月__日__时__分

工作负责人签名:____________工作许可人签名:____________

10. 确认工作负责人布置的工作任务和安全措施

工作班组人员签名:______________________________

____

____

11. 工作票延期:有效期延长到 ______年__月__日__时__分

工作负责人签名:________ ________年__月__日__时__分

工作许可人签名:________ ________年__月__日__时__分

12. 工作终结

全部工作于 ______年__月__日__时__分结束,工作人员已全部撤离,材料工具已清理完毕。

工作负责人签名:________ ________年__月__日__时__分

工作许可人签名:________ ________年__月__日__时__分

13. 备注:______________________________________

____

____

14. 工作票检查人:________________________________

附录4 事故应急抢修单

单位:____________________ 编号:____________________

1. 抢修工作负责人(监护人)____________________班组____________

2. 抢修班人员(不包括抢修工作负责人)____________________

____共________人

3. 抢修任务(具体地点和内容):____________________

____

4. 安全措施:____________________

____

____

____

____

____

5. 抢修地点保留带电部分或注意事项:____________________

____

____

6. 上述1~5项由抢修工作负责人____________根据抢修任务布置人____________的布置和现场勘察填写。

7. 许可人补充安全措施:____________________

____

____

8. 上述措施已执行,许可抢修时间:______年__月__日__时__分,许可人________

9. 抢修结束汇报:本抢修工作于 ______年__月__日__时__分结束。

抢修设备状况及保留安全措施:____________________

____

____

抢修班人员已全部撤离,材料工具已清理完毕,已向抢修任务布置人汇报,事故应急抢修单已终结。抢修工作负责人__________许可人__________

终结时间 ______年__月__日__时__分

10. 抢修单检查人:____________________

附录 5　水力机械工作票

单位：____________　　　　　　　　　　　　编号：____________

1. 工作负责人（监护人）：______________________班组：______________________

2. 工作班人员（不包括工作负责人）：______________________________________

____共__________人

3. 工作任务：

工作地点及设备双重名称	工作内容

4. 计划工作时间：

自______年____月____日____时____分至________年____月____日____时____分

5. 安全措施（必要时可附页绘图说明）

5.1　检修工作要求工作许可人员执行的安全措施		已执行

5.2　检修工作要求检修人员自行执行的安全措施(由工作负责人填写)	已执行	已恢复

5.3　工作地点注意事项(由工作票签发人填写)	5.4　补充工作地点安全措施(由工作许可人填写)

工作票签发人签名:________________签发日期:________年____月____日

6. 收到工作票时间:________年____月____日____时____分

运行值班人员签名:__________________工作负责人签名:__________________

7. 工作许可:

确认本工作票1~6项。

许可工作时间:自________年____月____日____时____分 至________年____月____日____时____分

工作许可人签名:__________________ 工作负责人签名:__________________

8. 工作中存在的主要危险点及预控措施

序号	工作中存在的危险点分析	相应的预控措施

9. 确认工作负责人布置的工作任务、安全措施以及危险点告知:

工作班组人员签名:

____

____

____

10. 工作人员变动情况：

(1)原工作负责人＿＿＿＿＿＿离去，变更＿＿＿＿＿＿为工作负责人。

工作票签发人签名：＿＿＿＿　＿＿＿＿年＿＿月＿＿日＿＿时＿＿分

工作许可人签名：＿＿＿＿　＿＿＿＿年＿＿月＿＿日＿＿时＿＿分

(2)工作班人员变动情况：

原工作班人员＿＿＿＿＿＿离去，增加＿＿＿＿＿＿为工作班成员，变动时间＿＿＿＿年＿＿月＿＿日＿＿时＿＿分

工作负责人签名：＿＿＿＿　＿＿＿＿年＿＿月＿＿日＿＿时＿＿分

(3)连续或连班作业工作负责人的相互接替。(必要时可使用工作负责人交接单和相应的记录)

原工作负责人	现工作负责人	生效时间				工作票签发人
		月	日	时	分	

11. 工作票延期：

有效期延长到＿＿＿＿＿年＿＿月＿＿日＿＿时＿＿分

工作负责人签名：＿＿＿＿　(＿＿＿＿年＿＿月＿＿日＿＿时＿＿分)

工作许可人签名：＿＿＿＿　(＿＿＿＿年＿＿月＿＿日＿＿时＿＿分)

12. 工作票终结：

全部工作于＿＿＿＿年＿＿月＿＿日＿＿时＿＿分结束，设备及安全措施已恢复至开工前状态，工作人员已全部撤离，材料工具、场地已清理完毕。

工作负责人签名：＿＿＿＿＿＿＿＿工作许可人签名：＿＿＿＿＿＿＿＿

13. 备注

(1)指定专责监护人：＿＿＿＿＿＿负责监护＿＿＿＿＿＿＿＿＿＿＿＿

＿＿＿＿＿＿＿＿＿＿＿＿(地点及具体工作)

(2)其他事项：＿＿＿＿＿＿＿＿＿＿＿＿＿＿＿＿＿＿＿＿＿＿

＿＿＿＿＿＿＿＿＿＿＿＿＿＿＿＿＿＿＿＿＿＿＿＿＿＿＿＿＿

参考文献

[1] 陈芳,侯德明. 电气运行[M]. 郑州:黄河水利出版社,2011.
[2] 黄栋. 电气运行[M]. 北京:中国电力出版社,2011.
[3] 龚在礼. 水电厂机电设备运行与管理[M]. 郑州:黄河水利出版社,2009.
[4] 周统中,郑晓丹. 水电站机电运行[M]. 郑州:黄河水利出版社,2008.
[5] 张方庆,李敏. 中小型水电站电气部分典型故障诊断与处理[M]. 北京:中国水利水电出版社,2006.
[6] 陈国庆,谢刚,吴丹清,等. 水电厂运行技术问答[M]. 北京:中国电力出版社,2005.